Die Rechenkunst

abgehandelt

von

Franz Christian Lorenz Karsten
Professor der Oekonomie zu Rostock.

Aufs neue bearbeitet

von

seinem Sohne

Jacob Christian Gustav Karsten
Doctor der Philosophie.

Dritte Auflage.

Berlin, 1805.
In der Realschulbuchhandlung.

Vorrede zur ersten Auflage.

Die Anleitung zur Rechenkunst, welche ich hiemit der Prüfung des geübten Kenners übergebe, ist dadurch veranlasset worden, daß die Grundverfassung des hiesigen Herzoglichen Pädagogiums es mir zur Pflicht macht, in den mir anvertraueten arithmetischen Unterrichts-Stunden, dahin vorzüglich zu sehen, daß die Verstandeskräfte der Jugend durch die Uebungen in der Rechenkunst geschärft und selbige frühe zum eigenen Nachdenken gewöhnt werden. Sie (die Rechenkunst) ist die Ausübung der Vernunftlehre bey der Jugend und gewöhnt ihre unstäte Phantasie, sich aufmerksam und anhaltend bey einer Sache zu beschäftigen. Im bürgerlichen Leben ist sie überall brauchbar und nothwendig, und bey denen, die der Kaufmannschaft und dem Landleben gewidmet sind, eine Hauptwissenschaft. M. s. die ausführliche Nachricht von der Einrichtung des Her-

)(2

zoglichen Pädagogiums zu Bützow, 1767. §. 13. Was hier von der Rechenkunst gerühmt wird, ist zugleich der Ruhm eines Kenners, eines meiner hiesigen verehrungswürdigen Lehrer, und ich bin dadurch vornehmlich aufgemuntert worden, den Versuch zu machen, wie weit es mir glücken möchte, die Rechenkunst so zu bearbeiten, daß sie für die Jugend eine ausübende Vernunftlehre werden könnte.

Es war eine Mittelstraße nöthig, zwischen der strengen wissenschaftlichen Art des Vortrags, welche ein Lehrer beobachten muß, wenn er die Rechenkunst als eine mathematische Wissenschaft abhandelt, und zwischen der den gewöhnlichen so genannten Rechenbüchern gemäßen Anleitung, wobey der Lernende nach einer Menge von Regeln zu rechnen gewöhnt wird, ohne die Gründe davon zu fassen.

Um so wohl diese Mittelstraße möglichst zu halten, als auch bey der ganzen Einrichtung eine gute Wahl der Gegenstände zu treffen, damit das Rechnen der Jugend angenehm werde, habe ich mich oft bey meinem, auf hiesiger Universität lehrenden Bruder Raths erholet, und ich hoffe meines Zwecks nicht ganz verfehlt zu haben.

Die erste Abtheilung des Buchs ist für die niedere, die zweyte für die höhere Rechenklasse auf dem hiesigen Pädagogium bestimmt; und weil in der niedern Klasse jüngere Scholaren unterrichtet werden, deren Verstandskräfte noch nicht zu der Reife gediehen sind, wie bey an=

dern, die bereits einige Jahre älter sind, so habe ich beym Vortrag der Rechnungsregeln mit ganzen Zahlen, die Gründe so kurz als möglich in den Vortrag eingeflochten, zumal, da mir die Bruchrechnung vorzüglich gute Veranlassung gab, den Verstand der jungen Rechner zu üben, und zu den mehr ins allgemeine gehenden Uebungen die für die höhere Rechenklasse bestimmt sind vorzubereiten. Man wird finden, daß ich bemüht gewesen bin in der zweyten Abtheilung die Jugend außer den Rechnungsregeln auch mit Sachen bekannt zu machen, die sie künftig brauchen können, sie mögen dereinst Gelehrte werden, oder sich der Handlung und andern Beschäftigungen des bürgerlichen Lebens widmen. Worauf es bey Münz- und Wechselrechnungen eigentlich ankömmt, das wahre wesentliche Pari des Geldes verschiedener Länder zu finden, dazu findet sich in keinem mir bekannten Rechenbuch eine richtige Anleitung. Ich halte mich aber überzeugt, daß diese und andere Anwendungen der Rechenkunst auf allerley interessante Vorkommenheiten des gemeinen Lebens den Nutzen haben, daß die Uebungen im Rechnen von der Jugend mit mehrerm Vergnügen vorgenommen werden, als wenn das ganze Buch nichts als eine Menge wenig interessanter Exempel enthält, die man ohne sonderliche Wahl gehäuft hat. Junge Leute werden dadurch aufgemuntert, daß sie hiernächst auch weitläuftige und verwickelte Rechnungen nicht scheuen. Eben dadurch bin ich auch bewogen worden, bey Gelegenheit der zusammengesetzten Zins- und Rabatt-Rechnung die ersten Gründe der Annuitäten-Leibrenten- und Tontinen-Rechnung vorzutragen, und die Jugend kann bey dieser Gelegenheit lernen, was man durch die politische Rechenkunst versteht. Der Lehrer kann sie mit den dahin gehörigen Schriftstellern bekannt machen, und auf solche Art veranlassen, daß sie es lerne, wie man durch das eigene Lesen guter Bücher seine Kenntnisse selbst vermehren, und nicht alles allein von dem mündlichen Unterricht erwarten müsse.

Die Handschrift zu diesem Buch war beynahe fertig, als ich Hrn. Schmidts Rechenkunst (Hannover 1774.) kennen lernte: und die vortheilhaften Urtheile, welche ich davon in öffentlichen Blättern fand, hätten mich abhalten können, diese Arbeit ebenfalls dem Druck zu übergeben, wenn ich nicht nachher, aus Vergleichung meiner Arbeit mit der Schmidtschen Rechenkunst, gefunden hätte, daß ich gleichwohl nach einem Plan gearbeitet habe, der von dem Plan des Hrn. Schmidt noch ziemlich verschieden ist. Einige Freunde welchen ich meine Arbeit mittheilte, und welchen ich die nöthige Einsicht zutrauen konnte, urtheilten auch, daß Hr. Schmidts Arbeit die meinige noch nicht überflüßig gemacht hätte. Ein so sehr großer Verehrer der Kettenregel bin ich freylich nicht, daß ich alle nur mögliche Exempel, die sich nur immer dazu bequemen wollen, in die Form der

Kettenregel bringen, am allerwenigsten aber die Regel Detri auch schon Kettenregel nennen möchte, die ihren alten Namen mit weit besserm Rechte behält: Bey dem allen aber glaube ich doch eben so gute Rechner zu bilden. Auf die Form des Ansatzes kömmt im Grunde nichts an; er ist nur ein Hülfsmittel, den Rechner zu leiten, daß er in richtiger Ordnung mit den gegebenen Zahlen so umgehe, wie es der Natur der Frage gemäß ist, um das gesuchte Facit richtig heraus zu bringen. Der Rechner mag sich also gewöhnen, jedes Exempel nach Art der Kettenregel, oder auf andre Art in Ansatz zu bringen, das ist an sich gleichgültig. So viel aber habe ich gefunden, daß es rathsam sey, junge Leute eben nicht sogar ängstlich an eine gewisse Form des Ansatzes zu gewöhnen, weil viele ohne das geneigt sind, maschinenmäßig fort zu rechnen, ohne selbst dabey nachzudenken. Dies hat den Erfolg, daß sie nachher allemal Anstoß finden, wenn ihnen eine Frage vorgelegt wird, die sich nicht so gleich in die ihnen geläufige Form des Ansatzes bequemen will. Der angehende Rechner muß vornehmlich darin geübt werden, daß er über die Natur der ihm vorgelegten Frage nachdenke, ob sie auch wirklich zur Regel Detri, zur Kettenregel u. s. f. gehöre, oder nicht: er wird aber zu bequem gewöhnt, wenn man ihn auf die Vorstellung bringt, daß, wo nicht alle, doch die meisten Exempel in einerley Form des Ansatzes gebracht werden können. Ich bin übrigens die Arbeit des Hrn.

Schmidt vor dem Abdruck dieses Buchs in der Absicht durchgegangen, um dasjenige was mir nach meinem Plan brauchbar und nützlich scheinen möchte, mir wirklich zu Nutze zu machen, wovon auch eine Probe im 130. §. und 172 §. vorkömmt, woselbst ich einige aus dem sechsten Abschnitt der Schmidtschen Rechenkunst entlehnte Vortheile bey der Regel Detri und Kettenregel vortrage. Sonst sind mir auch einige Stellen vorgekommen, die einer Berichtigung bedürfen, wohin unter andern das Exempel vom Nilstrom im 126. §. und bey Hrn. Schmidt S. 223. Num. 110 gehört. Die Algebra gehörte nicht in meinen Plan, indessen habe ich den angehenden Rechner, der weiter zu gehen wünscht, auf allerley Art dazu vorbereitet, und durch einige in solcher Absicht mit Fleiß gewählte Exempel die Begierde nach vollkommneren Kenntnissen zu erregen gesucht. Man wird davon zum Beschluß eine Probe in den letzten §§. finden.

Bützow, im Februar 1775.

Der Verfasser.

Vorrede zur zweiten Auflage.

Die Einrichtung dieses zum Unterricht für Anfänger bestimmten Hand-Buches der Rechenkunst ist von mehrern Kennern, auch selbst von solchen Personen, welche sich desselben als einer nähern Anleitung bey einigen Uebungen in der Rechenkunst bedienet und mir ihren Beyfall bezeuget haben, zweckmäßig befunden worden; also war es nicht nöthig Aenderungen zu machen. Zusätze und Vermehrungen hätte ich leicht beyfügen können, allein das Buch sollte ein kurzes Handbuch bleiben. Wenn indessen die Regeln für Decimalbrüche wirklich fehlten, wie in einer sonst günstigen Rezension des Buches bald nach seiner ersten Erscheinung angemerkt ward, so würde ich nöthig gefunden haben, sie itzt beyzufügen. Diese Regeln fehlten aber auch in der ersten Ausgabe nicht. Im zweyten Abschnitt der ersten Abtheilung sind sie zugleich mit den Regeln der gemeinen Bruchrechnung vorgetragen; auch sind angehende Rechner an mehreren Stellen, unter andern im 236. §. auf den vortheilhaften Gebrauch der Decimalbrüche aufmerksam gemacht worden. Anhaltende körperliche Schwäche hat mich einige Jahre in dem Berufe meiner Beschäftigungen sehr aufgehalten, sonst würde ich doch im vierten Abschnitt der dritten Abtheilung die Anleitung zur Renten-Rechnung vollständiger bearbeitet haben. Vielleicht hätte aber der Vortrag für ein kleines Handbuch zu weitläuftig ausfallen müssen, und ich konnte um so mehr beym Vortrage nach der ersten Ausgabe es bewenden lassen, weil mein Bruder in seiner Theorie von Wittwenkassen ohne Gebrauch algebraischer Rechnungen, Halle 1784 von den Renten-Rechnungen allerley Art für solche Leser umständlich handelt, die nur in der gemeinen Zahlenrechenkunst geübt sind, und dem Vortrage anderer Schriftsteller, welche diese Lehren ganz allgemein mit Hülfe der algebraischen Zeichensprache abgehandelt haben, einst würden folgen können.

Bützow, im März 1786.

Der Verfasser.

Vorrede zur dritten Auflage.

Noch immer ist die Rechenkunst in den niedern Schulen ein Handwerk. Freilich sind der Bücher zur Unterweisung für die Rechenmeister, um die Jugend mit Verstand das Rechnen zu lehren, eine beträchtliche Menge. Zum Theil sind sie aber zu theuer, zum Theil auch für die Fassungskraft ihres Publikums zu unpassend abgefaßt. Meines Vaters Rechenbuch, das ich nun aufs neue herausgebe, verband von jeher mit dem Vorzuge der Wohlfeilheit das sehr schätzbare Requisit eines deutlichen Vortrages *).

Mein Vater ging von dem guten Grundsatze aus, den Anfänger nicht durch zu viele Regeln zu verwirren, selbst nicht von gewissen Vorschriften ein zu großes Aufheben zu machen; z. B. bei Erklärung der Decimalbrüche §. 62., deren Verwandlung in gemeine Brüche §. 73. recht gut auseinander gesetzt ist. Dagegen war das Princip eben so richtig, nicht alles auf eine Weise zu behandeln, sondern den Leser auf verschiedene Methoden aufmerksam zu machen,

*) Man vermuthet natürlich, daß ich nach diesem Buche rechnen gelernt habe und daher den Vortrag faßlicher finden muß, als den der in andern Büchern dieser Art herrscht. Mit Wahrheit muß ich indeß gestehen, daß ich schon ziemlich mit der Theorie der Rechenkunst bekannt war, ehe ich anfing dies Buch zu studieren und erst jetzt bei der Bearbeitung der dritten Auflage habe ich es ganz durchgelesen; desto besser habe ich zuverläßig meines Vaters Methode mit andern vergleichen können.

nach welchen sich eine vorgelegte Frage beantworten läßt. Diese beiden Rücksichten hatte ich beständig bei meiner Arbeit vor Augen.

So wie überhaupt ein systematischer Vortrag ohne Zweifel die beste Form ist, in welcher eine Wissenschaft uns vorgestellt werden kann, so wünschte ich auch, so viel es bei einem Unterrichte in der praktischen Rechenkunst geschehen kann, darauf aufmerksam zu machen, daß diese ganze Wissenschaft auf der Lehre von den Verhältnissen beruhe, woraus unmittelbar die Theorie der vier arithmetischen Operationen, die Entstehung der Brüche und Potenzen zu erklären ist. Daher habe ich im 11 § eine allgemeine Vorstellung der 4 Spezies gegeben und bei jeder Gelegenheit gesagt, daß der Theorie nach, kein Unterschied zwischen den Rechnungen mit Brüchen und ganzen Zahlen sey, habe auf die Aehnlichkeit der gewöhnlichsten Rechnungsmethoden mit einander, aufmerksam gemacht. Eben daher konnte ich aber auch nicht umhin, die Gründe, worauf die Regel de tri, multiplex, Kettenregel u. s. f. beruhen, auseinder zu setzen. Wenn ich also alles gern auf Ein Princip reduzire; so habe ich doch auch die Anwendung dieses Principes auf eine mehrfache Art, nicht vergessen. *)

*) Mich lehrte diese allgemeine Ansicht der Rechenkunst mein vortreflicher Lehrer der Hr. Prof. Hecker in Rostock, der auch seine Ideen hierüber in drei Programmen: über den gewöhnlichen Vortrag der Lehre von den entgegengesetzten Grössen. 1800. und 1801. in der Kürze mitgetheilt hat.

Hätte ich hiebei alles, nach Anleitung der zweiten Ausgabe, unverändert gelassen, so wäre das Buch zu stark geworden Einige Abkürzungen mußte ich mir daher wohl erlauben. Ausgelassen ist dabei indessen nichts; aber mehreres kürzer gesagt, z. B. die sechszehn Paragraphen die sich mit den Vorbereitungslehren beschäftigen, ließen sich füglich in 10 zusammenziehen; da überdieß jemand schwerlich die Gründe des Numerirens in einem praktischen Rechenbuche ausführlich entwickelt, vermuthen wird; die, wie bekannt, auf den Lehren von Progressionen beruhen, nachdem vorher etwas von Interpoliren oder von Combinationen vorgekommen seyn mag Der großen Reichhaltigkeit des dritten, fünften und neunten Abschnitts der zweiten Abtheilung habe ich nichts entzogen, da alles sehr gut ausgearbeitet war; dennoch habe ich nichts neues hinzu setzen mögen, weil meiner Meinung nach solche Untersuchungen für ein bloßes Rechenbuch wohl eigentlich nicht gehören. Ueberdieß hat man Berechnungen über das neufranzösische Maaß, Gewicht und Münzwesen in Ueberfluß; ich brauchte sie also nicht aufs neue wieder abzuschreiben, und wäre es auch nur aus Testus Almanac national de France gewesen, der wahrscheinlich den deutschen Rechenmeistern minder bekannt ist, als Westphal.

Die dritte Abtheilung habe ich deswegen wohl überlegt, hinzugesetzt, damit die Rechenmeister doch in aller Kürze erfahren mögten, was es eigentlich mit der Extraction radicis quadratâ und cubicâ für eine Bewandniß habe. Freilich wäre diese Rücksicht eben so lächerlich als die gewöhnliche Anwendung dieser Wundergelehrsamkeit auf Quadraturam circuli und dergleichen Dinge, die doch unmöglich in einem Rechenbuche vorgetragen werden können. Mehr als hieran war mir daran gelegen, die Gründe der Zinsrechnung etwas weiter ausführen zu können. Das Rechenbuch in seiner jetzigen Gestalt soll also überhaupt nur ein Rechenbuch, keine Anweisung zur Verfertigung kaufmännischer und cameralistischer Rechnungen seyn, deren man doch genug hat. Ob die wenigen algebraischen Kenntnisse, die die am Ende des Buches mitgetheilten Rechnungen erfodern, nicht sehr gut aus den vorangeschickten Regeln die in diesem Buche vorkommen, entwickelt werden können, wird ein Versuch am besten entscheiden. *)

Dr. J. C. G. Karsten,
Mitglied der physikalischen Gesellschaften zu Jena und Göttingen und Correspondent der Meklenb. naturf. Gesellschaft.

*) Ohne pädagogische Lehren nur von weitem berühren zu wollen, überzeuge ich mich doch durch die tägliche Erfahrung immer mehr, daß ein nicht zu spezieller Vortrag der Rechenkunst das beste Mittel ist, die Urtheilskraft zu schärfen; so wie hingegen kein besseres Gegenmittel gegen Entwickelung jedes vernünftigen Nachdenkens erfunden werden kann, als das mechanische Rechnen. Ist es denn wirklich unmöglich, dem Knaben (auch selbst dem der keine gelehrte Bildung haben soll, wie die Leute das nennen) begreiflich zu machen, daß unter a eben so gut eine Menge von Dingen gedacht werden könne, als unter 3 und daß a eben so gut zu b hinzugelegt oder davon genommen werden könne, als 3 zu 4 gelegt oder davon weggenommen wird. rc. Schwerin im Dezember 1804.

Inhalt.

Vorbereitungslehren.

Erste Abtheilung.

Die arithmetischen Operationen.

Erster Abschnitt. Von den vier arithmetischen Operationen in ganzen Zahlen. S. 6

Erstes Kapitel. Von der Addition ganzer Zahlen. S. 7
Zweites Kapitel. Von der Subtraction ganzer Zahlen. S. 12
Drittes Kapitel. Von der Multiplikation mit ganzen Zahlen und von den Resolutionen größerer Münzen, Maße und Gewichte auf kleinere. S. 18
Viertes Kapitel. Von der Division mit ganzen Zahlen und den Reductionen der kleinern Münzen, Maße und Gewichte auf größere. S. 31
Fünftes Kapitel. Anwendung des bisherigen auf die Rechnung in genannten Zahlen. S. 48

Zweiter Abschnitt. Von den Brüchen.

Erstes Kapitel Vorbereitungslehren. S. 59
Zweites Kapitel. Von den arithmetischen Operationen mit Brüchen. S. 69
1. Addition und Subtraction der Brüche. Multiplication und Division gebrochener Zahlen durch ganze. S. 70
2. Multiplikation der Zahlen durch Brüche. S. 96
3. Division der Zahlen durch Brüche. S. 104
Drittes Kapitel. Allgemeine Regeln der Reductionsrechnung genannter Zahlen, und Anwendung der bisher vorgetragenen Regeln. S. 110

Inhalt.

Zweite Abtheilung.

Die Proportionen.

Erster Abschnitt. Allgemeine Begriffe von Verhältnissen und Proportionen. Regel detri. S. 120

Zweiter Abschnitt. Anwendung der Regel detri auf Rechnungsfragen des gemeinen Lebens. S. 127

Dritter Abschnitt. Anwendung der Regel detri zur Vergleichung der Maße und Gewichte. S. 153

Vierter Abschnitt. Von der umgekehrten Regel detri. S. 170

Fünfter Abschnitt. Anwendung der Regel detri auf die Münzvergleichungsrechnungen. S. 175

Sechster Abschnitt. Von der Regel quinque und andern Arten der zusammengesetzten Regel detri. S. 196

Siebenter Abschnitt. Von der umgekehrten Regelquinque. S. 208

Achter Abschnitt. Von der Kettenregel. S. 213

Neunter Abschnitt. Anwendung der Kettenregel auf die Münz- und Wechselrechnung. S. 226

Dritte Abtheilung.

Von den Potenzen und Logarithmen, nebst ihren Anwendungen auf mehrere Rechnungsfragen.

Erster Abschnitt. Von den Potenzen und Logarithmen überhaupt. S. 265

Zweiter Abschnitt. Von der Rabatt- oder Interusurien-Rechnung. S. 283

Dritter Abschnitt. Von der Zeitrechnung bei ausstehenden Kapitalien. S. 289

Vierter Abschnitt. Vom Zins auf Zins und der zusammengesetzten Interusurien-Rechnung. S. 300

Fünfter Abschnitt. Von der Gesellschafts- und Vermischungs-Rechnung. S. 310

Sechster Abschnitt. Von der Alligationsrechnung nebst einer kurzen Erläuterung der Regel Coeci. S. 339

Vorbereitungslehre.

§. 1.

Zwei gegebene **Zahlen** in Hinsicht ihrer Größe mit einander vergleichen und dadurch eine neue Zahl finden, heißt **rechnen**.

§. 2.

Der gemeine Begriff einer **Zahl**, als des **Inbegriffs einer Menge von Dingen**, ist hier genügend. Geben wir bloß eine solche Menge von Dingen an, so **zählen wir sie zusammen**. In sofern dadurch aber nur immer **eine** Zahl bestimmt wird, und keine Vergleichung derselben mit andern statt findet, **rechnen** wir noch nicht.

Man sieht also den Unterschied zwischen dem bloßen Zusammenzählen und Rechnen, leicht ein. Wenn man zu 2 fl. noch 2 fl. hinzu legt, daß es demnach vier werden, so ist es schon wirkliche Rechnung wodurch man erfährt, daß 2 und 2 so viel als viere ist, aber zur Beantwortung der Frage: wie viele Gulden neben einander liegen? gehört bloßes Zusammenzählen.

§. 3.

Um von einer Menge von Dingen ihre Anzahl angeben zu können, ist es durchaus nothwendig, daß sie unter einen Begrif zusammen genommen werden können. Ein Pferd z. B. ein Ochse, ein Schaf, sind überhaupt drei Thiere; allein man wird nicht sagen, daß dieß drei Pferde oder drei Ochsen oder drei Schafe sind. Daher die gewöhnliche Regel: Dinge, die zusammengezählt werden sollen, müssen Dinge von einerlei Art sein.

§. 4.

So wie überhaupt alles in der Welt zusammengezählt werden kann, so kann man die Fertigkeit des Zusammenzählens und des schnellen Vergleichens mehrerer Zahlen zu einer Uebung des Verstandes gebrauchen. Man sieht dann bloß auf die Grösse der Zahlen, oder auf die Menge der durch sie ausgedrückten Dinge, ohne auf die Beschaffenheit der Dinge selbst zu sehen, und nennet in der Rücksicht diese Zahlen ungenannte. Kommt aber die Eigenschaft der zusammengezählten Dinge mit in Betracht, so sind es genannte Zahlen. Die eigentliche Rechenkunst kann sich nur mit den ungenannten Zahlen beschäftigen, und nur bei ihrerer Anwendung kann wohl die Rede von genannten Zahlen sein.

§. 5.

In so fern jede Größe aus sehr vielen Theilen bestehen kann, dürfen wir auch die Zahlen in eine große Menge von Theilen uns eingetheilt denken, und unser Geschäft des Rechnens sowohl als des bloßen Zusammenzählens wird dadurch in seinem Wesen nicht geändert. Ueberhaupt aber können wir die Grösse eines Dinges nur nach einem, ein für allemahl angenommenen, Maaße bestimmen. Dies Maaß denken wir uns als ein Ganzes und nennen es daher die Einheit. Jede Zahl also, indem sie die Menge der in ihr enthaltenen Einheiten anzeigt, giebt auch dadurch zugleich ihre Grösse zu erkennen. Die Zahl 8 z. B. zeigt an, daß sie achtmahl größer als 1 sei, da 1 das Maaß für alle Zahlen ist. So lange die Zahlen noch so unmittelbar ihre Einheiten zusammen begreifen heißen sie ganze Zahlen; wenn aber nur Theile der Einheit angegeben werden, heißen sie Brüche oder gebrochene Zahlen.

§. 6.

Beim wirklichen Zählen, oder Hersagen der Reihe der Zahlen ist es also einerlei mit welcher Zahl wir anfangen. Soll indeß bloß die Reihe der ganzen Zahlen gemeint seyn; so müssen wir von Eins anfangen: wir zählen dann fort bis zehn; fangen dann wieder von vorne an; zählen wieder bis zehn, fangen wieder von vorne an u. s. f. Jedesmahl aber, wo wir von vorne anfangen, machen wir einen neuen Absatz in der Reihe, den wir durch einen eigenen Ausdruck zu bezeichnen gewohnt sind. Wir sagen also zwanzig, dreißig u. s. w. wenn wir zum zweiten, dritten Mahle u. s. f. von vorne anfangen. Wenn wir zum zehnten Mahle die erste Reihe wiederhohlt haben; so heißt dieser Abschnitt hundert, nach der hundertsten Wiederhohlung heißt der Abschnitt tausend u. s. w.

§. 7.

Um die Zahlen besser mit einander vergleichen zu können, war es nöthig, sie durch kurze und bestimmte Zeichen auszudrücken. Die Araber sind zuverlässig die glücklichen Erfinder solcher zweckmäßigen Zahlzeichen oder Ziffern. Vorher hinderten die schwerfällig ausgedrückten Zahlen alle leichte Rechnung.

§. 8.

Noch mehr aber als selbst die leichte Form der Arabischen Ziffern, beförderte der Einfall: die Zahlen nach dekadischer Ordnung abzutheilen, die schnelle Aufnahme der Rechenkunst. Der Vortheil dieser Zahleneintheilung ist so offenbar, daß alle spätere Versuche einer andern Zahlordnung, deren einige sogar vortreffliche Männer zu thun wagten, ohne Folgen geblieben sind.

Mit dieser dekadischen Ordnung hat es nun folgende Bewandniß. Die gemeinen zehn einfachen Ziffern:

0, 1, 2, 3, 4, 5, 6, 7, 8, 9,

können nehmlich bloß durch Versetzung ihrer Stellen dazu gebraucht werden, alle mögliche Zahlen zu bezeichnen Neun Zahlen vermögen wir mittelst dieser Ziffern mit einem Zeichen auszudrükken. Ist die Reihe dieser Zahlen geendiget; so erfolgt ein neuer Abschnitt, der mit der Zahl zehn anfängt, zu deren Bezeichung wir zwei Ziffern gebrauchen; nachdem mit diesen alle Versetzungen vorgenommen sind, fängt mit der Zahl hundert eine neue Classe an, die drei Ziffern zu ihrer Bezeichnung gebraucht, dann folgt die Classe der Tausende u. s. f. Man sieht also: das Hauptgesetz wodurch allein die Bezeichnung aller Zahlen mittelst der genannten zehn Zeichen möglich wird, beruhet auf dem Grundsatz: jede Ziffer erhält durch eine Versetzung in die zur Linken zunächst folgende Stelle einen zehnmahl höheren Werth als der war, den sie in der Stelle zur Rechten vorher hatte.

§. 9.

Das Zeichen 0 ist zur Bezeichnung der Zahlen sehr nothwendig; denn obgleich es für sich Nichts bedeutet, so gilt es doch als Merkmahl, um anzudeuten, in welche Classe der Zahlen ein gültiges Zahlzeichen gesetzt sei. Denn jede Ziffer für sich, die nichts weiter bedeutet, als was ihr Zeichen aussagt, zeigt eine Zahl aus der ersten Classe, oder aus der Classe der Einer an: wird eine Null angehängt; so wird die Ziffer dadurch um eine Classe erhöhet und in ihrem Werthe zehnmahl vergrößert; noch eine Null erhöhet den Werth der vorhergehenden zehnmahl und den Werth der Ziffer hundertmahl u. s. f.

Die Auflösung der folgenden Aufgabe kann also nun keine Schwierigkeit mehr haben.

§. 10.

Jede durch Ziffern ausgedrückte Zahl, gehörig auszusprechen.

Auflösung. 1) Man fange von der Rechten gegen die Linke an, die Stellen der Ziffern zu zählen, indem man ihre Classen durch eins, zehn, hundert 2c. ausspricht. Daß wir die Zahl von hinten nach vorne hin eintheilen, ist uns von den Arabern übrig geblieben; indeß ist es doch ganz unsrer gewöhnlichen Schreibart gemäß, da wir gewohnt sind, die höchsten Ziffern zuerst zu nennen.

2) Jedesmahl, wenn man hundert gesagt hat, kann man die drei hergezählten Ziffern durch einen graden Strich von den übrigen abschneiden, dadurch erhält die ganze Reihe besondere Abtheilunlungen und in jeder bleiben nur drei Ziffern, die man leicht aussprechen kann. Z. B. 723 ausgesprochen durch sieben hundert drei und zwanzig.

3) Um aber die ganze Reihe aussprechen zu können, muß man die Ziffer bemerken, welche in die Classe der Tausende gehört. Man kommt darauf leicht, indem dies immer die letzte Ziffer der höheren Abtheilung ist; durch ein Comma macht man sie kenntlich.

4) Ist die Reihe lang, so daß mehrere Classen der Tausende vorkommen, so macht man wechselsweise, bald unten ein Comma, bald oben,

einen, zwei, drei und mehrere Striche, jenachdem Millionen, Billionen, Trillionen ꝛc. vorkommen z. B.

$$''7 \,|\, 986, \,|\, 375' \,|\, 496, \,|\, 723$$

ausgesprochen durch:
sieben Billionen, neun hundert sechs und achtzig tausend, drei hundert fünf und siebzig Millionen, vier hundert sechs und neunzig tausend, sieben hundert drei und zwanzig.

Eben so leicht wird auch folgende Zahl auszusprechen sein.

$$60, \,|\, 007'' \,|\, 300, \,|\, 850' \,|\, 000, \,|\, 703.$$

Erste Abtheilung.

Die arithmetischen Operationen.

Erster Abschnitt.

Von den vier arithmetischen Operationen in ganzen Zahlen.

§. II.

Die in §. I. gegebene Erklärung vom eigentlichen Rechnen, wird bei genauerer Untersuchung bestätigt. Wir vergleichen nehmlich:

1) Ein Paar Zahlen unmittelbar mit einander, und zwar wird hier gefragt:

a) um wie viel die eine Zahl größer oder kleiner sei als die andere.

b) Oder umgekehrt, was heraus kommt, wenn beide Zahlen vereiniget werden.

2) Wir messen die eine durch die andere aus, wobei es sich fragt:

a) wie viel mahl die eine Zahl in der andern enthalten ist.

b) Was herauskommen müsse, wenn man die eine Zahl so oft vervielfältiget, als die andere ausdrückt.

Auf diese vier Fragen beruhen die Gründe der vier sogenannten arithmetischen Operationen, die den Inhalt der ganzen Rechenkunst ausmachen, und die nun weiter erklärt werden sollen.

Erstes Kapitel.

Von der Addition ganzer Zahlen.

§. 12.

Zwei, oder mehr Zahlen zusammen addiren, heißt: Eine neue Zahl finden, die so groß ist, als die gegebenen zusammengenommen. (§. 11. 1. a) Diese neue Zahl, welche man durch die Addition findet, heißt die Summe. Wenn zwei, drei oder mehr Ziffern gegeben sind, davon keine größer als 9 ist; so kann man sie leicht in Gedanken zusammen zählen, und ihre Summe, ohne daß weitere Regeln nöthig wären, finden.

§. 13.

Zwei, oder mehrere Zahlen zu addiren.

Aufl. Man schreibe die Zahlen von der Rechten gegen die Linke gerade unter einander, daß Einer unter Einer, Zehner unter Zehner u. s. f. zu stehen kommen.

Hierauf ziehe man unter den gegebenen Zahlen einen Strich, und addire die Zahlen, die zu einerlei Ordeung gehören zusammen. Man fange nämlich zuerst bei den Einern an, und setze die gefundene Summe wieder gerade unter der Kolumne von Einern.

Eben so verfahre man in den folgenden Stellen mit den Zehnern, Hunderten u. s. f. bis nichts mehr übrig ist.

Z. B.	32718
	46150
	20121
Summe	98989

§. 14.

Es wird sich aber nicht allemahl treffen, daß die Summe jeder Kolumne nicht mehr als 9 ausmachen sollte. Z. B.

938
724
96

Hier macht die Summe der Einer schon 18 aus. Aber diese 18 Einer sind so viel als 8 Einer, und 1 Zehner. Man schreibt also unter der Kolumne der Einer nur die 8 hin, und zählt den übrig gebliebenen Zehner mit zu der Reihe der Zehner. Diese machen hier 14 aus, addirt man nun den übrig gebliebenen Zehner hiezu, so erhält man 15 Zehner. Diese sind wieder mit 5 Zehnern und einem Hunderter einerlei. Man schreibt also nur die 5 nieder, und zählt die Ziffer 1 wieder zur Kolumne der Hunderter u. s. f. Wenn man nun endlich die lezte Kolumne addirt, so schreibt man diese Summe ganz bei den andern gefundenen Zahlen hin.

Vorhergehendes Exemplar würde also so addirt werden müssen:

	938
	724
	96
	[1]))
Summe	1758

Wie in diesem Exempel die Summe jeder Kolumne über 10 hinausgeht; so kann sie auch über 20, über 30, 40, 50 u. so ferner hinaus gehen: in allen Fällen schreibt man nur die niedrigste Ziffer unter der summirten Kolumne nieder, und rechnet die höhere zur nächstfolgenden Kolumne wie in folgenden Exempeln:

7839	58264
79	9789
9899	59971
99	9082
[1])[3])[3])	9999
17916	147105

§. 15.

Um anzuzeigen, daß zwei Zahlen zusammen addirt werden sollen, macht man das Zeichen + plus zwischen ihnen. 3 + 4 heißt also 3 plus 4 und bedeutet, daß zu 3 noch 4 hinzugelegt werden sollen. Daß 3 + 4 gleich 7 sei, wird durch ein eigenes Zeichen (=) ausgedrückt, das immer die Gleichheit zweier Größen bezeichnet, und wobei man auch wohl den lateinischen Ausdruck aequal zu gebrauchen pflegt. Man weiß also was 3 + 4 = 7 zu bedeuten hat.

§. 16.

Es kann sich zuweilen treffen, daß die Summe jeder einzelnen Kolumne schon über Hundert hinausgehet, wie z. B. bei folgendem Exempel.

999
7899
4999
797
9989
99999
9479
99999
9499
99999
9479
99999
94299
4729
999
9999

Hier beträgt die erste Kolumne schon 142 Einer und das sind 2 Einer, und 14 Zehner, davon schreibt man bloß die 2 hin, und behält die 14 so lange im Sinne, bis auch die andere Kolumne der Hunderte addirt ist, diese giebt 132, hiezu die übrig gebliebenen 14, giebt 146, man schreibt wieder die 6 hin, und behält die 14 im Sinn, und so verfährt man bei jeder folgenden Klasse, auf solche Art erhält man hier die Summe 563172.

Exempel zur Uebung.

1) 999 + 1289 + 998 + 9999 + 9999 + 999 + 99 + 93978 + 197949 = 316309.

2) 75436 + 328 + 9836 + 629 + 36 = 86265.

3) 9876 + 876 + 76 + 6 + 76 + 876 + 9876 = 21662.

4) 98 + 7643 + 9876 + 391 + 79857 = 97865.

5) 3765 + 89 + 276 + 97654 + 607453 = 709237.

6) 25354 + 12862 + 1025 + 10928 = 50169.

7) 59828 + 1538 + 23587 + 92532 = 177485.
8) 1053526 + 4387685 + 3750827 = 9192038.
9) 75436 + 328 + 9836 + 629 = 86229.

Kommen sehr lange Exempel zu addiren vor, so ist es zuweilen bequemer, wenn man sich solche in einige Abschnitte theilet, jeden Abschnitt für sich addirt, und alsdann die Summen aller Abschnitte wieder addiret, so erhält man auch die Summe des ganzen gegebenen Exempels. Z. B.

9989
8769
3498
9897
3986
5468 Summe 41607

6793
4987
6842
3798
6789
5944 Summe 35153

8679
9898
79[illegible]9
3998
7869
3984 Summe 42417

7698
3987
6789
9879
8987
9869 Summe 47209

Summe 166386 = 166386.

Dies Verfahren kann auch zur Probe dienen, ob beym Addiren ein Fehler eingeschlichen sei.

Wenn man nämlich das Exempel selbst, und darnach die Summe der Abschnitte addirt, und beide Summen gleich sind, so kann man schliessen, daß recht gerechnet worden, weil es nicht wahrscheinlich ist, daß man beidemal auf einerley Art gefehlt habe.

Zweites Kapitel.

Von der Subtraktion ganzer Zahlen.

§. 17.

Eine Zahl von einer andern subtrahiren heißt: Eine dritte Zahl finden, die so groß ist, als der Ueberschuß der grössern Zahl über die kleinere. (§. 11. 1. b.) Diese gefundene Zahl heißt alsdann der Rest, oder die Differenz.

§. 18.

Eine kleinere Zahl von einer größern zu subtrahiren.

Aufl. Man schreibe die kleinere Zahl unter der größeren, so wie bey der Addition, daß Einer unter Einern, Zehner unter Zehnern u. s. f. zu stehen kommen.

Nun zähle man in jeder Klasse die kleinere von der grössern zurück und setze was übrig bleibt darunter.

Z. B.	986372431
	635151320
Rest,	351221111

§. 19.

Indeß wird es nicht allemal angehen, daß sich jede der untersten Ziffern von der obersten so schlechterdings abziehen lasse; es wird sich sehr oft treffen, daß eine der obersten Ziffern kleiner ist als die unter ihr stehende, also muß man auf Mittel bedacht seyn, sich zu helfen. Es sey z. B. folgendes Exempel gegeben.

93784256
59267839

Hier findet sich gleich bei den ersten beiden Ziffern Schwierigkeit. Von 6 kann man nicht 9 abziehen. Man bedienet sich aber hier des folgenden Hülfsmittels; da jede folgende Ziffer zehnmal mehr gilt, als die nächstvorhergehende (§. 14.) so borgt man bei der folgenden, also hier bei der 5, eins ab; diese geborgte 1 ist nun ein Zehner und gilt also 10 Einer (die Zahl, von welcher man geborgt hat, bemerkt man oben mit einem Punkte) diese 10 werden in Gedanken zu der 6 zugerechnet, und nun subtrahirt man nicht 9 von 6, sondern 9 von 16. Schreitet man nun zur zweiten Kolumne, so gilt allemal die Zahl, von der man geborgt hat, eins weniger, denn man hat ja wirklich schon eins davon subtrahirt. Man sagt also hier nicht 3 von 5, sondern 3 von 4. In der vierten Kolumne muß wieder zu der 2 geborgt werden, weil von 2 nicht können 8 abgezogen werden. Hier borgt man also eins aus der Stelle der Tausende, und diese Eins gilt nun wieder zehn Hunderte, mithin subtrahirt man 8 von 12. In der Stelle der Tausende ist schon von der 4 geborgt, also gilt sie nur 3; nun sollen 7 davon subtrahirt werden, also wird wieder von der folgenden Zifer eins geborgt und man spricht nun 7 von 13: eben so verfährt man bis zu Ende.

§. 20.

Auch für die Subtraktion hat man ein besonderes Zeichen festgesetzt, nämlich einen solchen

Strich (—) den man durch weniger oder minus ausspricht. So ist z. B.

$$528 - 136 = 392.$$

§. 21.

Noch ist zu bemerken, daß in der Zahl, wovon man subtrahiren soll, Nullen vorkommen können. Z. B.

380
126

Hier ist in der obersten Zahl in der Stelle der Einer nichts; es sollen aber doch 6 abgezogen werden, also borgt man hier wieder aus der folgenden Stelle Eins. Diese Eins gilt aber in der Stelle der Einer, Zehn, also subtrahirt man hier 6 von 10. Dies giebt die Regel:

Allemal, wenn man zu einer Null borgt, so gilt sie zehn.

§. 22.

Es hätten aber mehr Nullen da seyn können. Z. B.

10 10 10 10 10

3800000
1597368

Hier sind alle fünf erste Stellen ledig, und von den Nullen kann man nicht borgen. Man borgt also bey der nächsten Zifer, welches hier die 8 ist. Diese 8 steht aber schon in der Stelle der hundert tausende, und man erhält dadurch 10 in der Stelle der Zehntausende. Von diesen zehn borgt man wieder eins zur folgenden Null, also bleiben nun noch 9 zehn tausende, und in die Stelle der folgenden Null kommen 10 tausende. Aber auch von diesen 10 tausenden wird ein Tausender zu der noch darauf folgenden Null geborgt, also bleiben auch nur 9 tausende, und man erhält in der Stelle der folgenden Null 10 hunderte. Von diesen wird auch ein hunderter zur folgend n Null geborgt, so behält man auch nur 9 hunderte, und eben so gehts bey den Zehnern, bis man endlich auf die letzte Null in der Stelle der Einer kömmt. Von dieser wird nicht mehr geborgt, also bleibt sie 10. Hieraus fließt die Regel:

Allemal, wenn man über eine oder mehrere nach einander folgende Nullen wegborgt, so ist es so gut, als ob man alle diese Nullen in 9 verwandelt hätte.

Exempel zur Uebung.

	987468		432789645
	736254		320645413
R.	251214	R.	112144232
	547328		7923264930
	465296		98697898
R.	82032	R.	7824567032
	7804307		680209034
	5965878		394939269
R.	1838429	R.	285269765
	842174151		9000000
	398786459		8793456
R.	443387692	R.	206544

	' ' ' ' . ' ' ' ' ' ' ' ' ' '
	87100036009731000045
	20760832690852731974
R.	66339203318878268071

```
    9000000874391006000724
    5913748326751813798621
R.  3086252547639192202103

    3670004216832452791831
     978632100083015796101
R.  2691372116749436995730
```

§. 23.

Die Addition dient der Subtraktion und diese wieder der Addition zur Probe. Wenn man nämlich die Zahl, welche man subtrahirt hat, wieder zum Rest addirt, so muß die Zahl, wovon man subtrahirt hat, wieder herauskommen. Trift dies nicht zu, und man ist versichert, daß beym Addiren kein Fehler eingeschlichen sey, so ist es ein Zeichen, daß beym Subtrahiren gefehlt worden. Z. B.

```
     7395211
     3697437
Rest 3697774
     7395211
```

Man kann auch den Rest von der grössern Zahl, wovon man subtrahirt hat, abziehen, so muß die kleinere Zahl heraus kommen. Z. B.

```
     7395211
     3697437
Rest 3697774

     7395211
     3697774
     3697437
```

Eben

Eben so kann nun, durch das umgekehrte Verfahren die Addition durch die Subtraktion geprüft werden. Wenn man nämlich die Summe zweyer Zahlen gefunden hat, so ziehe man die eine der summirten Zahlen wieder von der Summe ab, so muß die andere herauskommen. Z. B.

	687521
	195678
Summe	883199
	195678
Rest	687521

Wenn mehrere Posten, deren Summen man schon durch die Addition gefunden hat, auf diese Weise sollen geprüft werden, so zieht man von der Summe den ersten Posten ab, von diesem Rest wiederum den zweyten Posten u. s. f. bis endlich nichts übrig bleibt, so ist dies auch ein Kennzeichen, daß recht addirt worden. Z. B.

5637
2816
1753
2159
12365
5637
6728
2816
3912
1753
2159
2159
0000

Man sieht, daß dies Verfahren bey großen, und langen Exempeln langweilig, und ermüdend seyn würde. Hat man sich in diesem Fall der am Ende des 16. §. vorgeschlagenen Methode beym Addiren bedient, so kann man die Partial-Summen nach einander von der Total-Summe abziehen, da denn am Ende nichts übrig bleiben muß. Jede der Partial-Summen für sich kann alsdann ebenfalls auf eine oder die andere Art geprüft werden.

Drittes Kapitel.

Von der Multiplikation mit ganzen Zahlen und von den Resolutionen grösserer Maße, Münzen, Gewichte auf kleinere.

§. 24.

Eine Zahl mit einer andern multipliziren heißt: die eine so viel mal vermehren, als die andere es ausdrückt (§. 11. 2. b.) Bey der Multiplikation der Zahl 8 durch 4, soll also 8 viermahl grösser gemacht werden. Beide Zahlen die man in einander multipliziren soll, heißen Factoren; man deutet das Verfahren das mit ihnen vorgenommen werden soll durch einen zwischen ihnen gesetzten Punkt (.) oder ein liegendes Kreuz (×) an; oft schreibt man auch beide Factoren unmittelbar an einander, z. B. 3 Thaler, 4 Pfund, da doch diese Ausdrücke eigentlich nichts anders sagen als ein Rthlr. soll 3mahl und 1 ℔ 4 mahl genommen werden. Sonst nennt man auch noch den einen der Factoren, das Multiplikandum, den andern den Multiplikator; in dem gegebenen Beispiele ist 8 das Multiplikandum und 4 der Multiplikator. Daß es völlig einerlei sey welcher unter den gegebenen Factoren als Multiplikandum und welcher als Multiplikator angesehen werden solle, davon überzeugt man sich bald, obgleich der Beweis davon hier nicht geführt werden kann. Die neue Zahl die durch die Multiplikation gefunden wird, heißt das Produkt oder Factum.

§. 25.

Bey einigem Nachdenken wird man leicht finden, daß die Multiplikation wirklich nichts anders ist als eine solche Addition, wobey alle Zahlen, die man einige mal summiren soll, gleich groß sind. Z. B. um 8 mit 4 zu multipliciren, oder 8 viermal grösser zu machen, hätte man eigentlich nichts anders nöthig, als die Zahl 8 viermal niederzuschreiben, und nun die Summe dieser 4 Zahlen zu suchen:

	8
	8
	8
	8
Summe	32

Aber welche Weitläuftigkeit und ermüdende Arbeit würde dieses bey sehr grossen Zahlen seyn! Z. B. Es sollte 68957, 9773 mal grösser gemacht werden; so müßte man nun 68957, 9773 mal unter einander schreiben, und dann durch die Addition die Summe suchen. Man hat daher auch hier leichtere Wege erfunden, und der angehende Rechner kann auf dem im folgenden beschriebenen Wege die Hülfs-Mittel dazu selbst aufsuchen.

§. 26.

Ohne Zweifel sind das die leichtesten Fälle bey der Multiplikation, wenn keiner von beyden Faktoren grösser als 9, mithin jeder nur durch eine einfache Ziffer ausgedrückt ist: es ist aber leicht, ein für allemal, die Produkte aller einfachen Ziffern ineinander zu finden. Man schreibe zu dem Ende alle einfache Ziffern von 1 bis 9 in einer Reihe hin. Hierauf addire man jede dieser Ziffern zu sich selbst, und setze die gefundene Summe darunter. Zu dieser gefundenen Summe jeder Zahl addire man wiederum die Zahl selbst, und schreibe diese neuen Summen wieder unter die vorher gefundenen, so wird die Summe einer jeden Zahl schon dreimal so groß seyn, als die Zahlen selbst; eben so fahre man fort, bis man die 9fachen Produkte aller Zahlen von eins bis 9 gefunden hat. Folgendes Schema kann zum Beyspiel dienen: aus der ersten Addition entstehen die Zahlen: 2, 4, 6, 8, 16, u. s. f. Addirt man nun zu jeder dieser Summen die Zahlen 1, 2, 3, 4, u. s. f. nach der Ordnung wieder zu, so giebt diese Addition die Zahlen: 3, 6, 9, 12, u. s. f. Addirt man hierauf nochmals die Zahlen, 1, 2, 3, 4, zu den letztgefundenen Summen, so erhält man aus dieser dritten Addition die Zahlen, 4, 8, 12, 16, u. s. f., und man findet zuletzt, in der nachstehenden Tafel alle möglichen Produkte aller einfachen Zahlen.

1	2	3	4	5	6	7	8	9
2	4	6	8	10	12	14	16	18
3	6	9	12	15	18	21	24	27
4	8	12	16	20	24	28	32	36
5	10	15	20	25	30	35	40	45
6	12	18	24	30	36	42	48	54
7	14	21	28	35	42	49	56	63
8	16	24	32	40	48	56	64	72
9	18	27	36	45	54	63	72	81

Man wird hiebey leicht die Bemerkung machen, daß es gleich viel sey, welche Zahl von beiden Faktoren, als das Multiplikandum, oder als der Multiplikator angenommen wird: allemal kömmt einerley Produkt heraus. Man findet 7mal 8 = 56, und 8 mal 7 = 56 u. s. f. in allen andern Fällen.

§. 27.

Sind nun einfache Ziffern gegeben, die in einander multiplicirt werden sollen, so kann man sie allemal durch Hülfe der vorstehenden Tabelle finden. Wenn z. B. die Zahlen 7 und 5 in einander multiplicirt werden sollen, so suche man in der obersten Stelle das Fach, worin die 7 sich befindet, alsdann suche man linker Hand von oben herunter die Stelle der 5; darauf gehe man von der 7 gerade herunter bis auf die fünfte Reihe: da, wo diese beyden Reihen zusammen stoßen, findet man die Zahl 35, und diese ist das gesuchte Produkt.

Angehenden Rechnern ist nicht besser zu rathen, als daß sie sich selbst zum öftern eine solche Tabelle aufsetzen, so wird es endlich durch vielfältige Uebung leicht seyn, alle diese Producte auswendig zu behalten. Man nennt übrigens diese Tabelle das Ein mal Eins.

§. 28.

Eine Zahl durch eine einfache Ziffer zu multipliciren.

Aufl. Man schreibe das Multiplikandum nieder, und unter dem Multiplikandum zur Rechten setze man den Multiplikator.

Man ziehe darunter einen Strich, multiplicire nun jedes Glied des Multiplikandums, und zwar so, daß man von den Einern anfängt, alsdann zu den Zehnern u. s f. wie bey der Addition fortgehet. Beym Niederschreiben eines jeden der gefundenen einzelnen Produkte beobachte man folgende Regel: Die niedrigste Ziffer desselben setze man allemal in eben die Stelle, worin die multiplicirte Ziffer steht, die andere, welche beym Niederschreiben unter der nachfolgenden Ziffer des Multiplikandi kommen müßte, behalte man, wie bey der Addition in mente. Z. B.

$$\begin{array}{r} 9637 \\ 5 \\ \hline \end{array}$$

Hier sollen erst die 7 Einer mit 5 multiplicirt werden, dies Produkt giebt nach der Tabelle (des 26 §.) 35 Einer, oder 5 Einer und 3 Zehner. Man schreibt also hier wiederum nur die 5 hin, und behält 3 im Sinn. Die folgenden Ziffern 3 im Multiplikandum mit 5 multiplicirt giebt 15, hiezu die vorhin im Sinn behaltene 3 addirt, giebt 18. Es wird wieder die 8 hingeschrieben, und 1 im Sinn behalten Ferner 5 mal 6 macht 30, die vorher übrig gebliebene 1 dazu addirt, giebt 31. die 1 wird niedergeschrieben, und 3 im Sinn behalten: die letzte 9 mit 5 multiplicirt giebt 45. Hiezu die im Sinn gebliebene 3 zugerechnet giebt 48, und so erhält man jedes verlangte Produkt.

Kommen in einigen Stellen des Multiplikandums Nullen vor, so kommen auch in eben diesen Stellen im Produkt Nullen, es sey denn, daß von der letzten Multiplikation etwas im Sinn geblieben wäre, so wird diese Ziffer in die Stelle der Null gesetzt.

$$\begin{array}{r} 3080 \\ 3 \\ \hline 9240 \end{array}$$

Hier ist in der Stelle der Einer zuerst nichts, also kömmt auch im Produkt Null. Die folgende 8 mit 3 multiplicirt giebt 24, die 4 wird niedergeschrieben, und 2 im Sinn behalten In der Stelle der Hunderte ist wieder Null, also würde auch hier wieder im Produkt Null kommen, aber an deren Stelle wird die vorhin im Sinn gebliebene 2 gesetzt.

Exempel zur Uebung.

1) 756 × 2 = 1512
2) 1234 × 3 = 3702
3) 9081726354 × 3 = 27245179062
4) 51308 × 4 = 205232
5) 5070106 × 4 = 20280424
6) 8978 × 5 = 44890
7) 61713 × 5 = 308565
8) 530002 × 6 = 3180012
9) 81927 × 6 = 491562
10) 90708 × 7 = 634956
11) 102309 × 8 = 818472
12) 214305 × 9 = 1928745.

§. 29.

Eine Zahl wird mit 10, 100, 1000, 10000, 100000, 1000000, u. s. f. multiplicirt, wenn man eine, zwei, drei, vier, fünf, sechs Nullen u. s. f. dazu setzt. So ist

327 × 10 = 3270
418 × 100 = 41800
730 × 1000 = 730000
5325 × 10000 = 53250000
918 × 100000 = 91800000
27 × 1000000 = 27000000

Mit 30 multipliciren ist so viel, als erst mit 3 und dann mit 10 multipliciren, und eben so mit 300 multipliciren eben so viel, als erst mit 3 und darauf mit 100 multipliciren u. s. f. Allemal also, wenn der Multiplikator eine einfache Ziffer mit einer Reihe daranhängender Nullen ist, so multiplicirt man nur mit der Ziffer, und setzt alsdann eben so viele Nullen im Produkt hinzu, als nach der Ziffer des Multiplikators folgen. So ist z. B.

$81927 \times 60 = 4915620$

$61713 \times 7000 = 431991000$

§. 30.

Zwei zusammengesetzte Zahlen in einander zu multipliciren.

Aufl. Man schreibe den Multiplikator unter das Multiplikandum, so wie bey der Addition.

Alsdann multiplicire man zuerst mit der niedrigsten Ziffer des Multiplikators nach der im §. 28. angezeigten Methode.

Ferner schreite man zur nächsthöhern Ziffer des Multiplikators, verfahre eben so wie vorhin, und setze dies Produkt unter den vorher gefundenen. Nur muß man hiebey beobachten, daß man allemal bey der neuen Multiplikation um eine Klasse weiter von der Rechten gegen die Linke rückt, so daß die erste Ziffer eines jeden Produkts gerade unter der Ziffer des Multiplikators gesetzt wird, womit man jetzt multiplicirt.

Dies Verfahren wiederhole man so oft, bis die Multiplikation mit allen im Multiplikator befindlichen Ziffern geschehen ist.

Alsdann addire man alle diese Produkte zusammen, so ist diese Summe das ganze gesuchte Produkt. Z. B.

```
         4728
          356
        -----
        28368
       23640
      14184
  -----------
Produkt 1683168
```

Anmerkung.

Der Grund, daß bei jeder neuen Multiplikation die Produkte um eine Klasse eingerückt werden, liegt darin: weil alle diese gefundenen Produkte nachher in eine Summe gebracht werden, so müssen auch die Ziffern in gehöriger Ordnung unter einander geschrieben werden (§. 13.). Wenn man mit der zweiten Ziffer des Multiplikators multiplicirt, so multiplicirt man schon mit einem Zehner, also muß auch die erste Ziffer dieses Produkts in die Stelle der Zehner gesetzt werden, weil man eigentlich vermöge der Regel des 29. §. eine Null hinzusetzen müßte. Die dritte Ziffer des Multiplikators gilt schon Hunderte, also muß auch das hieraus entstehende Produkt in der Stelle der Hunderte stehen, u. s. f.

§. 31.

Bisweilen haben beide Faktoren am Ende Nullen, und dann kann man sich die Rechnung in so weit verkürzen, daß man die Nullen gar nicht in Betrachtung zieht, sondern die Zahlen erst nach den Regeln der vorigen §§. in einander multiplicirt, und zum Produkt so viele Nullen setzt, als beyde Faktoren zusammen haben. Z. B

```
 3790000
  28000
-----------
 3032
 758
-----------
1061200000000
```

Man kann eben so verfahren wenn auch nur der eine, oder der andere Faktor Nullen hat. Z. B.

```
 35700000
   21
-----------
  357
 714
-----------
 749700000
```

```
oder   357
         2100000
  ----------------
       357
       714
  ----------------
       749700000
```

§. 32.

Es kommen auch solche Fälle vor, wo der Multiplikator nicht nur am Ende, sondern auch an andern Stellen Nullen hat: allsdann kann man ebenfalls jede dieser Nullen übergehen, wenn man nur die Regel des 30. §. genau beobachtet, und die erste Ziffer eines jeden Produkts gerade unter der Stelle des Multiplicators setzt, womit man jezt multiplicirt. Z. B.

```
        6893542973
          50002007
   -----------------
        48254800811
      13787085946
   34467714865
   -----------------
   344690983990746811
```

Exempel zur Uebung.

1) 1234 × 12 = 14808

2) 2345 × 23 = 53935

3) 3276 × 68 = 222768

4) 3456 × 34 = 117504

5) 4667 × 47 = 219349

6) 68079 × 75 = 5105925

7) 486 × 235 = 114210

8) 592 × 358 = 211936

9) 1456 × 679 = 988624

10) 2768 × 705 = 1951440
11) 67054 × 8009 = 537035486
12) 3576 × 2148 = 7681248
13) 7502 × 1298 = 9737596
14) 6083 × 9800 = 59613400
15) 10208 × 7050 = 71966400
16) 509863 × 76000 = 38749588000
17) 908675 × 908006 = 825082352050
18) 4327098 × 997875 = 4317902916750
19) 9753124 × 86479 = 843440410396
20) 98576087 × 567819 = 55973375144253.

§. 33.

Mit genannten Zahlen lernt man zwar allererst vollständig umgehen, wenn man in allen Rechnungsarten mit ungenannten Zahlen geübt ist; indessen kann die Uebung in der Multiplication, so weit die bisherigen Regeln ihre Anwendung finden, zugleich mit einigen Vorbereitungsübungen zur Rechnung mit genannten Zahlen verbunden werden. Wenn eine genannte Zahl vorkömmt und man soll eine andere genannte Zahl suchen, die eben so viel werth ist, aber einen andern Namen hat, so drückt man das durch die Redensart aus: man soll die Zahl auf einen andern Namen, oder eine andre Benennung bringen. Man hat z. B. eine Zahl von Thalern, und will wissen, wie viel Groschen, oder Schillinge es sind; eine Zahl von Pfunden, und man will wissen, wie viel Unzen, Loth oder Quentchen es sind. In Beispielen dieser Art hat die gegebene Zahl den grössern Namen, und man wird eine andre Zahl von eben dem Werth finden, die den kleinern Namen hat. Ein Thl. ist eine größere Münze als ein Groschen, ein Pfund ist ein schwereres Gewicht, als ein Loth oder Quentchen. Weiß man, wie viel Stücke der kleinern Art ein Stück der grössern Art ausmachen; so muß man mit der Zahl, welche dies anzeigt, diejenige multipliciren, welche den grössern Namen hat, um sie auf den kleinern Namen zu bringen: dies Verfahren heißt alsdann die Reduction einer genannten Zahl auf eine kleinere Benennung.

Weiß man z. B., daß ein Thaler 24 Groschen ausmacht, so kann man auch leicht finden, wie viel Groschen 126 Thaler ausmachen, wenn man nur 126 mit 24 multiplicirt, weil man für jeden Thlr. 24 Gr. rechnen muß. Weiß man ferner, daß 16 Unzen auf ein Pfund gehen, so findet man durch die Multiplication mit 16 wie viel Unzen in 536 Pfunden enthalten sind, u. s. f. denn 126 thlr. sind 126 mahl 24 gr., 536 Pf. sind 536 mal 16 Unzen.

Die Exempel würden so stehen:

126 thl. wie viel gr. sind es?
24

504
252

Antw. 3024 gr.

536 Pf. wie viel Unzen sind es?
16

3216
536

Antw. 8576.

Die genannte Zahl, welche man in eine andre verwandeln soll, kann aus Theilen bestehen, welche insgesammt verschiedene

Namen haben, und es kann verlangt werden, daß man sie alle auf den kleinsten, oder einen noch kleinern Namen bringen soll. Wollte man z. B. finden, wie viel 17 Ct. 83 Pf. 19 Loth an Quentchen ausmachten; so könnte man hier erst die Centner durch die Multiplication mit 110 zu Pfunden machen, zu diesem Product müßten die 83 Pf. addirt werden, alle diese Pfunde machte man zu Lothen, und addirt hiezu noch die 19 Loth, dann könnte man diese ganze Summe der Lothe zu Quentchen machen. Z. B.

17 Ct. 83 Pf. 19 Lt. wie viel Qu. sind es?

```
      110
    -----
      170
     17
    -----
     1870 Pf.
       83 Pf.
    -----
     1953 Pf.
       32
    -----
     3906
    5859
    -----
    62496 Loth
       19 Loth
    -----
    62515 Loth
        4
    -----
Antw. 250060 Quentchen.
```

Man siehet wohl, daß es bey allen Rechnungsfragen dieser Art nothwendig sey, zu wissen: wie viele Münzen, Maaße, Gewichte, der kleinern Art eine Münze, ein Maaß, ein Gewicht der nächstgrößern Art ausmachen. Wer nicht wüßte, daß 24 ggr. einen thlr. machen, der würde die thlr. nicht in ggr. verwandeln können. Damit man also bei den folgenden in diesem Buche vorkommenden Exempeln dieser Art jedesmal wisse, wie viele Stücke der nächstkleinern Art Eins von der nächstgrößern Art ausmachen; so ist am Ende des Buchs eine Tabelle beigefügt, welche die bekanntesten Eintheilungen der mancherley im gemeinen Leben üblichen Münzen, Maaße und Gewichte anzeigt. Nach Anleitung derselben wird man leicht folgende Aufgaben auflösen.

Exempel zur Uebung.

1) 328 Louisd'or, wie viel sinds thlr.? Antw. 1640 thlr.

2) 137 Ducaten, wie viel sinds thlr? Antw. 388 thlr. 4 ggr.

3) 527 thlr. wie viel sinds Mk.? Antw. 1581 Mk.

4) 128 Schiffspf. wie viel sinds Pf.? Antw. 35840 Pf.

5) 25 thlr. 8 ßl. wie viel sinds Pf.? Antw. 14496 pf.

6) 9 thlr. 13 ggr. 1 ßl. wie viel sinds pf.? Antw. 5508 pf.

7) 25 Ließpf. 12 Unzen, wie viel sinds Quentchen? Antw. 51296 Qu.

8) 137 Pf. 29 Loth wie viel sinds Qu.? Antw. 17652 Qu.

9) 25 Ruthen 3 Ellen 1 Fuß 5 Zoll, wie viel sinds Linien? Antw. 58668 Linien.

10) 16 Last. 5 Drömt. wie viel sinds Schfl.? Antw. 1596 Schfl.

11) 3 Last 7 Drömt. 8 Schfl wie viel sinds Metzen? Antw. 4560 Metzen.

12) 5 Last 1 Faß 3 Oxthoft 5 Anker Wein, wie viel sinds Pott? Antw. 11480 Pott.

13) 29 Ballen 8 Rieß 5 Buch Papier, wie viel sinds Bogen? Antw. 143160 Bogen.

14) 9 Jahr 7 Monath 15 Tage, wie viel sinds Stunden? Antw. 83160 Stunden.

15) 19 Wochen 3 Tage 15 Stunden, wie viel sinds Minuten? Antw. 196740 Minuten.

Viertes Kapitel.

Von der Division mit ganzen Zahlen und der Reduction der kleinern Münzen, Maaße, Gewichte auf grössere.

§. 34.

Eine Zahl durch eine andere dividiren oder theilen heißt: untersuchen, wie oft eine der angegebenen Zahlen in der andern enthalten sey. (§. 11. 2. a.) Die neue gefundene Zahl, die es angiebt, wie viel mal die eine Zahl, die der Divsor heißt, in der andern, dem Dividendo, enthalten ist, wird der Quozient genannt. Z. B. wenn 12 durch 4 dividirt werden soll so soll, untersucht werden, wie viel mal die 12 eingetheilt werden könne, damit jeder dieser Theile 4 werde; man findet, 12 enthalte 3 solcher gleichen Theile. Multiplicirt man den Quozienten 3 mit dem Divisor 4, so findet man wieder 12. Auf diese Art dient die Multiplikation der Division zur Probe.

§. 35.

Eine Zahl besteht nur aus einer, oder höchstens zwei Ziffern, man soll sie mit einer andern dividiren, die nur aus einer Ziffer besteht: auch soll die höchste Ziffer im Dividendum kleiner als der Divisor seyn.

Aufl. 1) Man schreibe den Divisor unter das Dividendum, und ziehe seitwärts zur Rechten einen Strich. Alsdann sehe man in der, im 31 §. gefundenen Tabelle oder dem sogenannten Einmaleins die erste Reihe linker Hand von oben herunter nach: in derselben wird gewiß der Divisor gefunden. Man sehe ferner die Reihe von der Linken gegen die Rechte nach, vor welcher der Divisor steht, ob unter den Zahlen dieser Reihe eine vorkommt, die mit dem Dividendo einerley ist. Findet man in dieser Reihe das Dividendum, so ist die gerade über demselben in der obersten Reihe stehenden Zahl der Quotient.

Z. B. 8}4 Quotient.
2

Findet man in dieser Reihe das Dividendum nicht, so nehme man die nächst kleinere Zahl in dieser Reihe für das Dividendum an, und die grade über derselben in der obersten Reihe stehende Zahl für den Quotienten.

Z. B. 9}4 Quot.
2

Darauf multiplicire man den Divisor mit dem Quotienten, schreibe dies Produkt unter dem Divisor, ziehe es vom Dividendum ab, und schreibe den Rest darunter. Z. B.

9}4 Quot.
2
8
—————
1 Rest.

Im

Im erstern Fall, wenn das Produkt des Divisors mit dem Quotienten so groß ist, als das Dividendum, wird nichts übrig bleiben, und alsdann sagt man: der Divisor gehe im Dividendum auf. Bleibt aber ein Rest übrig, so hat man den Quotienten noch nicht ganz gefunden, der Divisor geht nun im Dividendo nicht auf, und wie man sich weiter verhalten müsse, wird unten gewiesen werden

2) Eben so verfährt man, wenn das Dividendum aus zwei Ziffern bestehet, falls nur die höchste Ziffer des Dividendums kleiner ist wie der Divisor. Z. B.

81}9	63}7
9	8
81	56
0	7

Hat man das Einmaleins schon im Gedächtniß behalten, welches nicht fehlen wird, wenn man sich im Multipliciren fleißig geübt hat; so kann man leicht in Gedanken finden, welche einfache Ziffer, in den Divisor multiplicirt, das Dividendum selbst oder das nächst kleinere Produkt hervorbringt. So weiß man, 5mal 8 ist 40, 6mal 8 ist 48, 7mal 8 ist 56, aber 8mal 8 schon 64, also muß im letzten Exempel 7 der Quotient seyn. Weil man nun eigentlich 63 nicht 56 durch 8 dividiren sollte, so müßte nun auch noch der Rest 7 mit 8 dividirt werden, und davon wird das folgende Unterricht geben: hier merken wir nur folgende Regel:

Wenn der Divisor in dem Dividendum nicht aufgeht, sondern ein Rest bleibt; so muß das Dividendum herauskommen, wenn man den Quotienten mit dem Divisor multiplicirt, und zum Produkt den Rest addirt.

§. 36.

Wenn der Divisor in dem Dividendum aufgegangen ist, und man macht den Quotienten zum Divisor, so muß der Divisor zum Quotienten werden.

56}8	6 }7
7	8
56	56
———	———
0	0

Denn, weil vermöge der ersten Division 7 mal 8 = 56 ist, so ist (laut dem 31. §.) auch 8 mal 7 = 56. Oder weil 8 in 56, 7mal enthalten ist, so ist auch 7 in 56, 8mal enthalten. Folglich muß der Quotient allemal eine Zahl seyn, welche anzeigt, wie vielmal der Divisor in dem Dividendum enthalten sey.

Wenn also eine größere Zahl durch eine kleinere dividirt werden soll, so kann man sich allemal vorstellen, man sollte eine dritte Zahl finden, welche anzeigt, wie vielmal der Divisor in dem Dividendum enthalten sey. Deswegen drückt man sich beim Dividiren auch so aus:

9 in 45 hat man 5 mal; denn 5mal 9 ist 45: 8 in 63 hat man 7mal, denn 7mal 8 ist 56, und 7 bleibt übrig.

§. 37.

So wie nun die Multiplikation eine oft wiederholte Addition einer und eben derselben Zahl war, so kann man sich die Division, als eine oft wiederhohlte Subtraktion einer und eben derselben Zahl vorstellen. Wenn z. B. 12 durch 3 dividirt, also gesucht werden soll, wie vielmal 3 in 12 enthalten ist, so muß sich das finden, wenn man 3 von 12 so vielmal abzieht, als es angeht. Z. B.

$$
\begin{array}{rl}
12 & \\
\underline{3} & 1) \\
9 & \\
\underline{3} & 2) \\
6 & \\
\underline{3} & 3) \\
3 & \\
\underline{3} & 4) \\
0 &
\end{array}
$$

Hier hat man 4mal subtrahiren müssen, ehe alles aufgegangen ist; also zeigt die Anzahl der Subtraktionen an, daß 4 der gesuchte Quotient, oder 3 in 12 4mal enthalten sey, zugleich weiß man, daß 4 der dritte Theil von 12 sey, denn es ist auch umgekehrt 4 in 12 3mal enthalten (§. 36.)

So leicht, und natürlich aber dies Verfahren ist, so weitläuftig und beschwerlich würde es doch seyn, wenn beide gegebene Zahlen sehr groß wären, und auch der Divisor sehr vielmal in dem Dividendum enthalten wäre; deswegen hat man hier eben so, wie bey der Multiplikation kürzere Wege suchen müssen.

§. 38.

Das Dividendum bestehet nur aus zwei Ziffern, und der Divisor ist eine einfache Ziffer, überdem ist die höchste Ziffer des Dividendums grösser, als der Divisor: man soll den Quotienten finden.

Aufl. Man schreibe wiederum den Divisor unter das Dividendum, doch so, daß er unter der höchsten Ziffer desselben zu stehen komme.

Man dividire hierauf die höchste Ziffer des Dividendums allein, nach dem 40. §.

Alsdann multiplicire man den Quotienten in den Divisor, setze das Produkt unter, ziehe es von dem Dividendum ab, und schreibe den Rest unter dies Produkt.

Hierauf nehme man die zweite Ziffer des Dividendums, setze sie zu dem Rest, und dividire nun beide Ziffern, wie im 40. §.

Ist der Divisor im Dividendum nicht aufgegangen, so schreibe man wiederum den Rest unter, wie im 40. §. Z. B.

```
86}28
3
6
----
26
 3
24
----
 2 Rest.
```

Hier ist 3 in 8, 2mal enthalten. Das Produkt dieses Quotienten 2 mit dem Divisor 3 giebt 6; dies von 8 abgezogen, bleiben 2 zum Rest; setzt man hiezu die zweite Ziffer 6 des Dividendums, so hat man 26. Nun weiter 3 in 26 kann man haben 8mal, 3mal 8 ist 24; dies Produkt von 26 abgezogen, läßt 2 zum Rest, und 28 ist der Quotient.

Wer beim Rechnen sich auch zum Nachdenken gewöhnt, wird leicht einsehen, daß hier eigentlich die beiden Theile des Quotienten so gesucht werden: Es ist

```
86 = 80 + 6
     3) }
     60 } 20
            8
----------------
     20    28
     +6
-----------
     26
      3
     24
-----------
      2
```

Man dividirt also erst 80, oder 8 Zehner durch 3, und das giebt 2 Zehner oder 20. Weil nun 3 mal 20 erst 60 macht, so ist der Rest 20, der auch noch durch 3 dividirt werden muß. Hiezu nimmt man die übrigen 6, so hat man 26, die noch durch 3 dividirt werden müssen, da dann 8 Einer gefunden werden, die zu den vorigen 2 Zehnern hinzukommen.

§. 39.

Man sieht nun leicht, daß auf eine ähnliche Art verfahren werden müsse, wenn das Dividendum auch aus dreien, und mehrern Ziffern besteht. Man multiplicirt nach jeder Division den Divisor mit der Zahl des Quotienten, welche man zulezt gefunden hat, schreibt die niedrigste Ziffer dieses Produkts allemal unter der Zahl des Dividendums, die zuletzt zum Rest ist zugesetzt worden, zieht es gehörig ab, bemerkt darunter den Rest, und setzt alsdann die nächstfolgende Ziffer des Dividendums wieder zum Rest. Eben so fährt man so lange fort, bis nichts mehr übrig ist, oder ein Rest bleibt, der kleiner wie der Divisor ist. Z. B.

```
579366}96561
6
54
———
 39
  6
 36
———
  33
   6
  30
———
   36
    6
   36
———
    6
    6
———
    0
```

§. 40.

Es können hier Fälle vorkommen, welche einige Erläuterung fordern, wie sich die bisher vorgetragenen Regeln darauf anwenden lassen. Es sey z. B. die Zahl 630 gegeben, die durch 6 dividirt werden soll.

```
630}105
6
———
 30
  5
 30
———
```

Hier ist schon der Divisor in der ersten Ziffer des Dividendums ganz enthalten, also bekömmt man im Quotienten 1; das Produkt dieses Quotienten in den Divisor, ist so groß als der Divisor selbst, also hat man nicht nöthig, dies nochmals niederzuschreiben. Die erste Ziffer des Dividendums ist auch 6, also bleibt hier kein Rest. Setzt man die folgende herunter, so kann man 3 nicht durch 6 dividiren, also kömmt in dieser Stelle des Quotienten 0, und damit man es nicht vergesse, die Null im Quotienten hinzuschreiben, sage man: 6 in 3 hat man 0 mal, da dann 6mal 0 wieder 0 wäre, und 0 von 3 abgezogen wieder 3 bleiben würde.

§. 41.

Das Zeichen der Division sind zwei über einander stehende Punkte, wenn man nämlich schreibt 8 : 4, so heist das 8 dividirt durch 4, und es ist 8 : 4 = 2.

Exempel zur Uebung.

1) 4826 : 2 = 2413.
2) 13578 : 3 = 4526.
3) 21496 : 4 = 5374.
4) 493827156 : 4 = 123456789.
5) 617283945 : 5 = 123456789.
6) 51705 : 5 = 10341.
7) 8002372002 : 6 = 1333728667.
8) 2030405060708080 : 7 = 290057865815440.
9) 310248 : 8 = 38781.
10) 1230849 : 9 = 136761.

§. 42.

Der Divisor und das Dividendum bestehen aus zusammengesetzten Ziffern, man soll den Quotienten finden.

Aufl. Man schreibe den Divisor unter das Dividendum wie im 39. §., ehe man aber den Divisor unterschreibt, beobachte man folgendes:

Man nehme in Gedanken so viel der höchsten Ziffern des Dividendums ab, als der Divisor allein enthält; machen seine Ziffern zusammen eine Zahl aus, die kleiner als der Divisor ist, so rücke man den Divisor um eine Stelle weiter gegen die Rechte.

Nun untersuche man, wie oft die höchste Ziffer des Divisors entweder in der höchsten Ziffer, oder in den beiden höchsten Ziffern des Dividendums enthalten sey, falls man um eine Klasse gegen die Rechte mit dem Divisor gerückt ist: Die Zahl, welche man so findet, nehme man bis auf weitere Prüfung für den Quotienten an. Man multiplicire darauf, wie im 39. §. den Divisor mit diesem Quotienten, schreibe das Produkt auf die oben gezeigte Art nieder und ziehe es ab. Hiebey wird es sich zeigen, ob der angenommene Quotient der richtige sey. Kommt das Produkt so groß heraus, daß man es von den grade darüber stehenden Zahlen des Dividendums nicht subtrahiren kann; so muß man den Quotienten so lange um Eins kleiner machen, bis sich das Produkt abziehen läßt. Der Rest, welcher übrig bleibt, wird, falls man es recht gemacht hat, kleiner als der Divisor seyn.

Nun setze man die folgende Ziffer des Dividendums zum Rest, schreibe wieder den Divisor darunter, und verfahre, wie vorhin. Ist die Zahl, welche herauskommt, nachdem die folgende Ziffer des Dividendums schon zum Rest ist herunter gesetzt worden, kleiner als der Divisor; so kömmt in die Stelle des Quotienten eine 0, und man setzt zugleich die weiter folgende Ziffer des Dividendums zum Rest, wie bei der Division mit einer einfachen Ziffer im 40. §.

Man wiederhole dies Verfahren so oft bis alle Ziffern des Dividendums herunter gesetzt sind.

Bleibt ein Rest, so schreibt man denselben darunter, und bemerke nur dies noch, daß derselbe kleiner seyn muß, als der Divisor, wofern man anders recht gerechnet hat. Z. B.

```
15352}404
 38
152
--------
  152
   38
  152
 ----
    0
```

Da hier 15 kleiner ist als 38, so rückt man den Divisor um eine Stelle weiter, daß die 3 nicht unter der 1, sondern unter der 5 kömmt. Nun könnte man sonst 3 in 15, 5mal nehmen, allein weil hier die ganze Zahl 38 noch mit 4 multiplicirt, und dies Produkt vom Dividendum abgezogen werden soll, so kann nur 4 zum Quotienten genommen werden. Das Prod. 38 × 4 giebt 152, und dies von 153 abgezogen läßt nur 1 zum Rest. Setzt man die folgende 5 dazu, so kann man wieder 15 durch 38 nicht dividiren. Man sagt 38 in 15 hat man 0 mal, also kömmt im Quotienten 0, man setzt ferner die letzte Ziffer des Dividendums herunter, und dividirt nun 152 mit 38, welches hier den Quotienten 4 giebt.

Hat man sich mit allen diesen Regeln wohl bekannt gemacht, so wird es nun auch weiter keine Schwierigkeit setzen, jede gegebene Zahl zu dividiren, wenn auch der Divisor aus 3, 4, und mehreren Ziffern besteht; die Art zu rechnen bleibt allemal mit der vorigen einerlei. Z. B.

```
11366784}3456
  3289
  9807
----------
  14997
   3289
  13156
----------
```

```
18418
 3289
16445
-----
 19734
  3289
 19734
 -----
     0
```

§. 43.

1) Wann beide, der Divisor und das Dividendum am Ende Nullen haben, so ist es nicht nöthig alle diese Nullen in Betrachtung zu ziehen. Man kann aus beiden Zahlen so viele Nullen wegstreichen, als in derjenigen befindlich sind, welche die wenigsten hat, und der Quotient muß doch recht heraus kommen. Die Ursache ist diese: 4 Zehner sind in 24 Zehnern so vielmal enthalten als 4 Einer in 24 Einern: also ist 240 : 40 = 24 : 4.

6 Hunderte sind in 54 Hunderten so vielmal enthalten, als 6 Einer in 54 Einern, also 5400 : 600 = 54 : 6. 92 Tausende sind in 2700 Tausenden so vielmal enthalten, als 92 Einer in 2700 Einern, also 2700000 : 92000 = 2700 : 92. 50 Tausende sind in 236 Zehntausenden so vielmal enthalten, als 50 Einer in 236 Einern, also 2360000 : 500000 = 236 : 50.

Man rechnet also leicht das folgende Exempel.

```
387ØØØØØ}5
7ØØØØØØ
350
-------
Rest 37
```

2) Wofern der Divisor also die Zahl 1 ist, mit einer Reihe daranhängender Nullen, so wird der Quotient ohne alle Rechnung gefunden, wenn man nur vom Dividendum rechter Hand, etwa

durch einen Strich, so viele Ziffern abschneidet, als im Divisor Nullen sind. Was linker Hand des Strichs bleibt, ist der Quotient, was rechter Hand steht, ist der Rest.

1000) 37 | 824 } 37

Rest 824

Denn es ist 37824 = 37000 + 824, und 37000 durch 1000 dividirt giebt 37, und 824 ist schon kleiner als 1000, mithin ist 824 der Rest. Eben so

100000) 55 | 89573 } 55

Rest 89573

1000000) 7268 | 039425 } 7268

Rest 039425

§. 44.

Die hier gezeigte Art zu dividiren ist leichter, und deutlicher, als die gewöhnliche, wo man die Produkte nicht niederschreibt, sondern in Gedanken behält, den Rest über die dividirten Zahlen hinsetzt, alsdann aber zum Unterschied die Zahlen, welche schon dividirt worden sind, durchstreicht. Z. B.

~~2~~3~~2~~
~~6784~~ } 1696
~~4444~~

Diese Methode ist bey der Division, wenn der Divisor aus einer einfachen Ziffer besteht, zwar kürzer und vortheilhafter, als die vorhin gelehrte, welche man in den Rechenbüchern **unter sich dividiren** nennt, indem man Platz auf dem

Papier dadurch gewinnt: wenn aber nicht allein das Dividendum eine große Zahl ist, sondern auch der Divisor aus vielen Ziffern bestehet; so ist jene bisher beschriebene Art dieser weit vorzuziehen, indem sich bei dieser weit eher Rechnungsfehler einschleichen können, die nicht anders zu entdecken sind, als daß man von vorne wieder anfängt zu dividiren. Das ist aber bey der andern Methode theils nicht so leicht zu befürchten, theils läßt sich der Fehler leichter entdecken.

Als Beyspiel der letztern Art mag noch folgendes Exempel dienen:

```
  243
  164
  8533   |
433956   > 1247
348888   |
  3444
   33
```

§. 45.

So wie sich die Addition und Subtraktion einander zur Probe dienten, so läßt sich auch die Multiplikation, durch die Division, und umgekehrt diese durch jene prüfen.

Wenn man also zwei Zahlen in einander multiplicirt hat, und man dividirt das Produkt wieder durch einen der beiden Faktoren, so muß der andre Faktor wieder heraus kommen. Z. B.

```
   486            114210 > 486
   235            235
  ----            940
  2430            --------
 1458             2021
 972               235
------            1880
114210            --------
                  1410
                   235
                  1410
                  --------
                    0
```

Sind zwei Zahlen in einander dividirt worden, und man multiplicirt den Quotienten mit dem Divisor, so muß das Dividendum wieder herauskommen. Ist ein Rest bei der Division übrig geblieben, so muß dieser zum Produkt addirt werden. Z. B.

```
379513 ⟩ 1326
286
------
 935
 286
 858
------
  771
  286
  572
------
  1993
   286
  1716
------
   277
```

```
  1326
   286
------
  7956
 10608
 2652
------
379236
   277
------
379513
```

Exempel zur Uebung.

1) 180672 : 48 = 3764
2) 14238 : 21 = 678
3) 25248 : 32 = 789
4) 105615 : 45 = 2347
5) 231744 : 68 = 3408
6) 951713 : 79 = 12047
7) 891328 : 38 = 23456
8) 42435 : 123 = 345
9) 433608 : 348 = 1246
10) 1015056 : 532 = 1908
11) 1600720 : 748 = 2140
12) 3600772272 : 20304 = 177343

13) 2822047200 : 79800 = 35364
14) 17386852032000 : 1009080 = 17230400
15) 8628014080 : 906304 = 9520
16) 631506648000 : 89060 = 7090800
17) 7201544544 : 40608 = 177343
18) 14403089088 : 40608 = 354686
19) 1094432 : 47584 = 23
20) 19870104 : 57098 = 348
21) 349659488 : 68912 = 5074
22) 433698540 : 71005 = 6108
23) 4076253142 : 80093 = 50894
24) 97545647310 : 98765 = 987654
25) 109510396767 : 192837 = 567891
26) 2756514283666 : 472589 = 5832794
27) 6923413431991б : 975468 = $7097530\frac{379516}{975468}$.
28) 6923411443104 : 975468 = 7097528

§. 46.

Wie übrigens im 33 §. vermittelst der Multiplikation eine genannte Zahl in eine andre verwandelt werden konnte, die eben so viel als jene werth war, aber einen kleinern Namen hatte; so läßt sich nunmehro umgekehrt vermittelst der Division statt einer gegebenen genannten Zahl, die den kleinern Namen hat, eine andre genannte Zahl finden, die eben so viel werth ist, als die gegebene, aber einen grössern Namen hat. Man hat z. B. 96 gl., und will wissen, wie viel thlr. es sind? das heißt, wie vielmal 1 thlr. in 96 gl. enthalten sey? Weil nun 1 thlr. so viel als 24 gl. macht, so will man wissen, wie vielmal 24 gl. in 96 gl. enthalten sind, folglich muß man 96 gl. durch 24 gl. dividiren. Hat man 80 Unzen, und will wissen, wie viel Pfund es sind, so ist die Frage, wie vielmal 1 Pfund oder 16 Unzen in 80 Unzen enthalten sind, und das wird gefunden, wenn man 80 Unzen durch 16 Unzen dividirt. Die Exempel stehen so:

96 gl., wie viel sind es thlr.?
24 > 4 thlr.
96
―――
0

80 Unzen, wie viel sind es Pf.?
16 > 5 Pf.
80
―――
0

144 gl., wie viel sind es thlr.?
48 > 3 thlr.
144
―――
0

§. 47.

Es ist hier gar nicht nothwendig, daß der Divisor im Dividendum aufgehe. Bleibt nach der Division ein Rest, so behält derselbe den kleinern Namen, er zeigt diejenigen Einheiten der kleinern Benennung an, die noch über der gefundenen Anzahl der Einheiten der größern Benennung im Dividendum enthalten sind. Z. B. auf die Frage: 319 gl. wie viel sinds thlr.? findet man den Quotienten 13, und 7 bleiben übrig! also machen 319 gl. so viel als 13 thlr.? und der Rest 7 zeigt an, daß über diesen 13 thlr noch 7 gl. in der ganzen Summe von 319 gl. enthalten sind. Demnach sind 319 gl. = 13 thlr. 7 gl. Man nennt dies Verfahren die **Reduktion einer genannten Zahl auf eine grössere Benennung.**

Exempel zur Uebung.

1) 319 gl., wie viel sinds thlr.? Antw. 13 thlr. 7 gl.
2) 3752 gl. wie viel sinds thlr.? Antw. 156 thlr. 8 gl.
3) 537 ßl., wie viel sinds Mk.? Antw. 33 Mk. 9 ßl.
4) 6793 pf., wie viel sinds ßl. und thlr. Antw. 11 thl. 38 ßl. 1 pf.
5) 351 Pf., wie viel sinds Cent.? Antw. 3 Ct. 21 Pf.
6) 1093 Schfl. wie viel sinds Last? Antwort 11 Last 3 Drbt 1 Schfl.
7) 70913 Bogen Papier, wie viel sinds Rieß? Antw 147 Rieß 14 Buch 17 Bogen.
8) 1725 Wochen, wie viel sinds Jahre? Antw. 33 Jahre 9 Wochen.
9) 1613 Stunden, wie viel sinds Tage? Antw. 67 Tage 5 Stunden.

Fünftes Kapitel.

Anwendung des bisherigen auf die Rechnung in genannten Zahlen.

§. 48.

Die im 33 und 46 § gelehrten Reduktions-Rechnungen, wie man eine genannte Zahl auf eine grössere oder kleinere Benennung bringt, dienen zugleich zur Vorbereitung: um alle vier Rechnungs-Arten auch mit genannten Zahlen vorzunehmen. Zwar sind bei genannten Zahlen eigentlich keine neue Rechnungsregeln nöthig, die von den bisherigen verschieden wären: weil aber die schon bekannten Reduktionen, bald auf eine grössere bald auf eine kleinere, Benennung beständig dabey vorkommen, auch sonst noch einiges dabei zu bemerken ist, so ist nöthig, daß man sich auch mit demjenigen, was diese Rechnungsmethoden eigenes haben, bekannt mache.

§. 49.

Genannte Zahlen zu addiren.

Aufl. Man schreibe die Zahlen unter einander hin, wie bey der Addition mit ungenannten Zahlen.

Alle Zahlen, die zu einerley Art von Einheiten gehören, oder einerley Namen haben, schreibe man in einer Kolumne unter einander, addire jede Kolumne für sich nach dem 13 §., und zwar so, daß man mit der Kolumne anfängt, worin die Zahlen enthalten sind, die den kleinern Namen haben.

Allemal, wenn in einer Kolumne eine Zahl herauskommt, die sich auf den nächstgrößern Namen bringen läßt, so bringe man sie wirklich auf diesen nächstgrößern Namen, notire in dieser Kolumne nur den Rest, der den kleinern Namen behält, und addire was den größern Namen behält, mit zur nächstfolgenden Kolumne. Z. B.

	1	Centner	36	Pf.	9	Loth	1	Quentchen
	7	—	59	=	27	=	3	—
	9	—	47	=	38	=	3	—
Summe	17	—	142	=	74		7	—
oder	18	—	34	=	11	=	3	—

Hier erhält man in der ersten Kolumne 7 Quentchen, mit 4 zu Loth gemacht, geben sie 1 Loth und 3 Quentchen. Die Quentchen schreibt man unter der Kolumne der Quentchen, und das 1 Loth addirt man zu den 74 Lothen, so erhält man 75 Loth. Aber 32 Loth machen 1 Pf., also dividirt man diese 75 Loth mit 32 zu Pfunden, so erhält man 2 Pf. und 11 Loth. Diese letztern schreibt man wieder in die Kolumne der Lothe, und die 2 Pf.

werden zu den folgenden 142 Pf. addirt, also hat man nun 144 Pf. Diese werden mit 120 zu Centnern gemacht; und man erhält nun 1 Ct., und 34 Pf. Diese Pfunde setzt man wieder in die gehörige Kolumne, und der 1 Ct. wird zu den folgenden 17 addirt, so erhält man 18 Ct.

Für Anfänger ist es gut, wenn sie die ersten Exempel auf diese Art rechnen. Die schon etwas geübter sind, können gleich nach der Addition einer jeden Kolumne die Reduktion vornehmen, und was den grössern Namen erhält, in mente behalten.

Exempel zur Uebung.

	738 Mk.	12 ßl.		
	913 —	7 —		
	101 —	13 —		
f.	1754 Mk.	0 ßl.		

	515 Mk.	7 ßl.		
	913 —	2 —	3 pf.	
	1730 —	[illegible] —	7 —	
f.	3164 Mk.	9 ßl.	10 pf.	

	8213 thlr.	11 ßl.	8 pf
	537 —	19 —	7 —
	10364 —	17 —	9 —
f.	19115 thlr.	1 ßl.	0 pf.

	754 thlr.	8 gr.	2 pf.
	512 —	17 —	8 —
	1027 —	21 —	1 —
f	2294 thlr.	22 gr.	8 pf.

	136 Schpf.	38 Pf.	9 Loth	2 Quent.
	59 —	128 —	17 —	1 —
	639 —	97 —	29 —	0 —
	55 —	216 —	0 —	3 —
	87 —	0 —	31 —	3 —
f.	977 Schpf	201 Pf.	24 Loth	1 Quent.

	725 Pf.	13 Unzen	1 Loth	3 Quent.
	516 —	9 —	0 —	1 —
	39 —	15 —	1 —	2 —
	511 —	7 —	1 —	1 —
f.	1793 Pf.	14 Unzen	0 Loth	3 Quent.

	R.	Fuß
27	R.	8 Fuß
15	—	13 —
29	—	7 —
136	—	9 —
f. 209	R.	5 Fuß

R.	Fuß	Zoll	Lin.
36 R.	5 Fuß	3 Zoll	7 Lin.
28 =	9 —	7 —	3 —
136 =	1 —	11 —	9 —
286 =	9 —	9 —	9 —
f. 487 R.	10 Fuß	8 Zoll	4 Lin.

Last	Drbt.	Schfl.	Metzen.
7 Last	5 Drbt.	8 Schfl.	2 Metzen.
19 —	7 —	11 —	9 —
5 —	6 —	7 —	5 —
14 —	3 —	10 —	11 —
f. 48 Last	0 Drbt	2 Schfl.	3 Metzen.

Ballen	Rieß	Buch	Bogen.
5 Ballen	7 Rieß	3 Buch	5 Bogen.
21 —	8 —	19 —	23 —
6 —	5 —	13 —	20 —
f. 34 Ballen	1 Rieß	16 Buch	0 Bogen.

Jahr	Monath.
1 Jahr	11 Monath.
15 —	7 —
3 —	9 —
26 —	11 —
f. 48 Jahr	2 Monath.

Jahr	Wochen	Tage	St.	Min.
21 Jahr,	11 Wochen,	3 Tage,	7 St.	13 Min.
15 —	36 —	6 —	23 —	58 —
36 —	50 —	1 —	19 —	46 —
29 —	37 —	5 —	12 —	18 —
55 —	51 —	2 —	0 —	43 —
16 —	0 —	0 —	20 —	11 —
5 —	3 —	2 —	6 —	3 —
9 —	7 —	7 —	7 —	7 —
f. 189 Jahr,	43 Wochen,	2 Tage,	1 St.	9 Min.

§. 50.

Eine kleinere genannte Zahl von einer grössern zu subtrahiren.

Aufl. Man schreibe die Zahlen unter einander wie bei der Addition. Man subtrahire zuerst die Kolumne, welche die kleinste Art von Einheiten enthält.

Findet es sich in der ersten Kolumne, die den kleinsten Namen hat, daß die unterste Zahl grösser ist, als die oberste, so wird aus der folgenden Kolumne von den Einheiten der grössern Art 1 geborgt, und der Zahl, wovon man itzt subtrahiren will, so viel hinzu addirt, als diese geborgte Eins in Theilen der kleinern Art ausmacht. Hiernächst subtrahirt man, wie bei ungenannten Zahlen.

Diejenige Zahl in der folgenden Kolumne, wovon man geborgt hat, gilt auch hier allemal, wie von selbst klar ist, nach dem Borgen eins weniger, als zuvor.

Z. B. 583	thlr.	27	ßl.	9	pf.
116	—	45	—	11	—
Rest 466	thlr.	29	ßl.	10	pf.

In der Kolumne der Pfennige kann man hier nicht subtrahiren, weil 11 grösser als 9 ist. Man borgt aus der folgenden Kolumne der ßl. einen Schilling Aber dieser gilt 12 pf., und diese zu den 9 pf. addirt, geben 21 Pfennige. Nun spricht man, 11 von 21 bleiben 10. In der folgenden Kolumne ist von den Schillingen schon 1 weggeborgt, also hat man nur noch 26 ßl., davon sollen aber 45 abgezogen werden: man borgt also aus der folgenden Kolumne der Thaler, einen Thaler; ein thlr. hat 48 ßl., und diese zu 26 addirt, geben 74 ßl. Hiervon 45 abgezogen, bleiben 29 ßl. Von den Thalern ist auch schon weggeborgt, also subtrahirt man 116 von 582, und man erhält 466.

Diese Probe läßt sich hier eben so wie im 28 §. anstellen.

Exempel zur Uebung.

	127	Luisd'or	4	thlr.	1	Mk.	0	ggl.	1	sl.	5	pf.
	36	—	4	—	2	—	1	—	1	—	9	—
f.	90	Luisd'or	4	thlr.	2	Mk.	6	ggl.	1	sl.	8	pf.

	3	Schpf.	17	Pf.	9	Loth.
	1	—	268	—	1	—
f.	1	Schpf.	29	Pf.	8	Loth.

	11	Lpf.	5	Pf.	3	Loth	1	Quent.
	0	—	12	-	28	—	3	—
f.	10	Lpf.	8	Pf.	6	Loth	2	Quent.

	136	Ruthen	3	Fuß	9	Zoll	7	Lin.
	28	—	9	—	10	—	8	—
f	107	Ruthen	9	Fuß	10	Zoll	11	Lin.

	196	Last	5	Drbt.	7	Schfl.	3	Metzen.
	35	—	7	—	11	—	8	—
f.	160	Last	5	Drbt.	7	Schfl.	7	Metzen.

	136	Jahr	9	Monath	7	Tage	9	Stunden.
	15	—	10	—	8	—	13	—
f.	120	Jahr	10	Monath	28	Tage	20	Stunden.

§. 51.

Wenn jemand das Jahr weiß, in welchem er gebohren worden, und will in dem Jahre, in welchem er itzt lebt wissen, wie alt er sei, so kann dies durch die Subtraktion gefunden werden

Eben so findet man auch das Alter, welches eine verstorbene Person erreicht hat, wenn der Zeitpunkt ihres Todes und ihrer Geburt genau bekannt sind. Wir sind gewohnt, die Zeit in Jahren, Monaten, Tagen, Stunden, Minuten, Secunden anzugeben: man muß aber bemerken, daß bei der Anzeige des Jahrs, Monats und Tages jederzeit das itzt laufende noch nicht geendigte Jahr, der noch laufende nicht geendigte Monat, und eben so der noch nicht geendigte Tag, verstanden werde: bei Anzeige der Stunden, Minuten, Secunden, aber werden schon verflossene Stunden, Minuten, Secunden verstanden. Wir schreiben itzt 1774 den 25. März, das heißt: es sind seit Christi Geburt verflossen 1773 Jahre, und überdem im 1774sten itzt laufenden Jahr noch der Januar und Februar, also 2 Monat; in dem itzt laufenden Märzmonat sind noch ferner verflossen 24 Tage und der itzt laufende Tag ist der 25ste. Wenn es dagegen heißt: heute um 9 Uhr 13 Minuten starb Kajus; so will dies so viel sagen: nachdem am itzt laufenden Tage seit Mitternacht 9 Stunden, 13 Minuten verflossen waren, starb Kajus. Der bürgerliche Tag fängt um Mitternacht an, und endigt sich mit der folgenden Mitternacht, nachdem von der einen Mitternacht bis zur andern 24 Stunden verflossen sind. Man zählt der Bequemlichkeit wegen nur 12 Stunden vom Anfang des Tages um Mitternacht bis Mittag, nachdem die erste Hälfte des Tages verflossen ist, und nennt die ersten 12 Stunden Vormittags-Stunden, die folgenden 12 Stunden bis Mitternacht aber Nachmittags-Stunden. Um 5 Uhr Nachmittags sind also an dem jetzt laufenden Tage schon 17 Stunden verflossen, allemal 12 Stunden mehr, als die Zahl der Nachmittags-Stunden anzeigt.

Soll nun das Alter, welches eine Person erreicht hat, oder die während einer Begebenheit verflossene Zeit gefunden werden, so muß man die Zeit, welche im Anfang der Begebenheit schon verflossen war, subtrahiren von derjenigen, welche verflossen war, als sich die Begebenheit z. B. die Lebensdauer des Menschen endigte. Z. B.

Es ist jemand Ao 1686 den 19. Jun. um 9 Uhr 49 Min. Abends gebohren; und Ao. 1735 den 17 May um 8 Uhr 23 Min. Vormittags gestorben; es fragt sich wie alt er geworden?

Dies wird so angesetzt:

Im Augenblick seines Todes waren verflossen

1735 Jahr 4 Mon. 17 T. 8 St. 23 Min.

Im Augenblick seiner Geburt waren verflossen

1688 Jahr 5 Mon. 19 T. 21 St. 49 Min.

Also sind während seiner Lebensdauer verflossen

46 Jahr 10 Mon. 27 T. 10 St. 34 Min.

Exempel zur Uebung.

1) Einer hat 1771 den 4. Oct. um 4 Uhr 23 Minuten Abends die Akademie bezogen, nun wollte er in diesem 1774sten Jahr den 11. Februar um 10 Uhr 17 Minuten Abends wissen: wie lange er daselbst zugebracht?

Antwort 2 Jahr 4 Monat 7 Tage 5 Stunden 54 Minuten.

2) Einer ist gebohren An 1751 den 3ten April Morgens um 4 Uhr, und An. 1774 den 5ten Sept. Nachmittags um 2 Uhr 37 Min. ist er Doctor geworden, es fragt sich, wie alt er zu dieser Zeit gewesen.

Antw. 23 J. 5 Mon. 2 T. 10 St. 37. Min.

3) Es ist jemand An. 1740 den 27. Jul. in türkische Gefangenschaft gerathen, und An. 1773

den 25. May Nachmittags um 5 Uhr 57 Min. wieder frei gekommen; wie lange hat er also in der Sclaverey gesessen.

Antw. 32 J. 9 Mon. 28 T. 17 St. 57 Min.

§. 52.

Eine genannte Zahl mit einer ganzen ungenannten zu multipliciren.

Aufl. Man schreibe das Multiplikandum nieder, und den Multiplikator darunter. Zuerst multiplicire man den Theil des Multiplikandums, welcher den kleinsten Namen hat, mit dem gegebenen Multiplikator, bringe was heraus kommt auf den nächstgrößern Namen, schreibe den Rest mit dem kleinern Namen nieder, und behalte das übrige in mente

Man multiplicire ferner die nächstfolgende Zahl des Multiplikandums, und addire zu diesem Produkt das, was man aus der vorigen Multiplikation von dieser Sorte in mente behalten hat.

Man wiederhole dies so oft, bis alle Theile der genannten Zahl nach der Ordnung eben so multiplicirt worden sind. Z. B.

	125 thlr.	25 ßl.	4 pf.
			9 —
R.	1129 thlr.	36 ßl.	= —

Die erste Multiplikation mit den Pfennigen giebt 36 pf aber diese machen 3 ßl., welche in mente bleiben Man multiplicire ferner die 25 ßl. mit 9, so erhält man 225, zu diesen addire man die in mente gebliebenen 3 ßl. so hat man 228 ßl., und diese mit 48 zu thlr. gemacht, geben 4 thlr. 36 ßl. Die 36 ßl. schreibe man unter der Kolumne der ßl., behalte die 4 thlr in mente, und multiplicire nun auch die 125 thlr., so erhält man 1125 thlr.;

zu diesen die vorhin in mente gebliebenen 4 thlr. addirt, giebt 1129 thlr. 36 ßl.

Exempel zur Uebung.

1) Es hat jemand eine Summe Geldes in drei Terminen zu bezahlen, und zwar in jedem Termin 132 Mk. 7 ßl. 5 pf., wie viel macht dies zusammen? Antw. 397 Mk. 6 ßl. 3 pf.

2) Es bezahlt jemand eine Summe Geldes an 4 Personen, jeder erhält 256 Mk. 10 ßl. 8 pf., wie viel erhalten sie zusammen. Antw. 1026 Mk. 10 ßl. 8 pf.

3) 8 Personen erhalten eine Prämie, und zwar jeder 128 thlr 12 ßl. 6 pf. wie viel erhalten sie also alle? Antw. 1026 thlr. 4 ßl.

4) Eine Summe Geldes ist in 3275 gleiche Theile getheilt worden, und auf jeden Theil sind 509 thlr. gekommen, wie groß ist diese Summe gewesen? Antw. 1666975 thlr.

§. 53.

Eine genannte Zahl mit einer ganzen ungenannten Zahl zu dividiren.

Aufl. Man schreibe das Dividendum für sich nieder, wie bei ungenannten Zahlen.

Alsdann dividire man zuerst die Zahl, welche die größte Sorte von Einheiten enthält, so erhält man den ersten Theil des Quotienten. Bleibt ein Rest, so bringe man ihn auf einerley Namen mit dem nächstfolgenden Theil des Dividendums, was herauskommt, addire man zu dem folgenden Theil desselben, und dividire die Summe aufs neue durch den gegebenen Divisor, so findet man den zweiten Theil des Quotienten. Bleibt wieder ein Rest, so bringe man ihn abermal auf den Namen der nächstfolgenden Zahl der nächst kleinern

Benennung, und setze diese Operation auf die eben beschriebene Art so lange fort, bis alles ist dividirt worden.

Den gefundenen Quotienten schreibe man unter den Divisor und unter das Dividendum, wie bei der Multipliktion das Produkt. Z. B.

```
  1129 thl.        36 ßl.
     9          + 192 ßl. } 125 thlr. 25 ßl. 4 pf.
  ------        --------
    22             228
     9               9
    18              18
  ------        --------
    49              48
     9               9
    45              45
  ------        --------
 Rest 4 thlr.   Rest 3 ßl.
  + 48           + 12
  ------        --------
   192 ßl.          36 pf.
                     9
```

Man dividire zuerst die 1129 thlr. so erhält man 125 thlr. aber es bleiben noch 4 thlr. zum Rest. Diese mache man zu ßl., so erhält man 192 ßl.; zu diesen die folgende 36 ßl. addirt, geben 228 ßl. Letztere durch 9 dividirt geben 25 ßl., aber es bleiben hier noch 3 ßl übrig, also macht man diese zu Pfennigen, so erhält man 36 pf., und diese durch 9 dividirt, geben 4 pf.

§. 54.

Die Probe bei der Multiplikation und Division läßt sich eben so, wie bei ungenannten Zahlen, anstellen.

Exempel zur Uebung.

1) Es soll jemand eine Summe von 378 Mk. 8 ßl. 4 pf. in 2 Terminen bezahlen, wie viel muß er also jedesmal ausgeben? Antw. 189 Mk. 4 ßl. 2 pf.

2) Eine Summe von 467 Mk. 6 ßl. 6 pf. sollen 3 Personen unter sich theilen, wie viel erhält ein jeder? Antw. 155 Mk. 12 ßl. 10 pf.

3) Eine Gesellschaft von 4 Personen soll eine Summe von 577 Mk. 13 ßl 4 pf. zusammen bringen, und jeder giebt gleichviel, wie viel muß also jeder von ihnen hergeben? Antwt. 144 Mk. 7 ßl. 4 pf.

4) 9 Personen kaufen in Gesellschaft 130 Last 5 Drbt. 6 Schfl. Gersten, jeder hat gleichviel dazu bezahlt, wie viel kömmt also einem jeden von dem Getraide zu? Antw. 14 Last 4 Drbt. 2 Schfl.

5) 9 Geschwister erben ein Kapital von 19728 thlr. 36 ßl. 9 pf. wie viel wird jedem in der Theilung zufallen? Antw. 2192 thl. 4 ßl. 1 pf.

6) 15 Personen erben an baarem Gelde ein Kapital von 100000 thlr., davon gehen aber noch ab:

Begräbnißkosten,	268 thlr.	30 ßl.	
Bedientenlohn,	133 —	12 —	
Nebenunkosten,	72 —	4 —	6 pf

Wenn dies von der Hauptsumme abgezogen wird, wie viel wird jeder noch behalten? Antw. 6635 thlr. 3 ßl. $3\frac{3}{4}$ pf.

Zweiter Abschnitt.

Von den Brüchen.

Erstes Kapitel.

Vorbereitungslehre.

§. 55.

Im vierten Kapitel des vorigen Abschnittes wird man schon oft die Bemerkung gemacht haben, daß der Divisor nicht allemal genau etliche mal in dem Dividendum enthalten sey, sondern sehr oft ein Rest bleibe. Z. B.

$$\begin{array}{r} 39\}5 \\ 7 \\ 35 \\ \hline 4 \end{array}$$

Hier ist 7 in 39 völlig 5 mal, aber nicht völlig 6 mal enthalten Die Zahl ist also hier nicht der ganze Quotient, sondern 5 wäre nur der ganze Quotient gewesen, wenn 35 durch 7 wäre dividirt worden. Will man also den ganzen Quotienten 39 : 7 haben, so muß der Rest 4 auch noch durch 7 dividirt werden. Hier ist demnach das Dividendum kleiner, als der Divisor, mithin fällt schon in die Augen, daß die Zahl, die noch zum Quotienten hinzukommen muß, keine ganze Einheit mehr betragen könne. Denn 1 ist der vierte Theil von 4, und man will den siebenden Theil von 4 haben, derselbe ist aber nothwendig kleiner, als der vierte Theil, mithin kleiner, als 1. Unter allen Zahlen ist 1 die kleinste, also kann der Quotient 4 : 7 keine ganze Zahl seyn.

§. 56.

Jede Zahl die kleiner als 1 ist, muß ein Bruch seyn, wie aus §. 5. leicht hergeleitet werden kann. Die Zahl 2 Drittheile vom Thaler, ist ein Bruch, weil die zusammengezählten Dinge Theile vom Thaler sind Es gehören aber 3 Drittheile zum ganzen Thaler, also sind 2 Drittheile vom thlr. weniger als ein ganzer Thaler. Ein Bruch kann also kleiner als 1 seyn Weil nun unter den ganzen Zahlen keine vorkommen, die kleiner als 1 sind, so muß jede Zahl, die kleiner als 1 ist, ein Bruch seyn.

Allemal, wenn das Dividendum kleiner, als

der Divisor ist, so ist der Quotient kleiner, als 1. (55. §.) Die Zahl 4 durch 7 dividirt kann nicht völlig 1 zum Quotienten geben, also muß die Zahl, welche man sucht, wenn eine kleinere Zahl durch eine grössere werden soll, ein Bruch seyn.

§. 57.

Jeder Bruch, z. B. 3 Viertheile vom thlr., kann als eine genannte Zahl betrachtet werden, auch wenn der Name des Ganzen wegbliebe, dessen Theile der Bruch zusammenzählt. Die Zahl 3 Viertheile ist immer dieselbe, ich mag 3 viertheil thlr, oder 3 viertheil Ellen, oder 3 viertheil Pf. verstehen; also kann man den Namen des Bruchs vom Namen derjenigen Einheit unterscheiden, deren Theile der Bruch zusammenzählt. Läßt man den Namen dieser Einheit weg; sagt man nur schlechtweg 3 Viertheil, 2 Drittheil, 5 Achtheil, u. s. f. so haben die Brüche die Natur ungenannter Zahlen, bei welchen die besondere Beschaffenheit der zusammengezählten Dinge nicht Betrachtung kömmt. (§. 5.) Es ist gleichviel, ob Theile von Thalern, Ellen, Pfunden u. s. w. verstanden werden sollen, wenn man z. B. nur wissen will, wie viel 3 Achtel und 4 Achtel zusammen ausmachen, oder wie viel übrig bleibt; wenn man 3 Achtel von 4 Achteln abzieht. Also könnte man in der Rechenkunst auch mit Brüchen so umgehen, wie man sonst mit ungenannten Zahlen umgeht, wenn nur nicht der Name des Bruchs machte, daß die Rechnungs-Regeln für ganze Zahlen nicht so schlechthin auf Brüche angewandt werden können.

§. 58.

Dieser Name des Bruchs zeigt allemal an, in wie viel gleiche Theile das Ganze getheilt sey, dessen Theile der Bruch zusammenzählt: deswegen kann man diesen Namen des Bruchs, der allemal durch eines von den Wörtern: Halb, Drittel, Viertel, Fünftel, Sechstel, u. s. f. ausgedrückt werden müßte, auch kürzer durch eine Ziffer ausdrücken, wenn nur diese Ziffer, welche den Namen des Bruchs ausmacht, deutlich von der Ziffer abgesondert wird, die eigentlich die Menge der zusammengezählten Dinge des Ganzen anzeigt. Diese Absonderung geschieht vermittelst eines Strichs, unter denselben setzt man den Namen des Bruchs durch eine Ziffer ausgedrückt, über demselben aber die Menge der zusammengezählten Theile des Ganzen, die den Bruch ausmachen. Vermöge dieser Regel ist nun

$\frac{1}{2}$ so viel als 1 Halbes,
$\frac{2}{3}$ — — 2 Drittel,
$\frac{3}{4}$ — — 3 Viertel,
$\frac{5}{8}$ — — 5 Achtel,
$\frac{7}{9}$ — — 7 Neuntel, u. s. f.

Allemal also ist die Zahl unter dem Strich der Name oder der Nenner des Bruchs, und die Zahl über dem Strich, welche eigentlich die Menge der zusammen gezählten Theile des Ganzen anzeigt, heißt der Zähler des Bruchs.

§. 59.

Jede Zahl, die kleiner als 1 ist, muß ein Bruch seyn, (§. 56.) aber nicht umgekehrt; jeder Bruch ist kleiner, als 1. Wenn man eben so viele gleiche Theile des Ganzen zusammen nimmt, als der Nenner des Bruchs anzeigt, so hat man offenbar das Ganze selbst: $\frac{2}{2}$ $\frac{4}{4}$ $\frac{5}{5}$ $\frac{6}{6}$ $\frac{7}{7}$ alle diese Brüche gelten so viel als 1. Wenn man also mehr gleiche Theile des Ganzen, als der Nenner des Bruchs anzeigt, zusammenzählt, so hat man mehr, als 1.

$\frac{4}{3}$ ist so viel, als	1	und	$\frac{1}{3}$	
$\frac{5}{3}$ — —	1	—	$\frac{2}{3}$	
$\frac{6}{3}$ — —	2	—		
$\frac{7}{3}$ — —	2	—	$\frac{1}{3}$	u. s. f.

Es giebt also zweierley Arten von Brüchen. Ein Bruch dessen Zähler kleiner, als sein Nenner, ist, heißt ein **eigentlicher** oder **ächter Bruch** er ist allemal kleiner, als 1. Ein Bruch aber, dessen Zähler eben so groß, oder grösser als sein Nenner ist, heißt ein **uneigentlicher** oder **unechter Bruch**; er ist entweder eben so groß, oder größer, als 1, und kann auch sonst dem Werthe nach mit jeder andern ganzen Zahl einerley seyn.

Jeder uneigentliche Bruch giebt demnach entweder eben so viel, als eine ganze Zahl, oder er enthält eine ganze Zahl, und überdem noch einen eigentlichen Bruch. Es ist leicht zu übersehen, daß $\frac{8}{3}$ so viel sey als 2 und $\frac{2}{3}$, und das ließe sich kurz so ausdrücken: $\frac{8}{3} = 2 + \frac{2}{3}$. Man läßt aber, um den Ausdruck noch mehr abzukürzen, das Zeichen + weg, und schreibt nur $\frac{8}{3} = 2\frac{2}{3}$. Eben so ist $\frac{9}{4} = 2\frac{1}{4}$, $\frac{10}{4} = 2\frac{2}{4}$, $\frac{11}{4} = 2\frac{3}{4}$ u. s. f.

Eine Zahl, die aus einer ganzen Zahl mit einem echten Bruch zusammen genommen besteht, heißt auch eine **gemischte Zahl**, also ist ein uneigentlicher Bruch allemal mit einer gemischten Zahl dem Werthe nach einerley; kömmt nun ein uneigentlicher Bruch vor, und man will wissen, wie viel derselbe Bruch in ganzen Zahlen werth ist, so nennt man dies: **Man soll den Bruch aufheben**. Wenn der Bruch nicht völlig mit einer ganzen Zahl einerley ist, so will man die vermischte Zahl wissen, die mit dem Bruch einerley Werth hat.

§. 60.

Einen unechten Bruch aufzuheben.

Aufl. Man dividire den Zähler mit dem

Nenner. Wenn alles aufgeht, so hat die ganze Zahl, welche zum Quotienten herauskömmt, mit dem Bruch einerley Werth: Woferne aber ein Rest bleibt, so setze man zum Quotienten einen Bruch, dessen Zähler der Rest ist, und gebe ihm demselben Nenner, welchen der unechte Bruch hat. Z. B.

$\frac{11}{4}$ wie viel ists in ganzen Zahlen?

$$\begin{array}{r} 11 \\ 4\} \text{ Antw. } 2\tfrac{3}{4} \\ 8 \\ \hline 3 \end{array}$$

$\frac{37}{5}$ wie viel ists in ganzen Zahlen?

$$\begin{array}{r} 37 \\ 5\} \text{ Ant. } 7\tfrac{2}{5} \\ 35 \\ \hline 2 \end{array}$$

So viele Theile, als der Nenner des Bruchs anzeigt, so viele machen das Ganze aus. Wenn also der Nenner einmal, zweimal, dreimal u. s. f. im Zähler enthalten ist, so muß auch der Bruch selbst das Ganze 1 mal, 2 mal, 3 mal u. s. f. enthalten, oder er muß mit der ganzen Zahl 1, oder 2, oder 3, u. s. f. einerley seyn. Man findet aber durchs Dividiren, wie vielmal der Nenner im Zähler enthalten sey, also findet man durch eben diese Division die ganze Zahl, welche dem Werth des Bruchs gleich ist. Wenn was übrig bleibt, so sind dies eben solche Theile des Ganzen, als der Nenner anzeigt, demnach müssen solche noch der ganzen Zahl beigefügt werden. Den Bruch $\frac{11}{4}$ aufheben, heißt nichts anders, als suchen, wie vielmal 4 Viertel in 11 Viertel enthalten sind, und wie viele Viertel etwa noch darüber sind. Die Division ergiebt, daß 4 Viertel in 11 Viertel 2mal enthalten sind,

und

und ausserdem noch 3 Viertel, also ist $\frac{11}{4} = 2\frac{3}{4}$, denn jede 4 Viertel machen ein Ganzes.

§. 61.

Eine kleinere Zahl durch eine grössere, z. B. 3 durch 4, zu dividiren.

Aufl. Man mache einen Bruch, dessen Zähler mit dem Dividendum, der Nenner aber mit dem Divisor einerley ist, so hat man den Quotienten gefunden. Z. B.

$$4)\,3\,\}\tfrac{3}{4} \qquad 9)\,7\,\}\tfrac{7}{9} \qquad 24)\,13\,\}\tfrac{13}{24}$$

Man soll das Dividendum in so viele gleiche Theile theilen, als der Divisor anzeigt. Sollte man nun 1 durch 4 dividiren, so wäre offenbar der Quotient $\frac{1}{4}$, 1 durch 5 dividirt giebt $\frac{1}{5}$, 1 durch 6 dividirt giebt $\frac{1}{6}$ u. s. f. Soll man also 2 durch 4 dividiren, so ist eben so offenbar der Quotient $\frac{1}{4}$ und noch $\frac{1}{4}$ also $\frac{2}{4}$; 2 durch 5 dividirt, giebt also $\frac{2}{5}$, 3 durch 5 dividirt, giebt $\frac{1}{5}$ und $\frac{1}{5}$ und noch $\frac{1}{5}$, also $\frac{3}{5}$ u. s. f.

Wenn man diese Sache ein wenig weiter überlegt, so nimmt man leicht wahr, daß wirklich jeder Quotient ein Bruch sey, nur ist er alsdann ein uneigentlicher, wenn das Dividendum eben so groß oder grösser, als der Divisor ist. Wenn 1 durch 4 dividirt $\frac{1}{4}$ giebt, so folgt auch weiter

4 durch 4 dividirt, giebt $\frac{4}{4} = 1$
5 durch 4 dividirt, giebt $\frac{5}{4} = 1\frac{1}{4}$
13 durch 4 dividirt, giebt $\frac{13}{4} = 3\frac{1}{4}$
19 durch 5 dividirt, giebt $\frac{19}{5} = 3\frac{4}{5}$

Diesemnach läßt es sich nun völlig übersehen, wie groß eigentlich der Quotient in solchen Fällen sey, wenn der Divisor im Dividendum nicht aufgeht. Zu demjenigen Theil des Quotienten, welcher nach den Regeln des sechsten Abschnitts gefunden wird, gehört alsdann noch ein eigentlicher Bruch, dessen Zähler der Rest, und dessen Nenner der Divisor ist Umgekehrt kann man auch sagen: Jeder Bruch ist mit einem Quotienten einerley, den man findet, wenn der Zähler durch den Nenner dividirt wird.

Aus §. 60. weiß man schon, daß dies wahr sey, wenn es ein uneigentlicher Bruch ist: Man findet z. B. den Werth von $\frac{19}{4}$ wenn man 19 durch 4 dividirt. Aber auch ein Bruch, wie $\frac{5}{8}$ ist dem Werth nach einerley mit dem Quotienten der gesucht wird, wenn man 5 durch 8 dividiren soll, denn

$\frac{1}{8}$ ist so viel als 1 dividirt durch 8.
$\frac{3}{8}$ ist so viel als 3 dividirt durch 8.
$\frac{5}{8}$ ist so viel als 5 dividirt durch 8 u. s. f.

§. 62.

Brüche, die keine andere Nenner haben, als entweder die Zahl 10, oder ein Produkt der Zahl 10 mit sich selbst, mithin 100, 1000, 10000, 100000, 1000000 u. s. f. heissen Decimal-Brüche. Dergleichen sind also $\frac{7}{10}$, $\frac{22}{100}$, $\frac{333}{1000}$, $\frac{927}{10000}$. Ist ein Bruch dieser Art ein unechter Bruch, wie $\frac{4813}{100}$, so ist er nach dem 60. §. leicht aufgehoben, weil $\frac{4813}{100} = 48\frac{13}{100}$ ist. (43. §. n. 2.) Man würde dies schon verstehen, wenn man in Hinsicht auf die angeführte Regel nur so schriebe $\frac{4813}{100} = 48 \mid 13$: man wüßte nämlich, daß 48 der Quotient und 13 der Rest wäre. Weil nun in Fällen dieser Art der Nenner allemal 1 ist, mit so viel Nullen, als nach dem Strich, der den Quotienten vom Rest absondert, Ziffern folgen, so kann man sich bei unechten Decimal-Brüchen den Vortheil machen, daß man nur die Zähler niederschreibt, und die Nenner ausläßt, weil sie ohnedem sich gleich von selbst geben. Weil aber der Strich leicht mit der Ziffer 1 verwechselt werden kann, so ist es besser, den Quotienten, so weit er eine ganze Zahl ist, durch ein Comma vom Rest abzusondern, da dann dieser Rest der Zähler des anhängenden ächten Decimal-Bruchs ist. Ausdrücke dieser Art also 72,35; 85,363; bedeuten allemal unächte Decimal-Brüche, oder welches einerley ist, gemischte Zahlen, die aus einer ganzen Zahl und einem ächten Decimalbruch bestehen. Es ist nämlich 72,35 = 72 $\frac{35}{100}$; 85,363 = 85 $\frac{363}{1000}$, 7895,063453 = 7895 $\frac{63453}{1000000}$.

Ein Ausdruck von dieser Art 0,23 müßte nach eben dieser Regel so gelesen werden 0 $\frac{23}{100}$, oder 0 Ganze und $\frac{23}{100}$. Der Ausdruck bezeichnet also einen ächten Decimal-Bruch und es ist 0, 23 = $\frac{23}{100}$, 0, 713 = $\frac{713}{1000}$, 0, 54293 = $\frac{54293}{100000}$. Der Nenner ist allemal 1 mit so viel Nullen, als nach dem Comma Ziffern folgen. Selbst unter diesen Ziffern können Nullen seyn. Es ist 23,00024 = 23 $\frac{24}{100000}$, also auch 0, 00024 = $\frac{24}{100000}$, und eben so 0,000036 = $\frac{36}{1000000}$. In der Rechenkunst des gemeinen Lebens werden diese Decimal-Brüche zwar nicht so häufig, als in der mathematischen Rechenkunst gebraucht: es giebt aber doch Fälle, wo man sie sehr vortheilhaft nützen kann, und um deswillen verdienen sie wohl, daß in einer Anweisung zur Rechenkunst des gemeinen Lebens so viel davon gesagt werde, als man wissen muß, wenn man sich ihrer zuweilen mit Vortheil statt der gemeinen Brüche bedienen will.

§. 63.

Eine ganze Zahl in einen unächten Bruch zu verwandeln, der einen gegebenen Nenner hat.

Aufl. Man multiplicire die ganze Zahl mit dem gegebenen Nenner, so wird das Produkt der Zähler des Bruchs, den man verlangte. Z. B.

$$\begin{array}{r} 5 \\ \times\, 4 \\ \hline 20 \end{array}$$

5 wie viel sind es Viertel? Antw. $\frac{20}{4}$.

Daß der gefundene Bruch mit der ganzen Zahl einerley Werth hat, erhellet daraus, weil man die ganze Zahl wieder findet, wenn man nach dem 35. §. den Bruch wieder aufhebt. So findet man wieder $\frac{20}{4} = 5$.

$$\begin{array}{r} 23 \\ 13 \\ \hline 69 \\ 23 \\ \hline 299 \end{array}$$

23 wie viel sind es in $\frac{1}{13}$teln? Antw. $\frac{299}{13}$.

Um eine ganze Zahl in einen Decimal-Bruch zu verwandeln, der einen gegebenen Nenner hat, setzt man bei der niedrigsten Ziffer in der Stelle der Einer ein Comma, nach dem Comma aber so viele Nullen, als der Nenner haben soll. So ist $27{,}000 = \frac{27000}{1000}$ $536{,}0000 = \frac{5360000}{10000}$. (62. §.)

§. 64.

Es ist schon §. 59. erinnert worden, daß eine gemischte Zahl $2\frac{1}{3}$ so groß seyn müsse, als ein unächter Bruch. Wie dieser unächte Bruch ausgedrückt seyn müsse, lehrt §. 63. Denn da die ganze Zahl 2 aus $\frac{6}{3}$, also die gemischte Zahl $2\frac{1}{3}$ aus $\frac{7}{3}$ bestehen muß, so kann man leicht die Aufgabe auflösen: eine gemischte Zahl in einen unächten Bruch zu verwandeln, der mit ihr von gleichem Werthe ist, oder, wie der Ausdruck ist, sie einzurichten. Nemlich der Nenner des angehängten Bruches wird mit der ganzen Zahl multiplizirt, zu diesem Produkt wird der Zähler hinzu addirt, so erhält man den Zähler des unächten Bruches, der zum Nenner, den Nenner des gegebenen angehängten Bruches behält.

Also ist $3\frac{7}{8} = \frac{31}{8}$

$5\frac{3}{7} = \frac{38}{7}$

$9\frac{5}{6} = \frac{59}{6}$

Nach §. 60 findet man die, in dem unächten Bruche, enthaltene ganze oder gemischte Zahl wieder.

Zweites Kapitel.

Von den arithmetischen Operationen mit Brüchen.

§. 65.

Schon §. 5. ist beiläufig darauf aufmerksam gemacht worden, daß das Geschäft des Rechnens keinesweges verändert wird, wenn die gegebenen Zahlen nicht mehr Ganze bedeuten, sondern nur Theile bestimmter Einheiten anzeigen. Auch nach der im 58. §. gegebenen Bemerkung, sieht man leicht ein, daß für die Rechnungen mit Brüchen gar keine neue Rechnungsregeln zu lernen sind. In dieser Hinsicht wäre es genügend, die arithmetischen Operationen allgemein vorzutragen und bloß auf die Natur der Brüche aufmerksam gemacht zu haben. Indeß erlaubt der Plan des gegenwärtigen Buches diese allgemeine Lehrart nicht, und es ist nothwendig, nun noch besonders zu zeigen, wie die Regeln der vier Spezies auch bei gebrochenen Zahlen anzuwenden sind.

Sind die Nenner der beiden gegebenen Brüche gleich, so sind die beiden Brüche, Grössen von einerlei Art, deren Addition und Subtraction keine Schwierigkeiten machen kann; sind die

Nenner ungleich, so sind die Brüche ungleichartig und man muß die besondern Regeln kennen lernen, um solche verschiedenartige Brüche gleichartig auszudrücken. Brüche zu ganzen Zahlen zu addiren, oder von ihnen zu subtrahiren, wird sehr leicht seyn. Die Multiplikation und Division erfordert mehrere Untersuchungen. Daher zerfällt das gegenwärtige Kapitel in diese Unterabtheilungen:

I. Addition und Subtraction der Brüche. Multiplakation und Division gebrochener Zahlen durch ganze.

II. Multiplikation der Zahlen durch Brüche.

III. Division der Zahlen, wenn die Divisoren Brüche sind.

I. Addition und Subtraction der Brüche. Multipliktion und Division gebrochener Zahlen durch ganze.

§. 66.

Brüche zu addiren die gleiche Nenner haben.

Aufl. Man addire die Zähler; diese Summe wird alsdann der Zähler des neuen Bruchs von eben dem Nenner, den die addirten Brüche hatten z. B.

$$\begin{array}{r} \frac{5}{8} \\ \frac{7}{8} \\ \hline \text{Summe } \frac{12}{8} \end{array} \Big\} 1\tfrac{4}{8} \qquad \begin{array}{r} \frac{3}{7} \\ \frac{5}{7} \\ \frac{6}{7} \\ \hline \text{Summe } \frac{14}{7} \end{array} \Big\} 2 \qquad \begin{array}{r} \frac{9}{23} \\ \frac{19}{23} \\ \frac{11}{23} \\ \frac{1}{23} \\ \hline \text{Summe } \frac{40}{23} \end{array} \Big\} 1\tfrac{17}{23}.$$

Giebt die Summe aller Brüche einen eigentlichen Bruch, so hebt man ihn nach §. 60. auf. So ist hier z. B. $\frac{12}{8} = 1\frac{4}{8}$, $\frac{14}{7} = 2$, $\frac{40}{23} = 1\frac{17}{23}$.

Wenn man zwei oder mehr Zahlen, woran

Decimalbrüche hängen, wie folget, unter einander schreibt,

	526, 3926
	2825, 750423
Summe	3362,1143023

so nämlich, daß die Ziffern, wobei das Comma steht, in einer Columne unter einander kommen, so sind sie als unächte Decimal-Brüche anzusehen, die einerley Nenner haben: nämlich, 1 mit so viel Nullen als Ziffern nach dem Comma in derjenigen Zahl folgen, die nach dem Comma die meisten Ziffern hat. Hier wäre es der Nenner 1000000, wie man gleich siehet, wenn man zur obersten Zahl noch zwei Nullen zusetzt, wodurch ihr Werth nicht geändert wird. Also addirt man sie, wie sonst ganze Zahlen, setzt aber in der Summe wieder ein Comma bei der Ziffer, welche in der Kolumne der Einer zu stehen kommt.

Auch ächte Decimal-Brüche kann man eben so addiren, wie folget.

	0,75263
	0,343
	0,7524
Summe	1,84803

0,00023
0,0047
0,009685
0,014615

Was es mit der Addition einer ganzen Zahl zu einem Bruche für eine Bewandniß habe, ist schon §. 59 gezeigt worden. Auch können die eben addirten Dezimalbrüche nach §. 62. in gemeine Brüche verwandelt werden, und man wird sich leicht daraus die Regel ableiten, wie gemischte Zahlen zu addiren sind, deren angehängte Brüche gleiche Nenner haben z. B.

$$\left.\begin{array}{l} 526{,}3926 = \dfrac{5263926}{10000} \\ 2835{,}7504 = \dfrac{28357504}{10000} \end{array}\right\} \text{Sm.} = \frac{33621430}{10000} = 3362\frac{143}{1000}$$

Eben so $3\frac{5}{6} + 2\frac{1}{6} = \frac{23}{6} + \frac{13}{6} = \frac{36}{6} = 6.$

§. 67.

Einen kleinern Bruch von einem grössern zu subtrahiren, wenn beide gleiche Nenner haben.

Aufl. Man subtrahire den kleinern Zähler vom grössern, so ist dieser Rest der Zähler des neuen Bruchs von eben dem Nenner, den die gegebenen Brüche hatten. Z. B.

$$\begin{array}{r} \frac{15}{16} \\ \frac{5}{16} \\ \hline \text{Rest } \frac{10}{16} \end{array} \qquad \begin{array}{r} \frac{23}{25} \\ \frac{19}{25} \\ \hline \text{Rest } \frac{4}{25} \end{array} \qquad \begin{array}{r} \frac{93}{97} \\ \frac{65}{97} \\ \hline \text{Rest } \frac{28}{97} \end{array}$$

Aus Vergleichung dessen, was im 64. §. von Decimal-Brüchen gesagt ist, wird man leicht wahrnehmen, wie man subtrahiren müsse, wenn die gegebenen Zahlen unächte oder ächte Decimal-Brüche sind. Ein Paar Exempel werden alles deutlich machen.

$$\begin{array}{r} 536{,}4379 \\ 259{,}596378 \\ \hline \text{Rest } 276{,}841522 \end{array}$$

$$\begin{array}{r} 0{,}368947 \\ 0{,}04286375 \\ \hline \text{Rest } 0{,}32611025. \end{array}$$

Wenn ein ächter Bruch von einer ganzen Zahl subtrahirt werden soll, so kann man nach §. 63. die ganze Zahl in einen unächten Bruch verwandeln; und dann beide Brüche von einander abziehen. Z. B.

$$6 - \frac{2}{3} = \frac{18}{3} - \frac{2}{3} = \frac{16}{3} = 5\frac{1}{5}$$

Bei gemischten Zahlen deren angehängte Brüche gleiche Nenner haben, gelten dieselben Vorbereitungsrechnungen, wie im vor. §. angeführt sind.

$$6\frac{2}{3} - 4\frac{5}{3} = \frac{20}{3} - \frac{17}{3} = \frac{3}{3} = 1.$$

§. 68.

Da Brüche überhaupt als genannte Zahlen angesehen werden können, deren Eigenschaften der Nenner und deren Menge der Zähler anzeigt, so können Brüche mit gleichen Nennern sehr leicht addirt und subtrahirt werden. Eben so gehören keine neue Regeln dazu, Brüche mit ganzen Zahlen zu multiplizíren oder zu dividiren. Was wird herauskommen, wenn 4 Achtel mit 5 multiplizirt werden sollen, und die Auflösung der beiden folgenden Aufgaben wird aus diesem Grunde keine Schwierigkeit haben.

§. 69.

Einen Bruch mit einer ganzen Zahl zu multipliciren.

1. Aufl. Man multiplicire den Zähler des Bruchs mit der ganzen Zahl, und lasse den Nenner ungeändert. Wird dies Produkt ein uneigentlicher Bruch, so kann man ihn nach §. 60. aufheben. Z. B.

$$\frac{5}{6} \times 3 = \frac{15}{6} = 2\frac{3}{6} \qquad \frac{7}{9} \times 4 = \frac{28}{9} = 3\frac{1}{9} \qquad \frac{13}{14} \times 7 = \frac{91}{14} = 6\frac{7}{14}$$

Man soll hier eigentlich eben so, wie bei der Addition in ganzen Zahlen den Bruch $\frac{5}{6}$ dreimal zu sich selbst addiren, folglich muß man den Zähler dreimal zu sich selbst addiren, und den Nenner behalten, (§. 66.) das heißt, man muß den Zähler mit der gegebenen Zahl 3 multipliciren. Man sieht leicht, daß es auf die Grösse des Multiplikators nicht ankomme, und daß man allemal so verfahren müsse, wie es auch in folgenden Exempeln gemacht ist:

$$\begin{array}{r} \frac{7}{8} \\ \times 9 \\ \hline \frac{63}{8} > 7\frac{7}{8} \end{array} \qquad \begin{array}{r} \frac{3}{11} \\ \times 3 \\ \hline \frac{9}{11} \end{array} \qquad \begin{array}{r} \frac{25}{27} \\ \times 6 \\ \hline \frac{150}{27} > 5\frac{15}{27} \end{array}$$

2) Ein geübter Rechner sieht leicht ein, daß er die nach der vorigen Regel gefundenen Resultate auf einem kürzeren Wege finden könne, wenn sogleich der Nenner des Bruchs durch die ganze Zahl dividirt wird, vorausgesetzt daß die ganze Zahl in den Nenner des Bruches aufgeht; wie in

$\frac{3}{16} \times 4 = \frac{3}{4}$; $\frac{7}{56} \times 8 = \frac{7}{7} = 1$; $\frac{73}{96} \times 8 = \frac{73}{12}$; $\frac{47}{63} \times 9 \times \frac{47}{7}$

Der Bruch $\frac{3}{4}$ ist auch wirklich viermal grösser als $\frac{3}{16}$, da nach §. 59 der Bruch desto grösser wird, je kleiner sein Nenner wird; $\frac{3}{16}$ wird also 2 mahl grösser wenn der Nenner 2 mahl kleiner wird u. viermahl wenn der Nenner viermahl kleiner wird.

Exempel zur Uebung.

1) $\frac{3}{4} \times 12 = 9$	9) $\frac{7}{12} \times 6 = 3\frac{1}{2}$
2) $\frac{11}{16} \times 8 = 5\frac{1}{2}$	10) $\frac{11}{36} \times 9 = 2\frac{3}{4}$
3) $\frac{4}{5} \times 20 = 16$	11) $\frac{7}{56} \times 4 = \frac{1}{2}$
4) $\frac{3}{4} \times 36 = 27$	12) $\frac{143}{144} \times 12 = 11\frac{11}{12}$
5) $\frac{1}{3} \times 25 = 8\frac{1}{3}$	13) $\frac{9}{42} \times 7 = 1\frac{1}{2}$
6) $\frac{1}{8} \times 27 = 3\frac{3}{8}$	14) $\frac{7}{36} \times 3 = \frac{7}{12}$
7) $\frac{5}{6} \times 15 = 12\frac{1}{2}$	15) $\frac{3}{20} \times 5 = \frac{3}{4}$
8) $\frac{5}{16} \times 96 = 30$	16) $\frac{11}{16} \times 4 = 2\frac{3}{4}$

§. 70.

Einen Bruch mit einer ganzen Zahl zu dividiren.

1. Aufl. Man dividire den Zähler des Bruchs mit der ganzen Zahl, und lasse den Nenner ungeändert. Z. B.

2) $\left.\frac{4}{5}\right\}\frac{2}{5}$ 7) $\left.\frac{35}{36}\right\}\frac{5}{36}$ 9) $\left.\frac{63}{73}\right\}\frac{7}{73}$

Man soll den Bruch so vielmahl kleiner machen, als es die ganze Zahl anzeigt. Ein Bruch aber wird so vielmahl kleiner, so vielmahl sein Zähler kleiner wird. Z. B. $\frac{1}{8}$ ist halb so groß als $\frac{2}{8}$, $\frac{1}{4}$ ist dreimal kleiner als $\frac{3}{4}$ u. s. f., folglich muß der Zähler des Bruchs dividirt werden, und der Nenner unverändert bleiben.

2. Aufl. Man multiplicire den Nenner des Bruchs mit der ganzen Zahl und lasse den Zähler ungeändert. Z. B.

2) $\left.\frac{1}{2}\right\}\frac{1}{4}$ 7) $\left.\frac{5}{6}\right\}\frac{5}{42}$ 10) $\left.\frac{9}{8}\right\}\frac{9}{80}$

Man erinnere sich, was im 69 §. zum Beweise der zweiten Regel, einen Bruch mit einer ganzen Zahl zu multipliciren, gesagt ist: so wird man begreifen, daß der Bruch halb so groß wird, wenn man den Nenner noch einmahl so groß macht; daß der Bruch dreimahl kleiner wird, wenn man den Nenner dreimahl grösser macht; kurz, daß überhaupt der Bruch so vielmahl kleiner wird, so vielmahl man seinen Nenner grösser macht. Einen Bruch mit einer ganzen Zahl dividiren, heißt aber, ihn so vielmahl kleiner machen, als die ganze Zahl anzeigt, und wenn man damit den Nenner multiplicirt, so macht man ihn so vielmahl grösser.

Exempel zur Uebung.

1) $\frac{15}{16} : 5 = \frac{3}{16}$	7) $\frac{2}{3} : 16 = \frac{1}{24}$
2) $\frac{21}{25} : 7 = \frac{3}{25}$	8) $\frac{7}{8} : 21 = \frac{1}{24}$
3) $\frac{9}{11} : 3 = \frac{3}{11}$	9) $\frac{6}{7} : 8 = \frac{3}{28}$
4) $\frac{12}{21} : 6 = \frac{2}{21}$	10) $\frac{3}{4} : 5 = \frac{3}{20}$
5) $\frac{1}{4} : 12 = \frac{1}{48}$	11) $\frac{4}{5} : 7 = \frac{4}{35}$
6) $\frac{5}{6} : 30 = \frac{1}{36}$	12) $\frac{7}{12} : 21 = \frac{1}{36}$.

§. 71.

Wenn man Zähler und Nenner eines Bruches zugleich mit einer und derselben Zahl multiplizirt oder dividirt; so bleibt der Werth des Bruches ungeändert. Denn $\frac{7 \cdot 2}{3 \cdot 2} = \frac{7}{3} \times 1$, da $\frac{2}{2} = 1$. Jede Zahl aber die mit 1 multiplizirt oder dividirt wird, bleibt völlig ungeändert; also:

$$\frac{3}{8} = \frac{3 \times 2}{8 \times 2} = \frac{6}{16}$$

$$\frac{15}{25} = \frac{15 : 5}{25 : 5} = \frac{3}{5}$$

§. 72.

Auf die eben gegebene Regel gründet sich die Auflösung der Aufgabe: einen gegebenen Bruch in einen andern zu verändern, der gleichen Werth mit dem vorigen behalten, aber nur einen andern Nenner haben soll.

Ist nemlich der neue Nenner bestimmt, und grösser als der gegebene, so kommt es nur darauf an, die Zahl auszumachen, die mit den Zahlen des gegebenen Bruchs multiplizirt werden müsse, damit das Produkt im Nenner so groß werde, als der verlangte Nenner seyn soll. Wenn man $\frac{3}{8}$ durch Sechszehntel ausdrücken will, so müssen

Zähler und Nenner mit 2 multiplizirt werden; also $\frac{3}{8} = \frac{6}{16}$; $\frac{2}{5}$ in $\frac{1}{30}$ ausgedrückt, ist $\frac{2}{5}\,\frac{6}{6} = \frac{12}{30}$.

Ist aber der verlangte Nenner eine kleinere Zahl als der gegebene, so werden Zähler und Nenner des gegebenen Bruches nach einer solchen Zahl zu dividiren seyn, daß der Quozient im Nenner so groß wird, wie die Zahl des verlangten Nenners, also $\frac{6}{9}$ in $\frac{1}{3}$teln ist: $\frac{6}{9} : \frac{3}{3} = \frac{2}{3}$; $\frac{4}{8}$ in Halben ist $\frac{4}{8} : \frac{4}{4} = \frac{1}{2}$.

Hiebei kann es oft kommen, daß der gegebene Nenner in den verlangten nicht aufgeht, daß also Zähler und Nenner des gegebenen Bruches mit einer gemischten Zahl zu multiplizirent oder zu dividiren seyn werden; z. B. $\frac{13}{24}$ in 8teln ausgedrückt, ist $\frac{13 : 3}{24 : 3} = \frac{4\frac{1}{3}}{8}$; oder $\frac{7}{5}$ in 14teln ausgedrückt ist: $\frac{7 \times 2\frac{4}{5}}{7 \times 2\frac{4}{5}} = \frac{7 \times \frac{14}{5}}{5 \times \frac{14}{15}} = \frac{\frac{98}{5}}{14} = \frac{13\frac{3}{5}}{14}$. Brüche dieser Art heißen **gebrochene Brüche**.

§. 73.

Wenn der Nenner des neuen Bruchs, worin man den gegebenen verwandeln soll, die Zahl 10, oder ein Produkt ist, das aus der Multiplikation dieser Zahl mit sich selbst entstehen kann, so wird der neue Bruch ein Decimal-Bruch, wie in folgenden Beispielen.

$\frac{1}{2}$, wie viel sind es 10tel?
$\frac{3}{4}$, wie viel sind es 100tel?
$\frac{4}{8}$, wie viel sind es 1000tel?

$$\frac{1}{2} \;\Big|\; \overset{(5}{\frac{5}{10}} = 0{,}\ 5 \qquad 10) \qquad\qquad \frac{3}{4} \;\Big|\; \overset{(25}{\frac{75}{100}} = 0{,}\ 75 \qquad 100)$$

$$\begin{array}{r|l} & (125 \\ \frac{5}{8} & \frac{625}{1000} \\ 1000) & \end{array}$$

Der Nenner des gegebenen Bruchs muß in dem Nenner des Decimalbruchs aufgehen, sonst giebt es einen gebrochenen Bruch, wie in nachstehenden Exempeln.

$$\begin{array}{r|l} & (3\frac{1}{3} \\ \frac{2}{3} & \frac{6\frac{2}{3}}{10} \\ 10) & \end{array} \qquad \begin{array}{r|l} & (33\frac{1}{3} \\ \frac{2}{3} & \frac{66\frac{2}{3}}{100} \\ 100) & \end{array}$$

$$\begin{array}{r|l} & (333\frac{1}{3} \\ \frac{2}{3} & \frac{666\frac{2}{3}}{1000} \\ 1000) & \end{array}$$

In diesem und allen andern Fällen, wenn man einen Decimal-Bruch haben will, rechnet man am bequemsten so. Der Bruch ändert seinen Werth nicht, wenn man ihn mit dem neuen Nenner multiplicirt, und was herauskommt, wieder damit dividirt. Es ist also

$$\frac{2}{3} = \frac{\frac{2}{3} \times 1000}{1000} = \frac{2000}{3} : 1000 = \frac{666\frac{2}{3}}{1000}$$

$$\frac{2}{3} = \frac{\frac{2}{3} \times 10000}{10000} = \frac{20000}{3} : 10000 = \frac{6666\frac{2}{3}}{10000}.$$

$$\frac{11}{13} = \frac{\frac{11}{13} \times 10000}{10000} = \frac{110000}{13} : 10000 = \frac{8461\frac{7}{13}}{10000}$$

Die gefundenen Ausdrücke lassen sich auch so schreiben: $\frac{666\frac{2}{3}}{1000} = 0,\ 666 + \frac{2}{3000}$: $\frac{6666\frac{2}{3}}{10000} = 0,\ 6666 + \frac{2}{30000}$: $\frac{8461\frac{7}{13}}{10000} = 0,\ 8461 + \frac{7}{130000}$. Diesemnach kann man folgende Regel für den Fall festsetzen, wenn man statt eines gemeinen Bruchs einen Decimal-Bruch haben will.

Man schreibe zum Zähler so viele Nullen hinzu, als der Nenner Nullen haben soll, die nach der 1 folgen, und dividire nun durch den Nenner.

Weil nichts vorhanden ist, was diese Regel auf einen ächten Bruch einschränkte, so kann sie auch auf einen unächten Bruch angewandt werden, wie, wenn man statt $\frac{37824}{237}$ einen Decimalbruch finden sollte. Die Rechnung giebt

37824,000 } 159,578 + $\frac{14}{237000}$
237
——
1412 d. i. 159 $\frac{578}{1000}$ + $\frac{14}{237000}$
237
1185
——
2270
237
2133
——
1370
237
1185
——
185

Man siehet hieraus, daß allemal, wenn auch das Dividendum grösser, als der Divisor ist, der Quotient durch eine ganze Zahl mit einem daran hängenden Decimalbruch ausgedrückt werden könne, und daß der gemeine Bruch, welcher aus dem Rest entsteht, (§. 63) sich ganz vermeiden lasse; wenn man nur die Division so weit fortsetzt, bis sie entweder aufgeht, da dann der Quotient genau gefunden ist, oder doch der Theil, welcher sich nicht anders, als ein gebrochener Decimalbruch ausdrücken läßt, wofern man nicht noch weiter fort dividiren will, so klein wird, daß man ihn ohne Bedenken weglassen kann. Um diese Sache kurz und deutlich zu übersehen, bemerke man noch folgendes:

Wenn bei der niedrigsten Ziffer einer ganzen Zahl in der Stelle der Einer ein Comma gesetzt wird, so wird der Werth der Zahl nicht geändert, wenn man gleich eine Reihe Nullen hinzuschreibt. Es ist $728{,}0000 = \frac{7280000}{10000} = 728$. (§. 63.) Wofern aber nach dem Comma Ziffern folgen, so bedeutet die erste Zehntheilchen, die zweite Hundertheilchen, die dritte Tausendtheilchen; die vierte Zehntausendtheilchen, und jede folgende ist der Zähler eines Bruchs, dessen Nenner eine Null mehr hat, als der Nenner der nächstvorhergehenden Ziffer. Es ist $27{,}53267 = 27\frac{53267}{100000} = 27 + \frac{50000}{100000} + \frac{3000}{100000} + \frac{200}{100000} + \frac{60}{100000} + \frac{7}{100000} + = 27 + \frac{5}{10} + \frac{3}{100} + \frac{2}{1000} + \frac{6}{10000} + \frac{7}{100000}$. Wird nun statt des gemeinen Bruchs, der zum Quotienten hinzukommen muß, falls der Divisor im Dividendum nicht aufgeht, ein Decimalbruch gesucht, so weiß man, daß kein Tausendtheilchen mehr fehlt, wenn man bis auf Hundertheilchen gerechnet hat, kein Zehntausendtheilchen, wenn man schon Tausendtheilchen gefunden hat, u. s. f. Die Beschaffenheit der Rechnungsfrage selbst muß es alsdann ergeben, wie weit man fortrechnen müsse, bis die noch fehlenden Decimaltheilchen des Quotienten so klein sind, daß man sie, ohne merklich zu fehlen, weglassen kann.

Setzt man bei der letzten Ziffer im Dividendum, welche Einer bezeichnet, ein Comma, und fügt nun so viele Nullen bei, als man nöthig findet, so erhält man im Quotienten so viele Decimaltheile, als im Dividendum nach dem Comma Nullen folgen. Weil diese Nullen nicht eher in Rechnung kommen, bis man mit der Division der ganzen Zahl vor dem Comma fertig ist, so kann man sie so lange weglassen, bis man siehet, daß die

Di-

Division nicht aufgehe, weil sie ohnedem in dem Fall nicht nöthig wären. Ist man mit dem Dividiren so weit fertig, so setze man bei der letzten Ziffer des Quotienten ein Comma, zum Rest aber eine Null; dividire weiter, so findet man im Quotienten die Zehntheilchen. Zum Rest, der nun bleibt, setze man wieder eine Null, so findet man die Hunderttheilchen. Eben so giebt jede folgende Null, die man zum neuen Rest setzt, das folgende Decimaltheilchen im Quotienten. Auf solche Art findet man $\frac{572224}{84} = 5,816$.

§. 74.

Je kleiner der neue Nenner angenommen wird, wenn man im 72 §. einen Bruch in einen andern, der eben so viel werth ist, verwandeln will, desto kleiner wird auch der neue Zähler: wenn aber kein gebrochener Bruch kommen soll, so muß die Zahl, welche herauskömmt, wenn der größere Nenner durch den kleinern Nenner dividirt wird, auch in dem Zähler des gegebenen Bruchs aufgehen. Wenn nun gleich dies nicht allemal erfolgt, so läßt sich doch der Bruch zuweilen noch in einen andern verwandeln, der einen kleinern Nenner hat, wenn er gleich nicht völlig so klein, als der zuerst angenommene, ist. Z. B. $\frac{20}{24}$, wie viel sind es in 4teln?

$$\begin{array}{r|l} & (6 \\ 20 & 3\frac{1}{3} \\ \hline 24 & 4 \\ 4) & \end{array}$$

Hier würde ein gebrochener Bruch kommen, weil 6 in 20 nicht aufgeht, indessen geht 4 in 20 auf, und weil auch 4 in 24 aufgeht, so kann man nach dem 72. §. ansetzen:

$$\begin{array}{r|l} & (4 \\ 20 & 5 \\ \hline 24 & 6 \end{array}$$

Weil es keine grössere Zahl als 4 giebt, die zugleich im Zähler und Nenner des Bruchs $\frac{20}{24}$ aufgeht; so kann man auch keinen eben so großen Bruch finden, dessen Nenner kleiner als 6 wäre, auch giebt es weiter keine Zahl, die in 5 und 6 zugleich aufgehet. Demnach ist der Bruch $\frac{5}{6}$ *durch die kleinsten Zahlen ausgedrückt*, die einen Bruch von eben dem Werth ausdrücken können.

§. 75.

Eine Zahl, die in zweien andern zugleich aufgeht, heißt ihr *gemeines Maaß*: so ist 6 ein gemeines Maaß von 24 und 48: aber auch 8, 12, und selbst 24 sind gemeine Maaße von 24 und 48. Unter allen ist hier 24 das *größte gemeine Maaß* von 24 und 48. Der Bruch $\frac{24}{48}$ läßt sich also auf mehr als eine Art durch kleinere Zahlen ausdrücken.

(6	(8	(12	(24
$\frac{24}{48} \Big\vert \frac{4}{8}$	$\frac{24}{48} \Big\vert \frac{3}{6}$	$\frac{24}{48} \Big\vert \frac{2}{4}$	$\frac{24}{48} \Big\vert \frac{1}{2}$

Je kleiner die Zahlen sind, die einerlei Bruch ausdrücken, desto bequemer kann man mit dem Bruch beym fernern Rechnen umgehen, deswegen drückt man jeden Bruch gern durch *seine kleinsten Zahlen* aus, wenn nicht andere Gründe das Gegentheil verlangen. Man sieht wohl, daß dies geschehen könne, so bald man das größte gemeine Maaß des Zählers und Nenners kennt.

§. 76.

Das größte gemeine Maaß zweier ungleichen Zahlen zu finden.

Aufl. 1) Man sehe erstlich zu, ob nicht die kleinere Zahl selbst in der grössern aufgeht, wie geschehen würde, wenn es die Zahlen 12 und 96 wären. Hier ist 12 selbst das größte Maaß, weil jede Zahl in sich selbst aufgeht, aber nie eine grössere.

2) Geht die kleinere Zahl in einer grössern nicht auf, so notire man den Rest, und dividire die kleinere Zahl, die vorhin der Divisor war, mit diesem Rest. Geht alles auf, so geht der Rest auch in der grössern Zahl auf, und ist zugleich das gesuchte größte Maaß. Man hat z. B. 12 und 28.

28		12	
12	2	4	3
24		12	
Rest 4		geht auf.	

Also ist 4 das gesuchte Maaß. Es ist nämlich $28 = 24 + 4$.

oder $28 = 2 \times 12 + 4$.

Weil nun 4 in 12 aufgeht, so geht auch 4 in 2×12 auf, also in $2 \times 12 + 4$ oder in 28.

3) Geht der Rest wieder im Divisor nicht auf, so notire man den neuen Rest, und dividire wie vorhin damit den letzten Divisor. Hiermit fahre man so lange fort, bis endlich alles aufgeht, oder 1 zum Rest bleibt. Die letzte Zahl, womit alles aufging, ist das gesuchte größte Maaß: bleibt aber einmal 1 zum Rest, so haben die Zahlen kein grösser Maaß, als 1.

Hat man das größte gemeine Maaß für den Zähler und Nenner eines Bruchs gefunden, so dividire man beide mit demselben, damit man einen Bruch von eben dem Werth erhalte, der zugleich durch seine kleinsten Zahlen ausgedrückt ist. Wenn eine Zahl im Zähler und Nenner zugleich aufgeht, gesetzt, daß sie auch noch nicht ihr größtes gemeines Maaß wäre, so sagt man: der Bruch lasse sich damit aufheben. Weil man nun in manchen Fällen leicht übersehen kann, ob sich der Bruch mit einer von den ersten 9 Zahlen aufheben lasse, so hat man nicht nöthig, sich allemal genau an die Regel des vorigen §. zu binden. Man hebt den Bruch mit einer Zahl auf, die sich zuerst darbietet, alsdann haben die Quotienten vielleicht wieder ein gemeines Maaß, das man leicht ohne Rechnung findet: also dividire man auch hiemit, und gehe mit dem neuen Quotienten, falls es angehet, eben so wieder um. Auf diese Art findet man oft schon die kleinsten Zahlen, die den Bruch ausdrücken können, und das größte gemeine Maaß ist auch gefunden, wenn man alle gebrauchten Divisionen in einander multiplicirt.

§. 77.

Man merke sich folgende Kennzeichen der Theilbarkeit:

1) Wenn die letzte Ziffer des Zählers und Nenners eine gerade Zahl ist, so läßt sich der Bruch mit 2 aufheben. Z. B.

$$(2 \quad \frac{136}{954} \Big| \frac{68}{477}$$

2) Wenn man alle Ziffern des Zählers und Nenners zusammen addirt, und jede Summe läßt sich durch 3 dividiren, so läßt sich auch der Bruch durch 3 aufheben.

$$(3 \quad \frac{387}{957} \Big| \frac{129}{319}$$

3) Treffen die beiden vorigen Fälle zugleich ein, nämlich daß sich ein Bruch zugleich mit 2 und mit 3 aufheben läßt, so kann man ihn gleich mit 6 aufheben. Z. B.

$$(6 \quad \frac{36}{72} \Big| \frac{6}{12}$$

4) Wenn die Summe der einzelnen Ziffern im Zähler und Nenner jede für sich durch 9 theilbar sind, so läßt sich auch der Bruch selbst durch 9 aufheben. Z. B.

(9

$\frac{7335}{19551} \Big| \frac{815}{2169}$

5) Haben beide Zähler und Nenner am Ende Nullen, so kann man in beiden Zahlen gleichviel Nullen wegstreichen, und es ist so gut als wenn man den Bruch mit 10, 100 u. s. f. aufgehoben hätte. Z. B.

$\frac{35Ø}{93Ø} \Big| \frac{35}{93}$ $\qquad$ $\frac{9ØØØ}{73ØØØ} \Big| \frac{9}{73}$

6) Wenn Zähler und Nenner am Ende beide eine 5, oder der eine eine 5 und der andre 0 hat, so läßt sich allemal der Bruch durch 5 aufheben. Z. B.

(5 $\qquad$ (5

$\frac{35}{75} \Big| \frac{7}{15}$ $\qquad$ $\frac{30}{95} \Big| \frac{6}{19}$

Exempel zur Uebung.

1) $\frac{121}{132} = \frac{11}{12}$ $\qquad$ 7) $\frac{270}{3457} = \frac{10}{31}$

2) $\frac{221}{255} = \frac{13}{15}$ $\qquad$ 8) $\frac{1368}{1634} = \frac{36}{43}$

3) $\frac{408}{600} = \frac{17}{25}$ $\qquad$ 9) $\frac{2583}{3772} = \frac{63}{92}$

4) $\frac{297}{1023} = \frac{9}{31}$ $\qquad$ 10) $\frac{3584}{4064} = \frac{112}{127}$

5) $\frac{168}{1365} = \frac{8}{65}$ $\qquad$ 11) $\frac{3501}{24507} = \frac{1}{7}$

6) $\frac{595}{1955} = \frac{7}{23}$ $\qquad$ 12) $\frac{4529}{22645} = \frac{1}{5}$

§. 78.

Hat man die kleinsten Zahlen erhalten, die den Bruch ausdrücken, so geht in diesen beiden

Zahlen nun gar keine andere mehr auf, und sie heißen alsdann **Primzahlen unter sich** (numeri inter se primi). So sind z. B. beide Zahlen des Bruchs $\frac{8}{9}$ unter sich Primzahlen. Man nennt überhaupt jede Zahl, in welcher keine andere mehr aufgeht, eine **Primzahl** oder eine **absolute Primzahl** (numerus absolute primus) und von der Art sind die Zahlen. 7, 11, 13, 17, 19 u. s. f. Daß 1 in jeder ganzen Zahl, und überhaupt jede Zahl in sich selbst aufgeht, ist für sich klar, diese Fälle werden hier aber bei Seite gesetzt.

§. 79.

Alle Zahlen, die durch 2 dividirt 1 zum Rest lassen, heißen **ungerade Zahlen**. Aber alle Zahlen die sich durch 2 dividiren lassen, ohne daß ein Rest bleibt, heißen **gerade Zahlen**. Es folgt hieraus, daß alle Primzahlen ungerade Zahlen sind, ausser der Zahl 2; diese ist zugleich eine gerade Zahl, und auch eine Primzahl. Aber man kehre es nicht so um: alle ungerade Zahlen sind Primzahlen. Denn die Zahlen 9, 15 u. s. f. sind zwar ungerade Zahlen, aber keine Primzahlen.

§. 80.

Diese vorläufigen Bemerkungen können nun dazu angewandt werden, um 2 ungleichartige Brüche auf einerlei Benennung zu bringen, d. i. ihnen gleiche Nenner zu verschaffen; wobei überhaupt folgende Fälle statt finden können:

1) Beide Nenner haben ein gemeinschaftliches Maaß, und zwar geht der kleine Nenner in den grössern auf, dann verfährt man nach §. 72. z. B. $\frac{3}{4}$ und $\frac{7}{8}$, dafür kann man auch schreiben $\frac{6}{8}$ und $\frac{7}{8}$.

2) Beide Nenner haben zwar ein gemeines Maaß, aber der kleinere geht nicht völlig in den

grösseren auf. Man könnte das Produkt beider Nenner nehmen, da in diesem jeder gegebene Nenner ungezweifelt aufgehen würde, allein um die Rechnung zu erleichtern, nehme man das größte gemeinschaftliche Maaß, dividire damit in beide Nenner, nehme das Produkt von den herausgekommenen Quotienten und dem Divisor und sehe dieß für den gemeinschaftlichen Nenner der beiden Brüche an, die eben so groß sind, als die angegebenen; um die zu dem neuen Nenner gehörigen Zähler zu finden, wird jeder gegebene Nenner in den neuen dividirt. Die gefundenen Quotienten sind nun die Zahlen, die die Eigenschaft haben, daß wenn die gegebenen Brüche mit ihnen multiplicirt werden, 2 neue herauskommen, die völlig eben so viel werth sind, als die gegebenen, aber gleiche Namen habrn. Z. B.

(84

Gemeines Maaß ist 4 $\frac{7}{12}$ | 7 | $\frac{49}{84}$ 4) $\frac{12,}{3,}$ $\frac{28}{7}$
$\frac{1}{28}$ | 3 | $\frac{3}{84}$

$28 \times 3 = 12 \times 7 = 4 \times 3 \times 7 = 84$

3) Die Nenner haben kein gemeinschaftliches Maaß. Dann bleibt nichts weiter übrig, als gradezu das Produkt der Nenner zu nehmen und mit den Quotienten, die aus der Division der Nenner in dieß Produkt entstehen, die Brüche zu multipliziren:

(117
$\frac{7}{9}$ | 13 | $\frac{91}{117}$
$\frac{12}{13}$ | 9 | $\frac{108}{117}$

Man sieht, daß man auch gradezu jeden Bruch mit den Nenner des andern hätte multipliziren können, und daß dasselbe Resultat hätte gefunden werden müssen. Dieß ist überhaupt die allgemeinste Auflösung der Aufgabe: Brüche von verschiedenen Nennern auf einerlei Benennung zu bringen; aber es werden auf diesem Wege nie die kleinsten Zahlen gefunden.

§. 81.

Kommen mehr als zwei Brüche vor, so bleibt die Regel des Verfahrens dasselbe wie es im vorigen §. beschrieben ward, obgleich es der grössern Zahlen wegen mühsamer werden muß; z. B.

	(120	
$\frac{7}{8}$	15	105
$\frac{11}{12}$	10	110
$\frac{9}{20}$	6	54

$$4) \frac{8,\ 12,\ 20}{2,\ 3,\ 5}$$

$$4 \times 2 \times 3 \times 5 = 120$$

	(720	
$\frac{3}{8}$	90	270
$\frac{7}{12}$	60	420
$\frac{5}{6}$	120	600
$\frac{2}{9}$	80	160
$\frac{9}{5}$	144	1296

$$3) \frac{8,\ 12,\ 6,\ 9,\ 5}{8,\ 4,\ 2,\ 3,\ 5}$$

$$2) \frac{8,\ 4,\ 2,\ 3,\ 5}{4,\ 2,\ 1,\ 3,\ 5}$$

$$3 \times 2 \times 4 \times 2 \times 3 \times 5 = 720$$

Obgleich die nach unsrer Regel gefundenen Zähler der neuen Brüche nicht weiter durch kleinere Zahlen ausgedrückt werden können, wenn sie gleiche Nenner behalten sollen, so giebt es doch noch eine Methode, nach welcher ein kleinerer Generalnenner gefunden werden kann; worauf indeß ein fleißiger Rechner bald von selbst verfallen wird. Der Gang der Rechnung ist dieser:

	(360	
$\frac{3}{8}$	45	135
$\frac{7}{12}$	30	210
$\frac{5}{6}$	60	300
$\frac{2}{9}$	40	80
$\frac{9}{5}$	72	648

$$5,\ 6 \quad \frac{5}{30} \quad 2) \frac{30}{15}$$

$$8 \quad \frac{15}{120} \quad 3) \frac{120}{40}$$

$$9 \quad \frac{40}{360}$$

$$\left.\begin{matrix} 360 \\ 12 \\ 360 \end{matrix}\right\} 30$$

$$12 \quad \frac{30}{360}$$

§. 82.

Ist man also im Stande jede gegebene Anzahl von Brüchen auf eine gemeinschaftliche Benennung zu bringen, so wird die Addition und Subtraktion aller Brüche sehr leicht geschehen können, und daher die Auflösung der beiden folgenden Aufgaben ohne Mühe gefunden werden.

I. Zwei oder mehrere Brüche, die verschiedene Nenner haben, zu addiren.

Aufl. Nachdem alle Brüche auf einerlei Benennung gebracht worden sind, werden die Zähler der neuen Brüche wie ganze Zahlen addirt. Z. B.

(144		
$\frac{3}{8}$	18	54
$\frac{5}{16}$	9	45
$\frac{5}{36}$	4	20
$\frac{7}{9}$	16	112
$1\frac{87}{144}$		$\frac{231}{144} = 1\frac{87}{144}$

$$
\begin{array}{r|llll}
4) & 8, & 16, & 36, & 9 \\
2) & 2, & 4, & 9, & 9 \\
9) & 1, & 2, & 9, & 9 \\
 & 1, & 2, & 1, & 1
\end{array}
$$

Exempel zur Uebung.

1) $\frac{2}{3} + \frac{1}{4} + \frac{5}{6} + \frac{7}{12} = 2\frac{1}{3}$

2) $\frac{7}{8} + \frac{1}{6} + \frac{3}{4} + \frac{1}{2} + \frac{7}{24} = 2\frac{7}{12}$

3) $\frac{3}{8} + \frac{11}{12} + \frac{3}{16} + \frac{7}{9} = 2\frac{37}{144}$

4) $\frac{7}{9} + \frac{11}{12} + \frac{1}{6} + \frac{7}{15} + \frac{5}{18} = 2\frac{109}{180}$

5) $\frac{1}{27} + \frac{1}{18} + \frac{5}{36} + \frac{7}{72} = \frac{71}{216}$

6) $\frac{5}{6} + \frac{1}{144} + \frac{7}{9} + \frac{1}{48} = 1\frac{1}{2}$

7) $\frac{1}{2} + \frac{2}{3} + \frac{3}{4} + \frac{4}{5} + \frac{5}{6} + \frac{6}{7} = 4\frac{171}{420}$

8) $\frac{7}{8} + \frac{3}{7} + \frac{2}{5} + \frac{7}{11} + \frac{9}{13} = 3\frac{1291}{40040}$

§. 83.

Gemischte Zahlen zu addiren

Aufl. Man schreibe die Zahlen unter einander hin, so daß die ganzen Zahlen unter den ganzen, und die Brüche unter den Brüchen zu stehen kommen. Alsdann summire man zuerst die

Brüche, und wenn man hier einen uneigentlichen Bruch erhält, so suche man die ganze Zahl, die darin enthalten ist, (60. §.) behalte sie in mente, und setze den eigentlichen Bruch unter der Kolumne der Brüche.

Hierauf summire man auch die ganzen Zahlen, addire zu dieser Summe die in mente gebliebene ganze Zahl, und setze die gefundene Summe unter der Kolumne der ganzen Zahlen. Z. B.

	(144	
$37\frac{7}{8}$	18	126
$9\frac{1}{12}$	12	12
$55\frac{3}{16}$	9	27
$128\frac{7}{36}$	4	28
$7\frac{1}{9}$	16	16
Summe $207\frac{65}{144}$		$\left.\begin{matrix}209\\144\end{matrix}\right\}1\frac{65}{144}$
		65

Man erinnere sich hiebey wieder an die Eigenschaften der Decimal-Brüche aus dem 64. §. wobei man der Mühe überhoben ist, die Brüche auf einerley Benennung zu bringen. Zur Uebung im Rechnen kann man die in diesem und andern Exempeln vorkommenden Brüche auf Decimal-Brüche bringen, alsdann diese addiren, um zu sehen, ob die Summen in beiden Fällen einerley sind, welches zugleich eine Probe von der Richtigkeit der Rechnung abgiebt.

Exempel zur Uebung.

1) $5\frac{3}{8} + 7\frac{1}{4} + 6\frac{3}{7} + 29\frac{3}{8} = 48\frac{3}{7}$

2) $135\frac{1}{63} + 19\frac{1}{9} + 17\frac{5}{7} + 16\frac{3}{27} = 187\frac{20}{21}$

3) $27\frac{1}{15} + 137\frac{7}{25} + 136\frac{7}{45} + 6\frac{9}{28} = 306\frac{5189}{6300}$

4) $136\frac{9}{175} + 19\frac{1}{125} + \frac{5}{100} + 39\frac{7}{9} = 194\frac{7908}{9500}$

5) $16\frac{7}{8} + 6$[illegible] $+ 7\frac{5}{12} + 39\frac{7}{80} = 69\frac{143}{[illegible]}$

6) $118\frac{7}{8} + 195\frac{11}{168} + 17\frac{11}{48} + 8\frac{4}{21} + 739\frac{149}{150} = 1079\frac{3076}{8400}$.

§. 84.

II. Einen kleinern Bruch von einem grössern zu subtrahiren, wenn beide verschiedene Nenner haben.

Aufl. Man schreibe den kleinern Bruch unter den grössern hin, und bringe beide auf einerlei Benennung.

Alsdann ziehe man den kleinern Zähler vom grössern ab, so wird dieser Rest der Zähler, und der gemeinschaftliche Nenner der Nenner des neuen Bruchs. Z. B.

(216		
$\frac{7}{8}$	27	189
$\frac{3}{27}$	8	24
Rest $\frac{165}{216}$		165

(6		
$\frac{5}{6}$	1	5
$\frac{2}{3}$	2	4
Rest $\frac{1}{6}$		1

(24		
$\frac{11}{12}$	2	22
$\frac{5}{8}$	3	15
Rest $\frac{7}{24}$		7

§. 85.

Eine kleinere gemischte Zahl von einer grössern gemischten Zahl zu subtrahiren.

Aufl. 1) Man subtrahire, wie vorhin, zuerst die Brüche, und alsdann die ganzen Zahlen, so ist der Rest gefunden.

(16		
$25\frac{15}{16}$	1	15
$16\frac{5}{8}$	2	10
Rest $9\frac{5}{16}$		5

(99		
$118\frac{23}{33}$	3	69
$65\frac{5}{9}$	11	55
Rest $53\frac{14}{99}$		14

2) Wenn aber der Bruch, wovon man subtrahiren soll, kleiner ist, als der andere, so borgt man von der zu subtrahirenden ganzen Zahl 1, und dieses ganze ist nun ein Bruch, der mit dem gemeinschaftlichen Nenner einerley Zähler und Nenner hat. Man addire also zu dem Zähler desjenigen Bruchs, wovon man subtrahiren soll, eine Zahl, die so groß ist, als der General-Nenner, und von dieser Summe subtrahire man den andern Zähler. Es versteht sich zugleich von selbst, daß die ganze Zahl durch das Borgen um 1 vermindert sey.

		(144	
	$25\frac{3}{9}$	16	48
	$11\frac{15}{16}$	9	135
Rest	$13\frac{19}{48}$.		57

$$\begin{array}{r} 144 \\ 48 \\ \hline 192 \\ 135 \\ \hline 57 \end{array}$$

Auch hiebei erinnere man sich aus dem 67. §. dessen, wie man mit Decimal-Brüchen umgehet, verwandle die Brüche des Exempels in Decimal-Brüche, und suche ebenfalls den Rest in Decimal-Brüchen; so hat man eine Probe von der Richtigkeit der Rechnung gemacht, wenn beide Reste gleich groß befunden werden.

§. 86.

Einen Bruch von einer ganzen Zahl zu subtrahiren.

Aufl. Vorausgesetzt, daß der Bruch ein ächter Bruch ist, borge man von der ganzen Zahl 1, diese 1 ist alsdann einem Bruch gleich, dessen Zähler und Nenner eben so groß ist, wie der Nenner des gegebenen Bruchs, folglich darf man nur den Zähler des gegebenen Bruchs von seinem Nenner subtrahiren, (§. 67.) so erhält man den Zähler des Bruchs, der in der Columne der Brüche zu stehen kommt, mit dem Nenner des gegebenen Bruchs. Die ganze Zahl wird nur um 1 kleiner.

$$\begin{array}{r} 7(\frac{8}{8} \\ \frac{5}{8} \\ \hline \text{Rest } 6\frac{3}{8} \end{array} \qquad \begin{array}{r} 18 \\ \frac{117}{216} \\ \hline \text{Rest } 17\frac{99}{216} \end{array}$$

§. 87.

Eine vermischte Zahl von einer ganzen Zahl zu subtrahiren.

Aufl. Man borge, wie vorhin, eins von der ganzen Zahl, wovon man subtrahiren soll, wodurch sie, wie bekannt ist, um eins vermindert wird; subtrahire alsdann zuerst den Bruch, und darauf die ganze Zahl.

$$\begin{array}{r} 12\acute{8}(\frac{6}{6} \\ 23\ \frac{5}{6} \\ \hline \text{Rest } 104\frac{1}{6} \end{array} \qquad \begin{array}{r} 32\acute{7}(\frac{8}{8} \\ 15\ \frac{7}{8} \\ \hline \text{Rest } 311\ \frac{1}{8} \end{array}$$

Exempel zum 85. bis 88 §.

1) $\frac{5}{6} - \frac{4}{9} = \frac{7}{18}$
2) $\frac{7}{9} - \frac{2}{3} = \frac{1}{9}$
3) $\frac{5}{6} - \frac{1}{8} = \frac{17}{24}$
4) $\frac{2}{3} - \frac{3}{8} = \frac{7}{24}$
5) $\frac{3}{4} - \frac{2}{3} = \frac{1}{12}$
6) $\frac{17}{21} - \frac{5}{7} = \frac{2}{21}$
7) $\frac{131}{144} - \frac{9}{48} = \frac{13}{18}$
8) $\frac{1539}{1728} - \frac{19}{96} = \frac{1197}{1728}$
9) $135\frac{4}{7} - 13\frac{6}{8} = 121\frac{23}{28}$
10) $25\frac{13}{15} - 15\frac{11}{12} = 9\frac{19}{20}$
11) $136\frac{3}{8} - 27\frac{11}{36} = 109\frac{5}{72}$
12) $725\frac{5}{16} - 16\frac{13}{14} = 708\frac{43}{112}$
13) $118\frac{11}{27} - 115\frac{7}{13} = 2\frac{305}{351}$
14) $27\frac{7}{8} - 16\frac{5}{6} = 11\frac{1}{24}$
15) $139 - \frac{17}{325} = 138\frac{308}{325}$
16) $18 - 5\frac{7}{9} = 12\frac{2}{9}$

§. 88.

Eine gemischte Zahl mit einer ganzen Zahl zu multipliciren.

Aufl. 1) Man multiplicire zuerst den Bruch für sich allein mit der ganzen Zahl; falls ein uneigentlicher Bruch kommt, so suche man die darin enthaltene ganze Zahl, setze den eigentlichen Bruch der übrig ist, unter der Bruch-Kolumne, und behalte die ganze Zahl in mente.

Ferner multiplicire man auch die ganze Zahl mit dem gegebenen Multiplikator, und addire dazu, was in mente geblieben war, so hat man das ganze Produkt gefunden.

$$\begin{array}{r} 3\frac{7}{8} \\ \times\ 6 \\ \hline \frac{42}{8} > 5\frac{1}{4} \\ 18 \\ \hline 23\frac{1}{4} \end{array} \qquad \begin{array}{r} 24\frac{3}{4} \\ \times\ 3 \\ \hline \frac{9}{4} > 2\frac{1}{4} \\ 72 \\ \hline 74\frac{1}{4} \end{array}$$

$$\begin{array}{r} 23\frac{5}{9} \\ \times\ 12 \\ \hline \frac{60}{9} > 6\frac{2}{3} \\ 46 \\ 23 \\ \hline 282\frac{2}{3} \end{array} \qquad \begin{array}{r} 58\frac{17}{24} \\ \times\ 37 \\ \hline 119 \\ 51 \\ \hline \frac{629}{24} > 26\frac{5}{24} \\ 406 \\ 174 \\ \hline 2172\frac{5}{24} \end{array}$$

2) Man bringe die gemischte Zahl nach dem 66 §. auf einen uneigentlichen Bruch, und diesen multiplicire man, wie im 69 §. ist gezeigt worden.

$$\begin{array}{r} 3\frac{7}{8} = \frac{31}{8} \\ \times\ 6 \\ \hline \frac{186}{8} > 23\frac{1}{4} \end{array} \qquad \begin{array}{r} 9\frac{4}{5} = \frac{49}{5} \\ \times\ 7 \\ \hline \frac{343}{7} > 49 \end{array}$$

Exempel zur Uebung.

1) $24\frac{3}{4} \times 4 = 99$

2) $9\frac{2}{3} \times 4 = 38\frac{2}{3}$

3) $8\frac{4}{5} \times 5 = 44$

4) $13\frac{7}{9} \times 9 = 124$

5) $81\frac{5}{6} \times 6 = 491$

6) $17\frac{3}{11} \times 8 = 138\frac{2}{11}$

7) $7\frac{5}{8} \times 72 = 549$

8) $194\frac{3}{4} \times 100 = 19475$

9) $487\frac{1}{4} \times 1000 = 487250$

10) $23\frac{11}{30} \times 7 = 163\frac{17}{30}$

§. 89.

Eine gemischte Zahl mit einer ganzen Zahl zu dividiren.

Aufl. 1) Man dividire zuerst die ganze Zahl, und darauf auch den an der gemischten Zahl hängenden Bruch mit dem gegebenen Divisor. Beide Quotienten addire man zusammen, so hat man den ganzen Quotienten.

$5)\ 15\frac{3}{7} \succ 3\frac{3}{35}$

$$6)\ 9\frac{7}{8} \succ 1\ \frac{1}{2}\ \Big|\ 24\ \Big|\ 24 \quad (48$$
$$\frac{7}{48}\ \Big|\ 1\ \Big|\ 7$$
$$1\frac{31}{48}\ \Big|\quad \Big|\ 31$$

$$7)\ 65\frac{3}{8} \succ 9\frac{2}{7}\ \Big|\ 8\ \Big|\ 16 \quad (56$$
$$\frac{3}{56}\ \Big|\ 1\ \Big|\ 3$$
$$9\frac{19}{56}\ \Big|\quad \Big|\ 19$$

$$24)\ 379\frac{5}{9} \succ 15\ \frac{19}{24}\ \Big|\ 9\ \Big|\ 171 \quad (216$$
$$\frac{5}{216}\ \Big|\ 1\ \Big|\ 5$$
$$15\ \frac{176}{216}\ \Big|\quad \Big|\ 176$$

2) Man bringe die gemischte Zahl, nach dem 66. §. auf einen uneigentlichen Bruch, und diesen dividire man nach den Regeln des 70 §.

$6)\ 3\frac{1}{8} = 6)\ \frac{25}{8} \succ \frac{25}{48}$ $\qquad$ $5)\ 15\frac{3}{7} = \frac{108}{35} \succ 3\frac{3}{35}$

Exempel zur Uebung.

1) $7\frac{5}{8} : 9 = \frac{61}{72}$	5) $19\frac{1}{2} : 8 = 2\frac{7}{16}$
2) $15\frac{3}{7} : 5 = 3\frac{3}{35}$	6) $15\frac{7}{9} : 3 = 5\frac{7}{27}$
3) $9\frac{7}{8} : 6 = 1\frac{31}{48}$	7) $9\frac{11}{12} : 12 = \frac{119}{144}$
4) $5\frac{3}{7} : 2 = 2\frac{5}{7}$	8) $28\frac{1}{8} : 4 = 7\frac{1}{32}$

II. Multiplikation der Zahlen durch Brüche.

§. 90.

Bisher war nur die Frage nach dem Verfahren das bei der Multiplikation und Division zu beobachten ist, wenn das Multiplikandum oder das Dividendum ein Bruch geworden ist; Multiplikator und Divisor blieben noch ganze Zahlen. Hiebei war es natürlich, daß das Multiplikandum vergrößert und das Dividendum verkleinert werden mußte, grade auf die Art, wie es bei ganzen Zahlen zu geschehen pflegt, wie aus §. 69 u. 70 erhellet. Ganz anders wird es aber, wenn bei ganzen Zahlen im Multiplikando und Dividendo, die Zahlen des Multiplikators und Divisors Brüche werden; denn nun heißt z. B. mit $\frac{1}{2}$ eine Zahl multipliziren, so viel, als sie halbiren oder durch 2 dividiren, also $4 \times \frac{1}{2} = 2$. Erinnern wir uns an den Begriff der Multiplikation (11 §. 2. b.); so heißt der gegebene Ausdruck nichts anders, als 4 ein halbmahl grösser machen, das heißt doch so viel als die Hälfte davon nehmen. Soll dagegen 4 durch $\frac{1}{2}$ dividirt werden, d. i. soll man untersuchen, wie viel mahl 4 grösser ist als $\frac{1}{2}$; so kann man keine andere Zahl finden als 8. Dieß nur vorläufig, um Anfängern das gewöhnlich abweichend scheinende Resultat einer solchen Rechnung bei den folgenden Aufgaben zu erklären.

§. 91.

§. 91.

Aus dem vorigen §. folgt nun sehr leicht die Regel der Multiplikation einer Zahl mit einem Bruche:

man multiplizirt den Theil der Zahl, den des Bruches Nenner anzeigt, mit dem Zähler.

Soll also 9 mit $\frac{2}{3}$ multiplizirt werden; so nehme man den dritten Theil von 9 und multiplizire ihn mit 2; also $9 \times \frac{2}{3} = 6$.

§. 92.

Eine ganze Zahl mit einem Bruch zu multipliciren.

1 Regel.

Man dividire die ganze Zahl mit des Bruchs Nenner, und multiplizire, was herauskömmt, mit des Bruchs Zähler. Z. B.

$$9)\ 27\}\ 3 \qquad \times \tfrac{2}{9} \times 2 \qquad = 6$$

$$8)\ 56\}\ 7 \qquad \times \tfrac{5}{8} \times 5 \qquad = 35$$

$$8)\ 97\}\ 12\tfrac{1}{8} \qquad \times \tfrac{7}{8} \times 7 \qquad = 84\tfrac{7}{8}$$

$$9)\ 113\}\ 12\tfrac{5}{9} \qquad \times \tfrac{8}{9} \times 8 \qquad = 100\tfrac{4}{9}$$

$$12)\ 144\}\ 12 \qquad \times \tfrac{7}{12} \times 7 \qquad = 84$$

2 Regel.

Wenn die Division nicht aufgeht, so ist es am besten, wenn man die Ordnung umkehrt. Man multiplicire nun zuerst mit des Bruchs Zähler, und dividire alsdann, was herauskömmt durch des Bruchs Nenner. Eigentlich ist $27 \times \frac{2}{9} = \frac{27}{9} \times 2$. Aber auch $\frac{27}{9} \times 2 = \frac{27 \times 2}{9}$ (§. 69.) $= \frac{54}{9} = 6$, wie vorhin nach der ersten Regel.

$$\begin{array}{r} 97 \\ \times \frac{7}{8} \\ \hline 679 \end{array} \Big\} 84\tfrac{7}{8} \qquad \begin{array}{r} 113 \\ \times \frac{8}{9} \\ \hline 904 \end{array} \Big\} 100\tfrac{4}{9} \qquad \begin{array}{r} 256 \\ \times \frac{11}{13} \\ \hline 256 \\ 256 \\ \hline 2816 \end{array} \Big\} 216\tfrac{8}{13}$$

$$\begin{array}{r} 8 \\ 64 \\ \hline 39 \\ 8 \\ 32 \\ \hline 7 \end{array} \qquad \begin{array}{r} 9 \end{array} \qquad \begin{array}{r} 13 \\ 26 \\ \hline 21 \\ 13 \\ \hline 86 \\ 13 \\ 78 \\ \hline 8 \end{array}$$

Exempel zur Uebung.

1) $8 \times \frac{3}{4} = 6$
2) $3 \times \frac{4}{5} = 2\frac{2}{5}$
3) $8 \times \frac{7}{8} = 7$
4) $24 \times \frac{5}{8} = 15$
5) $5 \times \frac{4}{5} = 4$
6) $40 \times \frac{4}{5} = 32$
7) $15 \times \frac{5}{6} = 12\frac{1}{2}$
8) $96 \times \frac{5}{16} = 30$
9) $8 \times \frac{11}{16} = 5\frac{1}{2}$
10) $25 \times \frac{1}{3} = 8\frac{1}{3}$
11) $138 \times \frac{5}{6} = 115$
12) $231 \times \frac{5}{7} = 165.$

§. 93.

Einen Bruch mit einem Bruche zu multipliziren.

Wenn auch beide Factoren Brüche sind, so werden die bisher vorgetragenen Regeln über die Multiplikation der Brüche und ganzen Zahlen gar nicht geändert. Man stelle sich nur den gebrochenen Multiplikator als eine ganze Zahl vor und verfahre nach §. 69. n. 1. Sollte man z. B. $\frac{5}{8}$ mit $\frac{2}{3}$ multipliziren; so stelle man sich unter $\frac{2}{3}$ eine ganze Zahl vor, die A heißen kann, und es ist:

$$\frac{5}{8} \times \frac{2}{3} = \frac{5}{8} \cdot A = \frac{5\,A}{8}$$

schreibt man wieder $\frac{2}{3}$ statt A, so erhält man
$\frac{5\,A}{8} = \frac{5 \times \frac{2}{3}}{8}$, daher die Regel:

1) man multiplizire den Zähler des Multiplikandums gradezu mit dem unveränderten Multiplikator.

Ein fertiger Rechner wird bei der Anwendung selbst mancherlei Verkürzungen anzubringen wissen. Z. B. aus $\frac{5 \times \frac{2}{3}}{8}$ folgt nach §. 92. 2. $\frac{\frac{10}{3}}{8}$ oder $\frac{10}{3} : 8$, also nach §. 70. n. 2. so viel, als $\frac{10}{24}$, daraus folgt die Regel:

2) man multiplizire grade zu, Zähler und Zähler, Nenner und Nenner beider Brüche in einander.

Sollten die Brüche $\frac{4}{9}$ und $\frac{3}{2}$ in einander multiplizirt werden, so erhält man nach der ersten Regel $\frac{\frac{4}{9} \times 3}{2}$ und hieraus nach §. 93. n. 1. $\frac{\frac{4}{3}}{2}$ oder $\frac{4}{3} : 2$ woraus nach §. 70. n. 1. $\frac{2}{3}$ gefunden wird, daher die Regel:

3) man dividire kreuzweise, den Zähler des Multiplikandums mit dem Nenner des Multiplikators, so hat man den Zähler; und den Nenner des Multiplikandums mit dem Zähler des Multiplikators, so hat man den Nenner des neuen Bruches.

Diese beiden lezten Regeln dienen bloß zur Verkürzung der Rechnung, ihre Herleitung aus der ersten ist leicht einzusehen, n. 2. ist sehr bequem, wenn die Zahlen beider Brüche nicht sehr groß sind, noch leichter wird die Rechnung nach n. 3, wenn die Zahlen kreuzweise in einander aufgehen. Nur nach dieser Methode findet man den Bruch sogleich durch seine kleinsten Zahlen ausgedrückt, z. B.

$$\text{nach n. 2. } \frac{4}{5} \times \frac{2}{3} = \frac{8}{15};\ \frac{8}{9} \times \frac{3}{4} = \frac{24}{36}\Big|\frac{2}{3}$$

$$\text{nach n. 3. } \frac{4}{5} \times \frac{2}{3} = \frac{1\frac{1}{3}}{2\frac{1}{2}};\ \frac{8}{9} \times \frac{3}{4} = \frac{2}{3}$$

Indeß muß es, nach dem in der ersten Regel beobachteten Verfahren noch eine wirklich neue Regel geben, denn wenn man in dem dort gewählten Beispiele A für $\frac{2}{3}$ schreibt und also

$$\frac{5}{8} \times \frac{2}{3} = \frac{5}{8} \times \text{A wird;}$$

so folgt aus §. 69. n. 2. $\frac{5}{8} \times A = \frac{\frac{5}{8}}{A} = \frac{\frac{5}{8}}{\frac{2}{3}} = \frac{5}{8 : \frac{3}{2}}$

daher die Regel:

4) man behalte den Zähler des Multiplikandums ungeändert bei und dividire den Nenner mit dem Multiplikator.

Aus Gründen die man bald im Folgenden einsehen wird, kann man sich auch überzeugen, daß diese Regel auch so auszudrücken sey:

man behalte den Zähler des Multiplikandums ungeändert bei und multiplizire den Nenner mit dem umgekehrten Multiplikator.

Die letzte Regel ist für jetzt noch brauchbarer, da die Regeln der Division mit einem Bruche noch nicht vorgetragen sind. Uebrigens sind die erste und vierte Regel wirklich besondere Methoden, die übrigen sind nur Rechnungsverkürzungen. Man versuche daher zuerst immer n. 3; indeß merke man: wenn die erste Regel einen gebrochenen Bruch giebt, muß ihn auch die dritte geben, die vierte könnte dann vielleicht noch bequem seyn, folgt auch hier ein gebrochener Bruch, so rechne man nach n. 2. Z. B.

nach n. 1) $\frac{8}{9} \times \frac{3}{7} = \frac{24}{63} \Big| \frac{1\frac{1}{8}}{3}$; $\frac{14}{15} \times \frac{5}{12} = \frac{70}{180} \Big| \frac{1\frac{1}{6}}{3}$

n. 2) $\frac{8}{9} \times \frac{3}{7} = \frac{24}{63}$; $\frac{14}{15} \times \frac{5}{12} = \frac{70}{180}$

n. 3) $\frac{8}{9} \times \frac{3}{7} = \frac{1\frac{1}{8}}{3}$; $\frac{14}{15} \times \frac{5}{12} = \frac{1\frac{1}{6}}{3}$

n. 4) $\frac{8}{9} \times \frac{3}{7} = \frac{8}{21}$; $\frac{14}{15} \times \frac{5}{12} = \frac{14}{36}$.

Exempel zur Uebung.

1) $\frac{12}{27} \times \frac{3}{4} = \frac{1}{3}$	12) $\frac{4}{5} \times \frac{5}{6} = \frac{2}{3}$
2) $\frac{18}{25} \times \frac{5}{9} = \frac{2}{5}$	13) $\frac{3}{4} \times \frac{4}{9} = \frac{1}{3}$
3) $\frac{144}{289} \times \frac{17}{24} = \frac{6}{17}$	14) $\frac{2}{3} \times \frac{3}{8} = \frac{1}{4}$
4) $\frac{81}{256} \times \frac{2}{9} = \frac{9}{128}$	15) $\frac{8}{9} \times \frac{7}{8} = \frac{7}{9}$
5) $\frac{275}{399} \times \frac{19}{25} = \frac{11}{21}$	16) $\frac{19}{23} \times \frac{23}{57} = \frac{1}{3}$
6) $\frac{195}{207} \times \frac{9}{13} = \frac{15}{23}$	17) $\frac{20}{30} \times \frac{27}{29} = \frac{18}{29}$
7) $\frac{11}{28} \times \frac{7}{8} = \frac{11}{32}$	18) $\frac{8}{11} \times \frac{21}{31} = \frac{168}{253}$
8) $\frac{19}{136} \times \frac{8}{9} = \frac{19}{153}$	19) $\frac{16}{17} \times \frac{17}{18} = \frac{8}{9}$
9) $\frac{63}{80} \times \frac{40}{41} = \frac{63}{82}$	20) $\frac{113}{918} \times \frac{7}{9} = \frac{791}{8262}$
10) $\frac{19}{81} \times \frac{9}{13} = \frac{19}{117}$	21) $\frac{515}{911} \times \frac{28}{113} = \frac{14420}{102943}$
11) $\frac{17}{432} \times \frac{144}{155} = \frac{19}{465}$	22) $\frac{936}{1031} \times \frac{97}{98} = \frac{45396}{50519}$.

§. 94.

Eine gemischte Zahl mit einem Bruch zu multipliciren.

Aufl. 1) Man richte die vermischte Zahl

ein nach §. 66. und multiplicire addiren beide Brüche nach den Regeln des vorigen Z. B.

$$3\frac{7}{8} \times \frac{3}{8} = \frac{31}{8} \times \frac{3}{8} = 1\frac{29}{64}$$
$$15\frac{3}{7} \times \frac{5}{6} = \frac{108}{7} \times \frac{5}{6} = 12\frac{6}{7}$$

2) Man multiplicire erstlich den gebrochenen Theil des Multiplikandums, darauf die ganze Zahl desselben, und addire beide Produkte zusammen.

$$\begin{array}{rl} 3 & \frac{7}{8} \\ & \frac{3}{8} \\ \hline & \frac{21}{64} \\ 1 & \frac{1}{8} \\ \hline 1 & \frac{29}{64} \end{array} \qquad\qquad \begin{array}{rl} 15 & \frac{3}{7} \\ & \frac{5}{6} \\ \hline & \frac{15}{42} \\ 12 & \frac{1}{2} \\ \hline 12 & \frac{36}{42} \end{array}$$

§. 95.

Eine gemischte Zahl mit einer gemischten Zahl zu multipliciren.

Aufl. Man richte beide Zahlen ein (§. 66.) und multiplicire alsdann nach den Regeln des 93. §. Z. B.

$$\begin{array}{r} 19\frac{3}{8} = \frac{155}{8} \\ 15\frac{5}{6} = \frac{95}{6} \\ \hline 775 \\ 1395 \\ \hline 14725 \\ 48 \end{array} \Big\} 306\frac{37}{48}$$

2) Man schreibe beide Zahlen unter einander, und multiplicire zuerst das ganze Multiplikandum mit dem gebrochenen Theil des Multiplikators, und darauf auch mit der ganzen Zahl des letzten; beides addire man zusammen, so ist das gesuchte Produkt gefunden. Z. B.

$$\begin{array}{r|c|r}
19\,\frac{3}{8} & & \\
\times\ 15\,\frac{5}{6} & (48 & \\
\hline
\frac{15}{48} & 1 & 15 \\
\frac{95}{6} & 8 & 760 \\
\frac{45}{8} & 6 & 270 \\
\hline
95 & & \frac{1045}{48} \\
19 & & \text{oder } 21\,\frac{37}{48} \\
\hline
285 & & \\
21 & & \\
\hline
\text{Prod. } 306\frac{37}{48} & &
\end{array}$$

oder

$$\begin{array}{r|c|l}
19\,\frac{3}{8} & & \\
\times\ 15\,\frac{5}{6} & (48 & \\
\hline
\frac{15}{48} & 1 & 15 \\
15\,\frac{5}{6} & 8 & 40 \\
5\,\frac{5}{8} & 6 & 30 \\
95 & & \\
19 & & \\
\hline
306\frac{37}{48} & & \left.\begin{array}{l}\frac{85}{48}\end{array}\right\}\ 1\frac{37}{48}
\end{array}$$

Exempel zur Uebung.

1) $4\frac{2}{3} \times 3\frac{1}{2} = 16\frac{1}{3}$

2) $4\frac{3}{4} \times 4\frac{2}{5} = 20\frac{9}{10}$

3) $5\frac{3}{4} \times 8\frac{2}{3} = 49\frac{5}{6}$

4) $5\frac{2}{3} \times 6\frac{1}{2} = 36\frac{5}{6}$

5) $9\frac{3}{5} \times 10\frac{2}{5} = 99\frac{21}{25}$

6) $5\frac{1}{2} \times 18\frac{2}{11} = 100$

7) $3\frac{3}{4} \times 16\frac{1}{2} = 61\frac{7}{8}$

8) $12\frac{3}{4} \times 24\frac{7}{8} = 317\frac{5}{32}$

9) $7\frac{7}{30} \times 23\frac{11}{30} = 169\frac{17}{900}$

10) $8\frac{8}{9} \times 256\frac{6}{7} = 2283\frac{11}{63}$

11) $3\frac{3}{4} \times 26\frac{2}{3} = 100$

12) $8\frac{3}{4} \times 22\frac{6}{7} = 200$

13) $6\frac{3}{7} \times 46\frac{2}{3} = 300$

14) $83\frac{1}{3} \times 4\frac{4}{5} = 400$

15) $56\frac{1}{4} \times 8\frac{8}{9} = 500$

Soll man Zahlen, woran Decimal-Brüche hängen, in einander multipliciren, so geht man mit ihnen, wie mit ganzen Zahlen um; am Ende der Rechnung schneidet man im Produkt rechter Hand so viele Decimalstellen ab, als beide Faktoren zusammen enthalten. Es ist

$$\begin{array}{r} 25{,}23 = \frac{2523}{100} \\ 7{,}6 = \frac{76}{10} \\ \hline 15138 \\ 17661 \\ \hline 191748 = \frac{2523 \times 76}{1000} \end{array}$$

III. Division durch Brüche.

§. 96.

Schon im 90 §. ist darauf aufmerksam gemacht worden, was es eigentlich mit der Division einer Zahl durch einen Bruch für eine Bewandniß habe und woher es komme, daß der Quozient eine grössere Zahl sein müsse, als das Dividendum; denn schon bei der Division mit ganzen Zahlen hat man sich überzeugt, daß der Quotient beständig grösser werden müsse, je kleiner der Divisor ward, z. B.

$$6:1=6;\ 6:2=3;\ 6:3=2;\ 6:4=1\tfrac{1}{2};$$
$$6:5=1\tfrac{1}{5};\ 6:6=1.$$

Von allen Quozienten ist keiner grösser als der durch die Division mit 1 entstand; man kann also wohl urtheilen, daß noch grössere Quotienten gefunden werden müssen, wenn die Divisoren noch unter 1 abnehmen; als:

$$6:\tfrac{1}{2}=12;\ 6:\tfrac{1}{3}=18;\ 6:\tfrac{1}{4}=24;\ 6:\tfrac{1}{8}=48 \text{ u. s. f.}$$

und hieraus folgt sehr leicht der Schluß:

mit einem Bruche, dessen Zähler 1 ist, dividiren, heißt: mit seinem Nenner multipliziren.

§. 97.

Ist der Zähler nicht mehr 1, sondern eine andere Zahl, so bleibt die allgemeine Regel der Division noch immer unverändert. Doch sieht man, daß $\frac{1}{3}$ weit öfter in 6 enthalten sein müsse, als $\frac{2}{3}$, daß also $6 : \frac{2}{3}$ ein kleinerer Quozient sein werde als $6 : \frac{1}{3}$, es muß nehmlich $\frac{1}{3}$ zweimahl mehr in 6 enthalten seyn als $\frac{2}{3}$. Kennt man also den Quozienten von $6 : \frac{1}{3}$; so muß dieser durch 2 dividirt werden, und man erhält $6 : \frac{2}{3} = 9$. Ueberhaupt kann man eine Zahl durch einen Bruch dividiren, wenn man

das Vielfache des Dividendums, das der Nenner des Divisors ausdrückt, mit dem Zähler dividirt.

§. 98.

Eine ganze Zahl mit einem Bruch zu dividiren.

1. Regel.

Man multiplicire die ganze Zahl mit des Bruchs Nenner, und dividire was herauskömmt durch des Bruchs Zähler.

$\frac{5}{6}$) 18 × 6 = 108; 108 : 5) = $21\frac{3}{5}$

$\frac{7}{8}$) 39 × 8 = 312; 312 : 7) = $44\frac{4}{7}$

$\frac{8}{9}$ 56 × 9 = 504; 504 : 8) = 63

2. Regel.

Man kann auch in umgekehrter Ordnung zuerst mit dem Zähler dividiren, und was herauskömmt mit dem Nenner multipliciren; so muß eben dasselbe kommen, denn eigentlich ist nach der ersten Regel.

$15 : \frac{8}{9} = \frac{56 \times 9}{8}$, aber auch $\frac{56 \times 9}{8} = \frac{56}{8} \times 9$ (69 §.) $= 7 \times 9 = 63$ wie vorhin.

$$\frac{11}{13})\ 11)\ \begin{array}{r|l} 99 & 9 \\ & \underline{13} \\ & 117 \end{array} \qquad \frac{8}{9})\ 8)\ \begin{array}{r|l} 72 & 9 \\ & \underline{9} \\ & 81 \end{array} \qquad \frac{10}{19})\ 10)\ \begin{array}{r|r} 320 & 32 \\ & \underline{19} \\ & 288 \\ & \underline{32} \\ & 608 \end{array}$$

Wenn die Division nicht aufgeht, so ist es bequemer, bei der ersten Regel zu bleiben, ob gleich nach der zweiten Regel der Quotient eben so gefunden wird.

$$\frac{7}{8})\ 7\ \begin{array}{r|l} 39 & 5\frac{4}{7} \\ & \underline{4)\times 8} \\ & 44\frac{4}{7} \end{array} \qquad \frac{5}{6})\ 5\ \begin{array}{r|l} 18 & 3\frac{3}{5} \\ & \underline{3)\times 6} \\ & 21\frac{3}{5} \end{array}$$

Exempel zur Uebung.

1) $12 : \frac{3}{8} = 32$
2) $136 : \frac{7}{9} = 174\frac{6}{7}$
3) $128 : \frac{11}{64} = 744\frac{8}{11}$
4) $536 : \frac{7}{9} = 689\frac{1}{7}$
5) $28 : \frac{113}{123} = 30\frac{112}{113}$
6) $12 : \frac{1728}{1937} = 13\frac{65}{144}$
7) $128 : \frac{735}{819} = 142\frac{154}{245}$
8) $1728 : \frac{144}{149} = 1788$
9) $136 : \frac{8}{9} = 153$

§. 99.

Einen Bruch mit einem Bruche zu dividiren.

Aufl. Wenn man sich bei der Division der Brüche wieder, wie es bei der Multiplikation erinnert worden, nur das Dividendum als eine gebrochene, den Divisor aber als eine ganze Zahl vorstellt, so bleiben die bisher angeführten Divisionsregeln ungeändert; z. B.

$$\frac{6}{17} : \frac{2}{3} = \frac{6}{17} : A.$$

also nach §. 70. n. 1. ist $\frac{6}{17} : A = \frac{6 : A}{17}$ oder $\frac{6 : \frac{2}{3}}{17}$

daher die Regel:

1) man dividire grade zu den Zähler des Dividendums mit dem ungeänderten Divisor.

Als Verkürzung der wirklichen Rechnung sieht man leicht, daß auch diese Regel hätte angewandt werden können:

2) Zähler und Zähler, Nenner und Nenner beider Brüche werden in einander dividirt;

denn $\frac{4}{18} : \frac{2}{3}$, nach n. 1, $= \frac{4 : \frac{2}{3}}{18} = \frac{\frac{12}{2}}{18} = \frac{12}{2} : 18 = \frac{12}{36}$ $= \frac{1}{3}$ (70. §. n. 2.) eben das wäre auch nach n. 2. gefunden, denn $\frac{4}{18} : \frac{2}{3} = \frac{4 : 2}{18 : 3} = \frac{2}{6} = \frac{1}{3}$.

Der Bruch $\frac{12}{36}$ ward gefunden, durch die Multiplikation der Zahlen 4×3 u. 2×18. Man kommt also leicht auf die Regel:

3) man multiplizire kreuzweise, den Nenner des Divisors mit dem Zähler des Dividendums, so erhält man den Zähler; und den Nenner des Dividendums mit dem Zähler des Divisors, so erhält man den Nenner des neuen Bruches.

Diese Regel ist in allen Fällen anwendbar, ob man gleich dadurch oft sehr große Zahlen erhält. Die Regel n. 2 ist nur dann brauchbar, wenn die Zahlen des Divisors grade zu in die Zahlen des Dividendums aufgehen.

Das Verfahren bei n. 1. muß noch auf eine neue Regel führen, wenn man nach §. 70. n. 2 rechnet, nämlich:

$$\frac{4}{18} : \frac{2}{3} = \frac{4}{18} : A = \frac{4}{18\,A} = \frac{4}{18.\frac{2}{3}}$$

also;

4 der Zähler des Dividendums bleibt unverändert und der Nenner wird gradezu mit dem Divisor multiplizirt.

Allemahl wenn beide, Zähler und Nenner, in einander aufgehen, rechne man nach n. 2. Gehen die Zähler, aber nicht die Nenner, in einander auf, so verfahre man nach n 1. Gehen die Nenner, nicht die Zähler, in einander auf, so rechne man nach n. 4. Würde man aber nach allen diesen Regeln gebrochene Brüche finden, so bleibt die Regel n. 3.

Exempel zur Uebung.

1) $\frac{11}{12} : \frac{7}{8} = 1\frac{1}{21}$

2) $\frac{36}{45} : \frac{5}{9} = \frac{4}{9}$

3) $\frac{144}{315} : \frac{7}{12} = \frac{192}{245}$

4) $\frac{128}{317} : \frac{15}{16} = \frac{2048}{4755}$

5) $\frac{36}{47} : \frac{9}{10} = \frac{40}{47}$

6) $\frac{48}{49} : \frac{16}{17} = \frac{51}{49}$

7) $\frac{9}{13} : \frac{5}{6} = \frac{54}{65}$

8) $\frac{15}{16} : \frac{7}{8} = 1\frac{1}{14}$

9) $\frac{3}{17} : \frac{8}{11} = \frac{33}{136}$.

§. 100.

Eine gemischte Zahl mit einem Bruch zu dividiren.

Aufl. Man richte die vermischte Zahl nach dem 66 §. ein, und dividire mit dem Bruch nach dem vorigen § z. B.

$$3\frac{7}{8} : \frac{5}{6} = \frac{31}{8} : \frac{5}{6} = 4\frac{13}{20}$$
$$3\frac{5}{9} : \frac{5}{27} = \frac{32}{9} : \frac{5}{27} = 19\frac{1}{5}.$$

§. 101.

Eine gemischte Zahl mit einer gemischten Zahl zu dividiren.

Aufl. Man richte beide vermischte Zahlen ein nach dem 66. §., und dividire diese Brüche in einander nach den Regeln des 100 §. z. B.

$$3\tfrac{7}{9} : 5\tfrac{7}{8} = \tfrac{34}{9} : \tfrac{47}{8} = \tfrac{272}{423}$$

$$5\tfrac{1}{5} : 7\tfrac{1}{12} = \tfrac{26}{5} : \tfrac{85}{12} = \tfrac{312}{425}.$$

Wofern Dividendum und Divisor Decimal Brüche bei sich haben, so sind sie während der Rechnung völlig als ganze Zahlen zu betrachten, wenn beide gleichviel Decimalstellen haben. Es ist

$$\frac{8{,}436}{2{,}232} = \frac{8436}{1000} : \frac{2232}{1000} = \frac{8436}{2232}. \quad (100\ \S.\ 3.\ R)$$

Hätten beide nicht gleichviele Decimalstellen, so kann man zu derjenigen von beiden gegebenen Zahlen, welche die wenigsten hat, so viele Nullen hinzuschreiben, bis die Zahl der Decimalstellen in beiden gleich wird: dadurch wird dieser Fall auf den vorigen gebracht. Es ist nämlich

$$\frac{7{,}5}{3{,}427} = \frac{7{,}500}{3{,}427} = \frac{7500}{3427}, \text{ und } \frac{38{,}274593}{4{,}75}$$

$$= \frac{38{,}274593}{4{,}750000} = \frac{38274593}{4750000}.$$ Der letzte Bruch ist auch

$$= \frac{3827{,}4593}{475}.$$ Hat also das Dividendum mehr Decimalstellen, als der Divisor, so bekommt der Quotient so viele Decimalstellen, als übrig bleiben, wenn man die Zahl der Decimalstellen im Divisor von der Zahl der Decimalstellen im Dividendum subtrahirt.

§. 102.

Bei der Ausübung der Regeln des 93. § wird man oft Gelegenheit gehabt haben, zu bemerken, daß es einerlei Resultat gebe, ob man 6 mit $\frac{2}{3}$ oder $\frac{2}{3}$ mit 6 multiplizire, denn $6 \times \frac{2}{3} = 4$, und $\frac{2}{3} \times 6 = 4$, also $6 \times \frac{2}{3} = \frac{2}{3} \times 6$. Die Ordnung, in welcher ganze Zahlen mit Brüchen multiplizirt werden, ist völlig gleichgültig. Dasselbe gilt auch, wenn beide Factoren Brüche sind.

§. 103.

Auch erhellet aus den Gründen für die Multiplikation mit einem Bruche und für die Division mit demselben, daß es einerlei sein müsse, ob man eine Zahl mit einem Bruche gradezu multiplizire, oder sie mit dem umgekehrten Bruche dividire, denn:

$$6 \times \frac{2}{3} = \frac{6 \times 2}{3} \text{ u. } 6 : \frac{3}{2} = \frac{6 \times 2}{3}$$

also $6 \times \frac{2}{3} = 6 : \frac{3}{2}$.

Daher sieht man die Richtigkeit des §. 93. n. 4. beobachteten Verfahrens ein; so wie man auch §. 99. n. 4. den Nenner des Dividendums mit dem umgekehrten Divisor dividiren kann.

Drittes Kapitel.

Allgemeine Regeln der Reductions-Rechnung genannter Zahlen und Anwendung der bisher vorgetragenen Regeln.

§. 104.

Was es überhaupt mit den Reductionen genannter Zahlen eines gewissen Werths auf Zahlen eines andern Werths für eine Bewandniß habe, wissen wir schon aus §. 33 u. 46. Die dort gegebenen Regeln gelten auch für Brüche, und ihre Anwendung bedürfte nicht grade wieder einer neuen Anweisung, wenn nicht dergleichen Regeln in einem Rechenbuche zur Vollständigkeit gehörten. Allgemein bleiben die Regeln:

1) man multiplizire die gegebene Zahl mit der Reductionszahl, wenn die gegebene Grösse einen höheren Namen hat als die zu suchende.
2) man dividire die Zahl durch die Reductionszahl, wenn Dinge grösseren Namens gesucht werden, als die gegebene Zahl anzeigt.

§. 105.

Es ist eine gebrochene genannte Zahl gegeben, man soll sie auf eine Zahl einer kleinern Art reduziren.

Aufl. Man multiplizire den gegebenen Bruch mit der Reductionszahl, nach §. 69. z. B.

$\frac{7}{8}$ rthl. wie viel sinds gl ?

Antw. $\frac{7}{8} \times 48 = 42$ gl.

$\frac{3}{4}$ ℔ wie viel Loth?

Antw. $\frac{3}{4}$ ℔ $\times 32 = 24$ Loth

Zuweilen findet man noch wieder einen Bruch, den man oft wieder reduziren kann, z. B.

$\frac{11}{16}$ Louisd'or, wie viel Thaler?

Antw. $\frac{11}{16} \times 5 = 3\frac{7}{16}$ rthl.

$3\frac{7}{16}$ rthl. sind aber 3 rthl $+ \frac{7}{16} \times 48 = 3$ rthl. 21 gl.

also $\frac{11}{16}$ Louisd'or $= 3$ rthl. 21 gl.

Exempel zur Uebung.

1) $\frac{3}{29}$ thlr., wie viel sinds gl. und pf. Antw. 4 gl. $11\frac{27}{29}$ pf.
2) $\frac{5}{7}$ Mk., wie viel sinds gl. und pf. Antw. 11 gl. $5\frac{4}{7}$ pf.
3) $\frac{3}{8}$ Schpf. wie viel sinds Pf.? Antw. 105 Pf.
4) $\frac{7}{9}$ Ct., wie viel sinds Pf. Loth und Quent.? Antw. 85 Pf. 17 Loth $3\frac{1}{9}$ Quent.

5) $\frac{8}{13}$ Pf., wie viel sinds Loth und Quent.? Antw. 19 Loth $2\frac{10}{13}$ Qu

6) $\frac{3}{7}$ Ruthen, wie viel sinds Fuß? Antw. 6 Fuß $10\frac{2}{7}$ Zoll.

7) $\frac{3}{27}$ Last, wie viel sinds Schfl.? Antw. $10\frac{2}{3}$ Schfl.

8) $\frac{5}{16}$ Oxhöft, wie viel sinds Anker? Antw. $1\frac{7}{8}$ Anker.

§. 106.

Eine gebrochene genannte Zahl soll auf Dinge einer grössern Art gebracht werden.

Aufl. Der gegebene Bruch wird mit der Reductionszahl dividirt, nach § 70. z. B.

$\frac{7}{8}$ ßl., wie viel Thaler?

Antw. $\frac{7}{8} : 48 = \frac{7}{384}$ thlr.

$\frac{5}{6}$ ℔ wie viel Liespfund?

Antw. $\frac{5}{6} : 16 = \frac{5}{96}$ L℔.

Exempel zur Uebung.

1) $\frac{7}{8}$ thlr., wie viel sinds Ducaten? Antw. $\frac{7}{16}$ Ducaten.

2) $\frac{7}{12}$ thlr., wie viel sinds Louisd'or? Antw. $\frac{7}{60}$ Louisd'or.

3) $\frac{9}{11}$ Mk., wie viel sinds thlr.? Antw. $\frac{3}{11}$ thlr.

4) $\frac{5}{6}$ ßl., wie viel sinds Mk.? Antw. $\frac{5}{96}$ Mk.

5) $\frac{3}{8}$ Pf, wie viel sinds Schpf.? Antw. $\frac{3}{2240}$ Schpf.

6) $\frac{5}{16}$ Loth, wie viel sinds Pf.? Antw. $\frac{5}{512}$ Pf.

7) $\frac{11}{12}$ Fuß, wie viel sinds Ruthen? Antw. $\frac{11}{192}$ Ruth.

8) $\frac{1}{8}$ Zoll, wie viel sinds Fuß? Antw. $\frac{1}{96}$ Fuß.

9) $\frac{3}{4}$ Schfl., wie viel sinds Drbt.? Antw. $\frac{1}{16}$ Drbt.

10) $\frac{5}{7}$ Drbt., wie viel sinds Last? Antw. $\frac{5}{56}$ Last.

§. 107.

Eine genannte gebrochene Zahl zu einer andern, die einen verschiedenen Namen hat, zu addiren*).

Aufl. Beide werden auf einerlei Namen reduzirt, und dann nach §. 49. addirt. Man sieht daher, daß es am bequemsten ist, die Dinge der grössern Art auf die der kleinern Art zu reduziren.

Z. B. $\frac{7}{8}$ rthl. + $\frac{3}{7}$ gr. wie viel gr. u. pf.?

$\frac{7}{8}$	=		21 gr.
	=	$\frac{3}{7}$ gr.	0 — $10\frac{2}{7}$ pf.

also $\frac{7}{8}$ rthlr. + $\frac{3}{7}$ gr. = 21 gr. $10\frac{2}{7}$ pf.

Dasselbe muß auch gelten wenn mehr als 2 solcher Grössen vorhanden sind, z. B.

$\frac{9}{53}$ Ct. $\frac{1}{4}$ L℔ u. $\frac{7}{8}$ Loth wie viel ℔ u. Loth?

$\frac{9}{53}$ Ct.	=	18 ℔	$21\frac{39}{53}$	Loth
$\frac{1}{4}$ Lies℔	=	4 ℔	0	—
$\frac{7}{8}$ Loth	=	0 —	$\frac{7}{8}$	—

$\frac{9}{53}$ Ct. $\frac{1}{4}$ L℔ $\frac{7}{8}$ Loth = 22 ℔ $22\frac{259}{424}$ Loth.

Exempel zur Uebung.

1) $\frac{5}{6}$ Ld'or + $\frac{7}{8}$ thlr. = 5 thlr. 2 ßl.
2) $\frac{3}{9}$ Ld'or + $\frac{3}{13}$ thlr. = 1 thlr. $43\frac{1}{13}$ ßl.
3) $\frac{5}{6}$ thlr. + $\frac{7}{8}$ M. = 3 Mk. 6 ßl.
4) $\frac{5}{8}$ Mk. + $\frac{2}{3}$ ßl. = 10 ßl. 8 pf.
5) $\frac{7}{8}$ Schpf. + $\frac{5}{6}$ Pf. = 105 Pf. $26\frac{2}{3}$ Loth.

*) Daß die Dinge bei aller Verschiedenheit denn doch zu einerlei Gattung gehören müssen, versteht sich von selbst; unter verschiedenen Namen wird hier nur der grössere oder kleinere Werth der Gegenstände einer Gattung verstanden.

6) $\frac{5}{8}$ Ruthen + $\frac{3}{7}$ Fuß = 10$\frac{3}{7}$ Fuß.
7) $\frac{7}{8}$ Last + $\frac{13}{15}$ Drbt. = 7 Drbt. 10$\frac{2}{5}$ Schfl.
8) $\frac{27}{28}$ Drbt. + $\frac{2}{8}$ Schfl. = 11$\frac{23}{28}$
9) $\frac{3}{8}$ Oxhöft + $\frac{3}{7}$ Anker = 2$\frac{19}{28}$ Anker.
10) $\frac{7}{8}$ Jahr + $\frac{3}{7}$ Monath = 10$\frac{13}{14}$ Monath.

§. 108.

Eine kleinere genannte Zahl von einer grössern genannten Zahl zu subtrahiren, wenn beide verschiedene Namen haben.

Aufl. Man reducire die grössere Zahl mit derjenigen auf einerlei Benennung, welche man subtrahiren will, und alsdan subtrahire man die kleinere Zahl von der grössern. Z. B.

$\frac{5}{26}$ thlr. — $\frac{1}{8}$ ßl., wie viel sinds ßl.?

(104
$\frac{5}{26}$ thlr. 9$\frac{3}{13}$ ßl. | 8 | 24
$\frac{1}{8}$ ßl. | 13 | 13
Rest 9$\frac{11}{104}$ ßl. | | 11

$\frac{11}{25}$ Louisd'or — $\frac{7}{8}$ thlr., wie viel sinds thlr.?

(40
$\frac{11}{25}$ Louisd'or = 2$\frac{1}{5}$ thlr. | 8 | 8
$\frac{7}{8}$ thlr. | 5 | 35
Rest 1$\frac{13}{40}$ thlr. | | 13

40
8
48
35
13

Exempel zur Uebung.

1) $\frac{3}{8}$ Louisd'or — $\frac{5}{6}$ Mk. = 4$\frac{19}{24}$ Mk.
2) $\frac{3}{7}$ thlr. — $\frac{5}{6}$ ßl. = 19$\frac{31}{42}$ ßl.
3) $\frac{5}{8}$ Mk. — $\frac{3}{8}$ ßl. = 9$\frac{5}{8}$ ßl.
4) $\frac{113}{2114}$ Schpf. — $\frac{15}{16}$ Pf. = 14$\frac{71}{2416}$ Pf.
5) $\frac{7}{13}$ Ct. — $\frac{5}{8}$ Pf. = 58$\frac{63}{104}$ Pf.
6) $\frac{7}{8}$ Pf. — $\frac{11}{27}$ Loth = 27$\frac{16}{27}$ Loth.

§. 109.

Eine genannte Zahl, die aus Theilen besteht, welche insgesammt verschiedene Namen haben, mit einem Bruch zu multipliciren.

Aufl. Man schreibe das Multiplikandum in einer Reihe hin, und den Bruch, womit man multipliciren soll, darunter.

Hierauf multiplicire man mit dem Zähler des Bruchs das ganze Multiplikandum nach den Regeln des 52. §. Das Produkt aber, was herauskömmt, dividire man mit dem Nenner des Bruchs nach den Regeln des 97. §., so ist das Gesuchte gefunden.

	38 Pf.	15 Unzen	5 Quent.
			$\times \frac{7}{9}$
	266 Pf.	105 Unzen	35 Quent.
	6)	4)	
	272 Pf.	13 Unzen	3 Quent.
9)			
Prod.	30 Pf.	5 Unzen	$\frac{1}{3}$ Quent.

Exempel zur Uebung.

1) 125 thlr. 19 ßl. 7 pf. $\times \frac{2}{3}$ = 83 thlr 29 ßl. $\frac{2}{3}$ pf.

2) 537 Mk. 13 ßl. 4 pf. $\times \frac{7}{8}$ = 470 Mk. 9 ßl. 8 pf.

3) 97 Lpf. 12 Pf. 24 Loth 3 Qu. $\times \frac{5}{6}$ = 81 Lpf. 7 Pf. 31 Loth $1\frac{1}{6}$ Qu.

4) 28 Last 3 Drbt. 5 Schfl. $\times \frac{11}{12}$ = 26 Last $5\frac{7}{12}$ Schfl.

5) 15 Last, 7 Drbt. 9 Schfl. $\times \frac{1}{16}$ = 7 Drbt. $11\frac{13}{16}$ Schfl.

§. 110.

Eine genannte Zahl, die aus Theilen besteht, welche insgesammt verschiedene Namen haben, mit einem Bruch zu dividiren.

Aufl. Man schreibe das Dividendum in einer Reihe hin, und den Bruch, womit man dividiren soll, darunter.

Alsdann multiplicire man mit dem Nenner des Bruchs das ganze Dividendum nach den Regeln des 52. §.

Und endlich dividire man das gefundene Produkt mit dem Zähler des Dividendums nach den Regeln des 53. §. Z. B.

	17 thlr.	5 gl.	7 pf.
		div.	$\frac{5}{8}$
	136 thlr.	40 gl.	56 pf.
	137 thlr.	18 gl.	8 pf.
5)			
Quot.	27 thlr.	13 gl.	$6\frac{2}{5}$ pf.

Exempel zur Uebung.

1) 136 thlr. 28 ßl. 9 pf. : $\frac{7}{8}$ = 156 thlr. 9 ßl. $8\frac{4}{7}$ pf.

2) 526 thlr. 9 ßl. 3 pf. : $\frac{8}{9}$ = 591 thlr. 36 ßl.

3) 1628 Mk. 15 ßl. 3 pf. : $\frac{14}{15}$ = 1692 Mk. 35 ßl. 8 pf.

4) 85 Schpf. 115 Pf. 15 Loth : $\frac{5}{6}$ = 102 Schpf. 236 Pf. $18\frac{2}{5}$ Loth

5) 25 Ct. 36 Pf. 5 Loth 3 Quentchen : $\frac{3}{7}$ = 56 Ct. 44 Pf. 27 Loth $1\frac{2}{3}$ Quent.

§. 111.

Nach diesen Untersuchungen wird man leicht begreifen, wie das im ersten Abschnitte Kap. 4. beschriebene Verfahren abgekürzt werden könne. Man rechne z. B. nach den Regeln des 54. §. das dort angeführte Beispiel n. 4.

130 Last 5 Drbt. 6 Schfl. : 9

```
    130 Last
      8
   ------
   1040
      5
   ------
   1045 Drbt.
     12
   ------
   2090
  1045
   ------
  12540
      6
   ------
  12546 Schfl.
9) ----------
   1394 Schfl.  | 116 | 14 Last.
    12          |   8 |
   ----          -----
     19            36
     12            32
    ----          ----
     74             4 Drbt.
     72
    ----
      2 Schfl.
```

so sieht man gleich daß die Rechnung kürzer seyn müsse, wenn man das gegebene Beyspiel so ausdrückt:

$$\frac{130\tfrac{11}{16}\text{ Last} : 9}{}$$

oder ohne Nenner 2091 : 144

$$2091\}\ 14\text{ Last}\ \frac{75 \times 8}{144} = \frac{75}{18} = 4\tfrac{3}{18}\text{ Drbt.}$$

```
 2091
 144
 ----
  651
  576
   75
```

$$\tfrac{3}{18} \times 12 = \frac{3 \cdot 6}{9} = 2 \text{ Schfl.}$$

also $130\tfrac{11}{16}$ Last : 9 = 14 Last 4 Drbt. 2 Schfl.

Noch leichter wird die Rechnung wenn man die gegebene Zahl durch eine Reihe Decimalbrüche ausdrücken kann. Für die gewöhnlichen Rechnungsaufgaben des gemeinen Lebens haben aber solche Anwendungen ihre Schwierigkeiten, z. B. um den gegebenen Ausdruck in Decimaltheilen zu bestimmen, müßte man wissen, daß:

1 Schfl. = $\tfrac{1}{12}$ Drbt. = 0,0833 Drbt.
= $\tfrac{1}{96}$ Last = 0,01042 Last.
also 6 Schfl. = 0,4998 Drbt. = 0,06252 Last
ferner 1 Drbt. = $\tfrac{1}{8}$ Last = 0,125 Last
daher 5 Drbt. = 0,625 Last
und 5 Drbt. + 6 Schfl. = 0,687 Last.
also 130 Last + 5 Drbt. + 6 Schfl. = 130,6875 Last.

Diese Vorbereitungsrechnung ist sehr mühsam. Kann man überhaupt die kleinern Theile in Decimaltheilen der grössern angeben, so ist es bequem das vorgelegte Dividendum in einen gemeinen Bruch zu verwandeln und diese durch Decimaltheile auszudrücken. Sollte es aber wieder neue grosse Rechnungen verursachen, um die gefundenen Dezimaltheile der kleinern Dinge auf die von grössern Namen zu reduziren; so wende man die Decimalbrüche gar ächt an. Man findet z. B. sehr leicht, 4 Drbt = 0,5 Last 2 Schfl. = 0,02 Last, in diesem Falle drücke man also:

$130\tfrac{11}{16}$ durch 130,6875 aus

und es ist $\dfrac{130{,}6875}{9} = 14{,}520$

oder 14 Last 4 Drbt. 2 Schfl.

Schwieriger würde das Beispiel im 33. §. n. 6. durch Decimalen auszudrücken seyn.

9 thlr. 13 gr. 1 ßl. wie viel pf.?

$9 + \tfrac{13}{24}$ thlr. + $\tfrac{1}{48}$ thlr. = $9\tfrac{9}{16}$ thlr.

$$9\tfrac{9}{16} + 576 = \frac{153 \cdot 576}{16} = 153 \times 36$$

also 9 thlr. 13 gr. 1 ßl. = 5508 pf.
oder $9\frac{9}{16} \times 576 = 9{,}5625 \times 576 = 5508$ pf.

§. 112.

Die sogenannte Zerstreuungs-Methode, wovon im folgenden vorkommen wird, ist ein bloßer Nothbehelf der Praktiker; sie könnte füglich entbehrt werden, wenn man auf die im vorigen §. vorgeschlagene Art rechnen wollte; z. B.

$$27 \text{ thlr. } 35 \text{ ßl. } 7 \text{ pf.} \times \frac{7}{8}$$

kann ausgedrückt werden

$$\left(27 \text{ thlr.} + \frac{35}{48} \text{ thlr.} + \frac{7}{48.12} \text{ thlr.}\right) \times \frac{7}{8}$$

$$\text{oder } 27\frac{427}{576} \text{ thlr.} \times \frac{7}{8} = \frac{15979}{576} \times \frac{7}{8}$$

$$= 24\frac{1261}{4608} \text{ thlr.}$$

$$\frac{1261 . 48}{4608} = \frac{1261}{96} = 13\frac{13}{96} \text{ ßl.}; \quad \frac{13}{96} \times 12$$

$$= \frac{156}{96} = 1\frac{5}{8} \text{ pf.}$$

$$\text{also } (27 \text{ thlr. } 35 \text{ ßl. } 7 \text{ pf.}) \times \frac{7}{8} = 24 \text{ thlr. } 13 \text{ ßl.}$$

$$1\frac{5}{8} \text{ pf.}$$

Zweite Abtheilung.

Die Proportionen.

Erster Abschnitt.

Allgemeine Begriffe von Verhältnissen und Proportionen. Regel Detri.

§. 113.

Es war schon im 1. §. und dann wieder im 11. §. bemerkt worden, daß die Natur des Rechnens überhaupt in der Vergleichung zweier Zahlen mit einander bestehe. Dieser Begriff der Vergleichung der Grösse der Zahlen ist für die Theorie der Rechenkunst äusserst wichtig; für die Anwendung selbst genügt es, wenn man sich nur die in §. 11. bemerkte Entstehungsart der vier arithmetischen Operationen darnach bekannt macht. Es ist daher in allen folgenden Regeln dieser Vorstellungsart nicht wieder gedacht worden, die nun folgende Untersuchung leitet uns aber unmittelbar darauf, und es kann nicht schaden etwas länger bei diesem Gegenstande zu verweilen, als es sonst in den gewöhnlichen Rechenbüchern geschieht.

Wir können nemlich 2 Grössen:

1) unmittelbar mit einander vergleichen, so daß wir den Theil der einen Grösse angeben, um welchen sie die andern übertrifft.

Dieß geschieht im gemeinen Leben sehr oft, z. B. bei Vergleichung der Länge zweier Personen, zweier Thiere und in andern unzähligen Fällen.

2) mittelbar vergleichen wir sie, indem wir an-

geben, wie viel mahl die kleinere Grösse in der grössern enthalten ist.

Das thut z. B. der Feldmesser, wenn er die Länge und Breite einer Fläche in Ruthen und Fußen angiebt, denn er sagt aus, wie viel mal er eine Ruthe, auf die Länge und Breite der Fläche habe auflegen müssen. Ueberhaupt thut dieß jeder, der eine Sache ausmißt.

Wir sind an diese Vergleichung der Dinge im gemeinen Leben so gewöhnt, daß wir uns selbst nicht mehr bewußt sind, daß ohne diese Vergleichung gar keine Bestimmung der Grösse möglich ist. Jede solche Vergleichung die wir in dieser Rücksicht mit den Dingen vornehmen können, heißt eine Verhältniß.

Die Zahlen können wir bloß ihrer Grösse nach mit einander vergleichen. Sollen wir also von ihnen überhaupt etwas sagen, so müssen wir sie mit einander in Verhältniß stellen. Daß beide Arten der Verhältnisse bei ihnen anwendbar sind, ist schon im 11. §. gesagt worden. Die erstere, der hier angeführten Verhältnißarten heißt die arithmetische, die zweite die geometrische. Bei der arithmetischen Verhältniß muß (wie sich von selbst versteht) das Stück um welches die größte Grösse die kleinste übertrifft, immer mit der ersten von einerley Art seyn. Es heißt in der Folge der Name der Verhältniß. Um bei der geometrischen Verhältniß auszudrücken, wie viel mal die eine Grösse in der andern enthalten ist, muß man eine Zahl gebrauchen, und diese heißt hier der Exponent der Verhältniß.

Um auszudrücken, daß 2 Zahlen mit einander in Verhältniß stehen, hat man eigene Zeichen, für die arithmetische den Strich (—) und für die geometrische das Colon (:). Wirklich muß auch die Forderung der Aufgabe bei der ersten durch die Subtraction, so wie bei der zweiten durch die Division erfüllt werden.

§. 114.

Man sagt, zwei Verhältnisse sind gleich groß, wenn ihre Namen oder Exponenten gleich sind. Diese Gleichheit zweier Verhältnisse heißt eine Proportion. Der ganz natürliche Ausdruck einer Proportion ist:

$$3 - (3 + 4) = 9 - (9 + 4)$$

oder $8 : (2 \times 8) = 32 : (2 . 32)$

da man durch das Gleichheitszeichen ausdrückt, daß die beiden Verhältnisse gleich groß sind. Die Grössen die in diesen beiden gleichen Verhältnissen, oder in dieser Proportion mit einander verglichen werden, heißen Proportionalgrössen; sind es Zahlen, so heißen sie Proportionalzahlen.

Bei der arithmetischen Proportion ist die Summe der äussern Glieder so groß, als die Summe der innern. Dieß ist ein Kennzeichen einer richtigen Proportion, d. i. einer wirklichen Gleichheit zweier Vehältnisse, wenn also:

$3 - 7 = 9 - 13$ richtig ist,

so muß $3 + 13 = 9 + 7$ seyn; beides ist $= 16$.

§. 115.

Auf diese Eigenschaft der arithmetischen Proportionalzahlen, beruhet die Auflösung der Aufgabe:

zu drei gegebenen Zahlen die vierte arithmetische Proportionalzahl zu finden.

Denn wenn die Proportion $3 - 7 = 9 - x$ hieße, wo x eine unbekannte Zahl bedeutet, die 9 um eben so viel übertreffen muß, als 7 die 3 übertrifft; so ist nach vor. §.

$$3 + x = 7 + 9 = 16.$$

Diese Formel zeigt an, daß x und 3 zusammen so viel als 16 betragen; wird also 3 aus diesem Werthe weggenommen, daß 13 übrig bleibt, so muß dieß der Werth für x seyn, und also x = 13 werden; . folglich heißt die Proportion:

$$3 - 7 = 9 - 13.$$

Wenn man nachdenkt, auf welche Art die Zahl 13 hier gefunden ist; so wird man die gewöhnliche Regel bestätigt finden:

man addire die mittlern Glieder und subtrahire von der Summe das erste Glied, so findet man das lezte.

§. 116.

Eine ähnliche Eigenschaft bemerken wir bei den geometrischen Proportionalgliedern; daß nemlich die Produkte der äussern Glieder den Produkten der innern gleich sind. Sie dient hier eben so zum Kennzeichen der Richtigkeit der Proportion, wie vorhin §. 114. für die arithmetische Verhältniß bemerkt worden ist. Wenn also:

$8 : 16 = 32 : 64$ richtig ist

so ist $8 \times 64 = 16 \times 32$, beides giebt 512.

§. 117.

Hierauf beruht die Auflösung der Aufgabe:

zu dreien gegebenen Zahlen, die vierte geometrische Proportional zu finden.

Es sei die Proportion $8 : 16 = 32 : x$, also:

$$8 . x = 16 . 32 = 512$$

wenn man weiß, daß die Grösse x, achtmal genommen, so viel als 512 beträgt; so wird man leicht x bestimmen können, wenn man den achten Theil von 512 nimmt, also $x = \frac{512}{8} = 64$ und die Proportion heißt: $8 : 16 = 32 : 64$. Daher die gewöhnliche Regel:

zu drei geometrischen Proportional zahlen wird die vierte gefunden,

den, wenn man die beiden mittlern Glieder multiplizirt und dieß Produkt durch das erste Glied dividirt.

Bei den Aufgaben der praktischen Rechenkunst können nur die geometrischen Proportionen ihre Anwendung finden, daher diese uns vor der Hand vorzüglich beschäftigen werden; indeß gilt alles, was die Proportionen im Allgemeinen betrifft, auch von den arithmetischen.

§. 118.

Die Auflösung der im vor. §. gegebenen Aufgabe ist die, von allen praktischen Schriftstellern so genannte Regel de Tri, oder die güldene Regel, die, wie wir gesehen haben, auf einen sehr leichten Satz beruhet, aber durch ihre Anwendung bei vielen Rechnungsfragen des gemeinen Lebens äusserst wichtig ist.

Bei der Anwendung dieser Regel kommen ausser der Grösse der Zahlen, auch oft noch die Eigenschaften der zusammen gezählten Dinge mit in Betracht, oder wir müssen zuweilen genannte Zahlen vergleichen und mit ihnen rechnen; dann muß man immer darauf sehen, daß die verglichenen Dinge von einerley Art sind. Es läßt sich z. B. auf die Frage: ob 3 ℔ mehr oder weniger als 7 Ellen sind nichts antworten. Indeß können zwei Dinge einer Art sich eben so verhalten, wie zwei Dinge einer andern Art. Man kann also z. B. sagen:

so wie sich der Preis einer Waare von 10 Ellen verhält zu dem Preise derselben Waaren von 8 Ellen, so verhalten sich 5 thlr. zu 4 thlr.

und man rechnet dann nach den Gründen der Regel de Tri, ohne sich um die Eigenschaften der Dinge weiter zu bekümmern, wenn nur die Glieder eines und desselben Verhältnisses gleichartig sind.

§. 119.

Wenn bloß von ungenannten Zahlen die Rede ist, so leitet man aus §. 116 leicht folgenden Satz her:

es verhält sich das erste Glied zum dritten, wie das zweite zum vierten.

In der Proportion $3 : 9 = 12 : 36$ entsteht keine Unrichtigkeit, wenn man schreibt $3 : 12 = 9 : 36$, obgleich freilich die Exponenten verändert werden müssen; denn aus beiden folgt $3 \times 36 = 12 \times 9$ da man aus §. 103 weiß, daß $9 \times 12 = 12 \times 9$ ist. Also kann man auch die mittlern Glieder der Proportion umkehren. Daß man die Glieder eines und desselben Verhältnisses umkehren könne, versteht sich ohnehin.

§. 120.

Die wirkliche Rechnung wird sich ein geübter Rechner sehr leicht dadurch erleichtern, daß er die grossen Zahlen des ersten und zweiten oder ersten und dritten Gliedes, durch ihr gemeinschaftliches Maaß zu verkleinern sucht, z. B.

$$\begin{array}{rcccc} & 72 & : 48 & = 9 & : x \\ 8) & \overline{9} & \overline{6} & \overline{1} & \\ 9) & \overline{1} & & & \end{array}$$

also $x = 6$.

Denn es ist $x = \frac{48 \times 9}{72} = \frac{8 \,.\, 6 \times 9}{8 \times 9}$, also ein Bruch der noch durch kleinere Zahlen ausgedrückt werden kann. (§. 60.)

Kommen unter den Gliedern Brüche vor, so ist keine neue Regel nöthig, wenn man nach den Anleitungen des 68, 69, 70, 92, 93, 98, 99. §. §. den Umständen nach verfährt; z. B.

$$7 : 13 = \frac{5}{8} : x$$

$$\text{also } x = \frac{\frac{5}{8} \times 13}{7} = \frac{65}{56} = 1\,\frac{9}{56}$$

$$\tfrac{2}{3} : 5 = \tfrac{1}{2} : x$$

$$x = \frac{5 \times \frac{1}{2}}{\frac{2}{3}} = \frac{\frac{5}{2}}{\frac{2}{3}} = \frac{15}{4} = 3\tfrac{3}{4}$$

Indeß sieht man leicht, wie noch vor der wirklichen Rechnung die Operation erleichtert werden könne; anstatt $\frac{5}{8} \times 13$ schreibt man $\frac{65}{8}$; soll dies mit 7 dividirt werden, so findet man $\frac{65}{56}$; also hätte man statt der ersten Proportion nun diese:

$$56 : 13 = 5 : x$$

statt der zweiten $4 : 15 = 1 : x$

daher die Regeln:

1) wenn in den mittlern Gliedern Brüche vorkommen, so multiplizirt man jeden Nenner in das erste Glied.
2) wenn das erste Glied ein Bruch ist, so multiplizirt man mit seinem Nenner eins von den mittlern Gliedern.

Oft ist es auch sehr bequem, die gemeinen Brüche in Decimalbrüche zu verwandeln; z. B.

aus : $\frac{3}{8}$ ℔ : $\frac{5}{7}$ ℔ $= \frac{5}{6}$ thlr. : x thlr.

erhält man : 0,375 : 0,71428 = 0,8334

2) 0,375	2) 0,71428	2) 0,8334
9) 1875	35714	9) 4167
2) 208		2) 463
2) 104		231
52		

also $\frac{35714 \times 231}{52} = 1,58653$ thlr;

oder $\frac{586}{1000}$ thlr. = 28,128 ßl. = $28\frac{4}{31}$ ßl.

Kommen vermischte Zahlen vor; so werden sie eingerichtet. (66. §.)

Beispiele.

1) $\frac{3}{8}$ ℔ für $\frac{5}{6}$ thlr., was $\frac{5}{7}$ ℔? — 1 thlr. $28\frac{4}{31}$ ßl.
2) 9 Et. — $\frac{7}{8}$ thlr. — 26 Et.? — 2 thlr. 25 ßl. 4 pf.

3) $3\frac{7}{8}$ ℔ — $5\frac{3}{7}$ thlr. — $9\frac{5}{6}$ ℔? — 14 thlr. 21 ßl. $4\frac{36}{207}$ pf.
4) $5\frac{1}{2}$ Sch℔ — $15\frac{3}{5}$ Mk. — 28 Sch℔.? — 79 Mk. 6 ßl. $8\frac{16}{35}$ pf.
5) $25\frac{6}{2}$ Schfl. für 27 Mk. — $\frac{1}{4}$ Schfl.? — 4 ßl. $2\frac{42}{51}$ pf.
6) $\frac{1}{4}$ ℔ — $8\frac{1}{2}$ ßl. — 10 ℔? — 7 thlr. 4 ßl.
7) 17 ℔ $8\frac{1}{4}$ Loth — 128 Mk. 3 ßl. — 9 Ct.? — 7346 Mk. $13\frac{1881}{2211}$ ßl.
8) 9 Last $\frac{7}{8}$ Dr. — 526 thlr. — 9 Schfl.? — 5 thlr. $19\frac{491}{583}$ ßl.
9) 26 Schfl. $\frac{3}{7}$ ℔ — 543 thlr. $11\frac{1}{2}$ ßl. — 50 Sch℔? — 1044 thlr. $30\frac{12754}{50936}$ ßl.
10) 3 Oxhoft $2\frac{1}{2}$ Anker — $900\frac{1}{2}$ thlr. — 1 Last? 2108 thlr. 23 ßl. $4\frac{40}{41}$ pf.

§. 121.

Wenn man weiß 1 thlr. = 48 ßl., so ist $\frac{1}{48}$ thlr. = 1 ßl. und man hat 1 ßl. : 1 thlr. = 1 : 48; weiß man noch 1 fl. = 32 ßl.; so ist 1 thlr. : 1 fl. = 48 : 32, also 32 thlr. = 48 fl. oder 1 thlr. = $1\frac{1}{2}$ fl. und es ist 1 thlr. : 1 fl. = 3 : 2.

Aehnliche Ausdrücke lassen sich aus allen Gleichungen, d. i. aus allen Bezeichnungen der Gleichheit zweier Grössen herleiten.

Zweiter Abschnitt.

Anwendung der Regeldetri auf Rechnungsfragen des gemeinen Lebens.

§. 122.

Eine Rechnungsfrage, die zur Regel Detri gehört, gehörig in Ansatz zu bringen, und hiernächst die gesuchte vierte Zahl, oder das sogenannte Facit zu finden.

Aufl. Es müssen drei Zahlen gegeben seyn, und man soll die vierte finden. Wären mehr als drei Zahlen gegeben, so gehörte das Exempel wenigstens nicht zur einfachen Regel Detri, und alle dergleichen Fälle werden hier noch bei Seite gesetzt.

Unter den gegebenen Zahlen müssen zwei seyn, die einerlei Namen haben, oder wenigstens von einerlei Art sind, so, daß man sie auf einerlei Namen bringen kann. Die dritte von den gegebenen Zahlen muß mit der gesuchten Zahl von einerlei Art seyn. Es sei z. B. die Rechnungsfrage folgende:

1 Lpf. von einer gewissen Waare kostet 3 thlr. was kostet also 1 Ct. von eben der Waare?

Die Zahlen 1 Lpf. und 1 Ct. sind hier von einerlei Art, und können auf einerlei Namen von Pfunden gebracht werden: es ist eben so viel, als wenn man früge:

16 Pf. kosten 3 thlr. wie viel also 110 Pf.

Die gesuchte Zahl ist eine Anzahl Thaler, wie der Preis eines Ct, und damit ist die Zahl 3 Rthl., als der Preis eines Lpf. von einerlei Art.

Eine von den beiden Zahlen, die von einerlei Art sind, wird allemal mit der gesuchten durch die Frage Wie viel? oder ein ähnliches Fragwort verbunden seyn. Diese Zahl heißt die Fragzahl des Exempels; man kann, um sie von den übrigen zu unterscheiden, das Fragzeichen (?) dabei setzen; und will man den Ansatz so machen, daß es am besten einleuchtet, ob die Regel des 118. §. ihre Anwendung finde, so ist folgende Regel zu beobachten:

Man setze die Fragzahl in die Mitte, was mit ihr von einerlei Art ist, voran, und was mit der gesuchten Zahl von einerlei Art ist, in die dritte Stelle.

Das gegebene Exempel würde also stehen:

1 Lpf. : Ct. ? = thlr. gesuchte Anzahl thlr.

oder 16 Pf. : 110 Pf. ? = 3 thlr. ges. Anzahl thlr.

So vielmal nun 1 Lpf. im Ct. enthalten ist, so vielmal muß der Preis von 1 Lpf., nämlich 3 thlr.

thlr. in dem Preise eines Ct. enthalten seyn, und man findet letztern nach der Regel des 118. §.

Man kann aber auch das Exempel so niederschreiben, wie es lautet, wenn es auf gewöhnliche Art durch Worte ausgedrückt wird, und so würde der Ansatz dieser seyn:

1 Lpf. kostet 3 thlr. was kostet 1 Ct?
oder 16 Pf. kosten 3 thlr. was kosten 110 Pf.?

Vergleicht man diesen Ansatz mit dem vorigen, so siehet man gleich, daß nur die Ordnung der zweiten und dritten Zahl verwechselt sei.

Weil nun die Multiplikation der beiden Zahlen in der zweiten und dritten Stelle in einander einerlei giebt, man mag den Ansatz auf die erste oder zweite Art machen, so kann man auch bei der letzten Art des Ansatzes bleiben, da diese in den gemeinen Rechenbüchern üblich ist.

Man setzt nämlich die Fragzahl in die dritte Stelle, was mit ihr von einerlei Art ist, in die erste Stelle, und was mit der gesuchten Zahl von einerlei Art ist, in die Mitte.

Nun muß die erste Zahl in der dritten so vielmal enthalten seyn, als die zweite Zahl in der gesuchten, und das ganze Exempel kömmt alsdann so zu stehen:

```
 1 Lpf. — 3 thlr. — 1 Ct?
 16                  110
2)—               2)———
 8                   55
                      3
                   ————
                    165 > 20 5/8 thlr.
                      8 |
                     16
                   ————
                      5
```

Um die Rechnung abzukürzen, muß man nicht vergessen, die erste und dritte Zahl, oder auch die erste und zweite Zahl, wofern sie ein gemeines

Maaß haben, nach Anleitung des 120 §. damit zu dividiren, ehe man die Regel des 117 §. anwendet. Erinnert man sich ferner aus dem 120 §. daß die gesuchte Zahl nicht verändert werde, wenn die erste und zweite, oder die erste und dritte Zahl mit einer nnd eben derselben neuen Zahl multiplicirt werden, und daß eben durch dies Hülfsmittel auch die etwa vorkommenden Brüche aus der Rechnung weggeschaft werden können, so erhält man in allen Fällen drei ganze Zahlen, wovon man die zweite und dritte in einander multipliciren, das Produkt aber durch die erste dividiren muß. Ein paar andere hieher gehörige Exempel sind folgende:

12 Pf. — 15 thlr. — 48 Pf.?
12) ――― 1   4   12) ――― 4
Fac. 60 thlr.

5 Pf. — 60 thlr. — 9 Pf.
5) ――― 1   5) ――― 12
9
Fac. 108 thlr.

Die hier beschriebene Methode wird gewöhnlich in den gemeinen Rechenschulen gelehrt. Man sieht übrigens, daß der Grund der Regel ganz auf die Auflösung der Aufgabe im 117. §. beruhe, und also ohne Schwierigkeit auch darnach gerechnet werden könne; z. B.

1 Lpf. kostet 3 thlr., wie viel 1 Ct.?
dafür schreibe man: 1 Lpf. : $6\frac{7}{8}$ Lpf. = 3thlr. : x
8 Lpf. : 55 Lpf. = 3 thlr.
3
165
8) ――― $20\frac{5}{8}$

Man sieht aus demselben Grunde, daß es einerley seyn müsse, ob die vierte zu suchende Grösse Geld oder Waare sey, und daß für die Beantwortung der folgenden Frage, keine neue Regel gehöre:

Für 3 thlr. 7 ßl. kauft man 1 Lß, wie viel also für 100 thlr.?

$3\frac{7}{48} : 100 = 1 : x$

$151 : 4800 = 1 : x$

4800 }
151 } 31
453 }
———
270
151
———
119

$31\frac{270}{453}$ Lß = 31 Lß 12 ß 19 Loth $1\frac{119}{151}$ Quentchen.

§. 123.

Die Zahl in der mittelsten Stelle kann aus Theilen bestehen, die verschiedene Namen haben, und alsdann muß man alle auf den kleinsten Namen bringen, da denn die gesuchte vierte Zahl eben diesen kleinsten Namen bekömmt, und nach der Regel des 51. §. wieder auf grössere Namen gebracht werden kann. Ein hieher gehöriges Exempel ist das folgende.

11 Pf. — 3 thlr. 4 ßl. 5 pf. — 143 Pf.
11) 1   48   11) 13

48
———
148
12
———
301
148
———
1781 pf.
13
———
5343
1781
———
Fac. 23153 pf.
12) 1929 ßl. 5 pf.
48) 40 thlr. 9 ßl. 5 pf.

Die Fragzahl muß mit derjenigen, welche in der ersten Stelle steht, einerley Namen haben. Wenn also eine von beiden, oder jede von ihnen, aus Theilen besteht, die verschiedene Namen haben, so muß man beide auf einerley, und zwar auf den kleinsten Namen bringen, wenn man alle Brüche vermeiden und drei ganze Zahlen haben will, womit man nach der Regel des 118. §. umgehen kann. Hat alsdann die Zahl in der mittelsten Stelle, nur einen Namen, so läßt man sie unverändert, und die gesuchte Zahl erhält diesen Namen der mittelsten Zahl. Wenn aber diese Zahl in der mittelsten Stelle ebenfalls mehr als einen Namen hat, so bringt man sie ebenfalls auf den kleinsten Namen, und diesen erhält auch die gesuchte Zahl. Folgende Exempel werden dies erläutern:

5 Pf. 10 Loth — 7 thlr. — 10 Pf.

32		32
170 Loth.		320 Loth.
		7
		2240
	div. 17)	Fac. 131 $\frac{13}{17}$ thlr.

3 Ct. 36 Pf. 1 Lt. — 125 Mk. 12 ßl. 5 pf. — 12 Ct. 7 Pf.?

110	16	110
366 Pf.	762	127
32	125	12
733	2012 ßl.	1327 Pf.
1098	12	32
11713 Loth.	4029	2654
	2012	3981
	24149 pf.	42464 Loth.

24149 pf. 42464 Loth.
42464

96596
144894
96596
48298
96596

1025463136 | $87549\frac{1699}{11713}$ pf.
11713 12) 7295 fl. $9\frac{1699}{11713}$ pf.
93704 16) 455 Mk. 15 fl. $9\frac{1699}{11713}$ pf.

88423
11713
81991

64321
11713
58565

57563
11713
46852

107116
11713
105417

1699

§. 124.

In diesen Beispielen ist die Regel Detri auf die sogenannte Kauf- und Waaren-Rechnung angewandt worden. Eine andere Anwendung ist die Zinsrechnung. Man nennt bekanntlich Zinsen, die jährliche Abgabe von einem geliehenen Kapitale an den Verleiher. Wir sind gewohnt, diese nach der Abgabe zu bestimmen, die von 100 thlr. Kapital geleistet wird und nennen diese Zinsen, Prozente. Sind also für ein gewisses Kapital gewisse Prozente an Zinsabgaben ausgemacht, so gehört es zu den Aufgaben der Zinsrechnung zu bestimmen wie viele Zinsen von dem ganzen Kapital jährlich zu entrichteu seyn werden; also z. B.

wie viele Zinsen werden von 2710 thlr. Kapital zu 5 pC. bezahlt?

100 thlr. Kap. 5 thlr. Z. = 2710 thlr K.
5) 20 2) 135½ thlr. Zinsen.

Man bemerke, daß Kapital und Zinsen als Dinge verschiedener Art angesehen werden müssen, daß daher entweder die Glieder desselben Verhältnisses, oder auch die gleichnamigen Glieder (d. i. das erste und dritte und das zweite und vierte) Dinge von einerley Art seyn müssen.

§. 125.

Es ist auch eine Aufgabe für die Zinsrechnung zu bestimmen: wie hoch die Zinsen für längere Zeit als Jahresfrist auflaufen werden und umgekehrt, wie lange ein Kapital stehen müsse, damit die Zinsen bis auf eine gewisse bestimmte Summe anwachsen. Bei dieser Aufgabe sind die Zinsen selbst bekannt und die zu suchenden Zahlen sind im ersten Fall ein Produkt aus der einjährigen Zinse in die verlangte Zeit und im zweiten Falle ein Quotient aus der einjährigen Zinse in die bestimmte Summe.

Beispiel der ersten Art.

1 Jahr giebt 50 thlr. Zinsen, wie viel erhält man in 3½ Jahren?

$$1 : 50 = 3\tfrac{1}{2} : x$$
$$2 : 50 = 7 : x$$

1 25 25
175 thlr. Zinsen.

Beispiel der zweiten Art.

In einem Jahr erhält man 50 thlr. Zinse, in wie viel Zeit 370 thlr.?

50 thlr. Z. : 1 Jahr = 370 thlr. Z. : x J.
5) $7\frac{2}{5}$ Jahre.

Wenn eine andere Zeitbestimmung angenommen worden ist, so bestimmt man daraus die jährliche Zinse sehr leicht; z. B.

$\frac{1}{5}$ pC. monathliche Zinse, wie viel jährliche?
1 Mon. : — $\frac{1}{5}$ — 12 Mon.?
5 — 1 — 12
5) $2\frac{2}{5}$ pC.

Auch für ein bestimmtes Kapital wird die jährliche Zinse leicht ausgemacht; z. B. von 20 thlr. wöchentlich 4 ßl. wie viele Prozente beträgt das?

20 thl. Kap. : — $\frac{1}{12}$ thlr. Zinse — 100 thlr. K.?
240 : 1 = 100 : $\frac{5}{12}$
$\frac{5}{12}$ thlr, = 20 ßl.
Nun weiter: 1 Woche : 20 ßl. = 52 Wochen : x
oder 12 : 5 = 52 : x.
2) 6 2) 26
5
130
6) $21\frac{2}{3}$ thlr.

also 20 thl. K. : $\frac{1}{12}$ thlr. Z. = 100 thl. K. : $21\frac{2}{3}$ thl. Z.
folglich sind die 20 thlr. zu $21\frac{2}{3}$ pC. verzinset.

§. 126.

Im gemeinen Leben können mancherley Arten von Rechnungsfragen vorkommen, wobei man nach dem 122. §. leicht beurtheilet, ob sie zur Regel Detri gehören oder nicht, ohne daß es eben nöthig ist, alle unter gewisse Hauptklassen zu bringen, und diesen besondern Namen zu geben. Folgende zwei Exempel können zur Probe dienen:

Ein Bauherr bezahlt jede Woche an 9 Arbeitsleute 17 thl., brauchte aber in einer Woche

36 Arbeitsleute, wie viel muß er diesen bezahlen?

9 Arb. — 17 thl. — 36 Arb.
9) 1 4 4
Fac. 68 thlr.

Ein Feldherr bedingt mit einem Schneider wegen einer Montur von 10000 Mann, daß ihm von jeder Kompagnie von 125 Mann, 472 fl. Schneiderlohn bezahlt werden sollen, wie viel ist also die ganze Summe der Zahlung?

125 Mann — 472 fl. — 10000 Mann?
125) 1 80 80
Fac. 37760 fl.

Man muß sich hiebey in Acht nehmen, daß man nicht glaubt, eine Rechnungsfrage gehöre sogleich zur Regel Detri wenn drei Zahlen gegeben sind, und die vierte gesucht wird. Allemal muß man zuförderst nachdenken, ob man auch gewiß versichert sey, daß die Zahl in der mittlern Stelle in der gesuchten so vielmal enthalten seyn müsse, als die erste Zahl des Ansatzes in der Fragzahl enthalten ist. Fällt dies letztere nach der Natur der Rechnungsfrage nicht für sich schon klar in die Augen, wie in den bisher gegebenen Beispielen, oder ist man nicht aus andern Gründen davon versichert; so kann man auch nicht versichert seyn, ob man durch Anwendung der Regel Detri das rechte Facit finden werde. Gesetzt jemand trüge diese Rechnungsfrage vor:

Der Nilstrom fließt 1350 Meilen lang, wie viele Meilen höher liegt die Quelle, als die Oberfläche des Meers, worein er sich ergießet, wenn ein mittelmäßig schneller Fluß, der 200 Fuß fließet, einen Fuß Fall hat?

und man wollte ansetzen:

200 Fuß Länge — 1 Fuß Fall — 1350 Meilen Länge?

so könnte man ganz und gar nicht mit Sicherheit annehmen, die Länge von 200 Fuß müsse in der Länge von 1350 Meilen so vielmal enthalten seyn, als der Fall auf 200 Fuß Länge, in dem Fall auf 1350 Meilen Länge.

Wäre dies richtig, so müßten 200 Meilen Länge eine Meile Fall geben, wie viel Fuß man auch auf eine Meile rechnen wollte. Man nehme die Meile zu 23629 rheinl. Fuß an, so gäbe der Ansatz

200 Fuß Länge — 1 Fuß Fall — 200 Meilen Länge,
oder 200 × 23629 Fuß,
das Facit 23629 Fuß,
oder 1 Meile.

Setzte man weiter an:

200 Meilen Länge — 1 Meile Fall 1350 Meil.?
so wäre das Facit $6\frac{3}{4}$ Meilen,

eine ungeheure Höhe, und wenn man auch italienische Meilen verstehen wollte, die viermal kleiner als deutsche sind. Man hat aber auch nicht den geringsten Grund, das Facit für richtig zu halten.

Von eben der Art wäre folgende Rechnungsfrage:

Man hat befunden, daß ein Stein während einer Zeitsekunde $15\frac{5}{8}$ rheinl. Fuß tief fällt, wenn man ihn frey fallen läßt; nun hat man von einem Thurm einen Stein frei herabfallen lassen, und befunden, daß er 5 Zeitsekunden zugebracht habe, bevor er zu Boden gefallen; wie hoch ist also der Thurm?

Wollte man ansetzen:

1 Zeitsekunde — $15\frac{5}{8}$ rheinl. Fuß — 5 Zeitsek.?

so wäre man wiederum keinesweges versichert, daß die Höhe des Falles, der 1 Sekunde währt, in der Höhe des Falles, der 5 Sekunden währt, so vielmal enthalten seyn müsse, als 1 Sekunde in 5 Sekunden, und das Facit $78\frac{1}{8}$ rheinl. Fuß könnte man keinesweges mit Sicherheit für richtig annehmen.

Exempel zur Uebung.

I. Allerhand Waarenrechnung, nach dem 122. §.

1) Ein Tuchmacher verkauft 32 Ellen Tuch für 50 thlr., nun hat er noch 526 Ellen von diesem Tuche, was wird er daraus lösen? Antw. 821 thl 42 ßl.

2) Ein Kaufmann verkauft 3 Pf Ingwer für 14 Groschen, wie viel bekömmt er für 9 Ct.? Antw. 192 thlr. 12 gr.

3) Es kauft jemand 24 Anker Wein für 200 thlr., überläßt davon einem andern 16 Bouteillen, wie viel erhält er dafür, wenn er keinen Vortheil darauf nehmen will? Antw. 3 thlr 16 ßl.

4) Es kauft jemand 75 Pf. Thee, für 48 Mk., wie viel Pf. wird er für 64 Mk. bekommen? Antw. 100 Pf.

5) Ein Schmidt kauft 23 Ct. Eisen für 92 thlr., wie hoch kommen 25 Pf.? Antw. 43 ßl. $7\frac{161}{253}$ pf.

6) Ein Kaufmann erhandelt 36 Ct. einer gewissen Waare, für 526 thl. 8 ßl. 9 pf. überläßt aber an einen andern davon 10 Ct. für denselben Preis, wie viel wird er bekommen müssen? Antw. 146 thlr. 7 ßl. $9\frac{1}{4}$ pf.

7) Was kosten 696 Pf. einer Waare, wovon das Pf. mit 12 ßl. 6 pf. bezahlt wird? Antw. 543 Mk. 12 ßl.

8) Ein Kaufmann erhandelt 3 Lpf. 4 Pf. 9 Loth Gewürz, verkauft dies wieder, und nimmt auf jedes Pf. 13 ßl. Profit, wie groß ist der Gewinnst? Antw. 14 thlr. 7 ßl. $7\frac{7}{8}$ pf.

9) Jemand kauft 7 Last 1 Drbt. 8 Schfl. Rocken für 350 thlr. verkauft ihn nach und nach wieder, den Schfl. zu 36 ßl., wie viel hat er darauf gewonnen? Antw. 163 thlr. 36 ßl.

10) Es kauft jemand 16 Last Getreide für 800 thlr. es verdirbt ihm aber, und er verkauft nun jeden Schfl. für 16 ßl. wieder, wie groß ist der Schade? Antw. 288 thlr.

11) Es kauft jemand 13 Pf. 8 Loth 7 Quent. Gewürz, für 15 thlr. 8 gl., und kauft noch zu gleichem Preise 27 Pf. 13 Loth, wie viel muß er dafür bezahlen? Antw. 31 thlr. 11 gl. $7\frac{403}{1703}$. pf.

II. Exempel zur Zinsen-Rechnung, zum 124. §.

1) Wenn jährlich 6 pC. Zinse bedungen worden, wie viel geben 650 fl. in einem Jahr? Antw. 39 fl.

2) Wie hoch ist die einjährige Zinse von 650 fl. zu $4\frac{1}{2}$ pC.? $29\frac{1}{4}$ fl.

3) Wie viel pC. Zinsen würden jährlich bezahlt werden, wenn für 1 thlr. wöchentlich 6 pf. bezahlt werden sollte? Antw. $54\frac{1}{6}$ pC.

4) Ein Kapitalist will so viel an Kapital gegen 6 pC. Zinsen austhun, daß er jährlich 850 thlr. einzunehmen habe, wie groß müßte demnach das Kapital seyn? Antw. $14166\frac{2}{3}$ thlr.

5) Wenn ein Kapital zu 6 pC. Zinse verliehen werden soll, wie groß muß das Kapital seyn, wenn die jährliche Zinse davon 39 thlr. betagen soll? Antw. 650 thlr.

6) Von 2325 thlr. Kapital zu $4\frac{1}{2}$ pC. Zinsen p. A. sind in 7 Jahren keine Zinsen bezahlt; wie hoch beläuft sich jetzt die Forderung, an Kapital und Zinsen zusammen?

Von 100 thlr. ist die 7jährige Zinse 7mal $4\frac{1}{2}$ thlr., also $31\frac{1}{2}$ thlr., demnach kann man ansetzen:

```
    100 thlr. in 7 J. — 31½ thlr. — 2325 in 7 J.?
    ---                 ----        ----
    200                  63    25)   93
25)---                   93
     8                  ----
                        189
                       567
                      ------
                       5859
                  8)  ------
                    3  732 2/8 thlr.
```

III. Vermischte Exempel zum 126. §.

1) Ein Fürst hält 300 Soldaten, die kosten

an Sold und Kleidung alle Jahr 14000 thlr. 28 gl., davon will er 120 abdanken; wie viel erspart er jährlich? Antw. 5600 thlr. $9\frac{1}{3}$ gl.

2) Ein Schneider braucht zu einem Kleide 7 Ellen Tuch. Nun giebt ihm jemand 98 Ellen; wie viel Kleider von einerley Grösse wird er davon machen können? Antw. 14.

3) Es braucht jemand auf 3 Wochen 1 thlr. 36 ßl. 8. pf. Kostgeld; wie viel muß er das ganze Jahr haben? Antw. 30 thlr 27 ßl. $6\frac{2}{3}$ pf.

4) Ein Fuhrmann fordert um einen Koffer, welcher einen Centner wiegt, nach einem gewissen Ort zu schaffen, 1 thlr.; wie viel wird er für einen andern, der 380 Pf. wiegt, fordern? Antw. $3\frac{5}{11}$ thlr.

5) Einer bedingt 24 Arbeiter, wöchentlich für 60 thlr., schaffet aber 10 ab, wie viel wird er den übrigen bezahlen müssen? Antw. 35 thlr.

6) Es erbieten sich 6 Schuster in gewisser Zeit 500 Paar Schuh fertig zu liefern, wie viel Paar Schuh können also 21 Schuster, (wenn sie nämlich alle gleich arbeiten,) in dieser Zeit verfertigen? Antw. 1750 Paar.

7) Wenn 16 Knechte in einem Tage 15 Fuder Erde wegschaffen können, wie viel Leute werden erfordert, wenn in einem Tage 800 Fuder weggebracht werden sollen? Antw. 853 bis 854 Knechte.

8) Ein Speisewirth bekömmt für 18 Personen wöchentlich 12 thlr. Kostgeld; wenn er aber nur 5 hat, wie viel bekömmt er dann? Antw. 3 thlr. 16 ßl.

9) Ein Steuer-Einnehmer hat 4 Aemter, davon müssen ihm alle 12 Wochen 826 thlr. 19 gl. 7 pf. Steuern gebracht werden; nun hat er davon in 3 Jahren nicht Rechnung abgelegt, wie viel muß er nun bezahlen? Antw. 10748 thlr. 10 gr. 9 pf.

§. 127.

Wenn eins der drei Glieder aus mehreren

Theilen besteht, wie §. 123. bemerkt worden, so pflegt man zur Verkürzung der Rechnung eine Methode anzuwenden, die unter den Namen der Zerstreuungsmethode bei den praktischen Lehrern vorkommt, und die darin besteht, daß man das mittlere Glied des Ansatzes mit den einzelnen Theilen aus denen der Quotient zusammengesetzt ist, (den man durch die Division des ersten Gliedes in das dritte erhält) nach und nach multiplizirt, und die einzelnen Produkte addirt. Wenn z. B. die gegebene Frage, diese wäre:
11 Pf. kosten 3 thlr. 4 ßl 5 pf, was kosten 143 Pf.?
so ist $\frac{143}{11} = 13$ hier der Quotient durch den das mittlere Glied dividirt werden soll, nun ist $13 = \frac{1}{2} + \frac{1}{2} + 4 + 8$, und die Rechnung wird auf diese Art geführt:

3 thlr. 4 ßl. 5 pf	
1 — 26 — $2\frac{1}{2}$ —	$\frac{1}{2}$
1 — 26 — $2\frac{1}{2}$ —	$\frac{1}{2}$
12 — 16 — 20 —	4
24 — 32 — 40 —	4 × 2
40 thlr. 9 ßl. 5 pf.	13

Die Gründe worauf dies Verfahren beruhet, sind:

1) wenn zwei Zahlen die in einander multiplizirt werden aus Theilen bestehen, so muß man nach und nach alle Theile des Multiplikandums mit jedem Theil des Multiplikators multipliziren und zuletzt alle einzelnen Produkte zusammen addiren um das ganze Produkt zu finden (nach der gewöhnlichen Multiplikationsregel 30 §.)

2) eine genannte Zahl, die aus Theilen besteht die verschiedene Namen haben, kann allemahl als eine solche ausgedrückt werden, die den

größten Namen allein hat, wenn man die Theile die geringere Namen haben, auf Brüche die höhere Namen haben, reduzirt, und dann diese Brüche in solche verwandelt, die zum Zähler 1 haben, z. B.

$$6 \text{ thlr. } 27 \text{ ßl. } 10 \text{ pf.} = \left(6 + \frac{27}{48} + \frac{10}{12.\,48}\right) \text{thlr.}$$

weil nun $\frac{27}{48} = \frac{24}{48} + \frac{3}{48} = \frac{1}{2} + \frac{1}{16}$ u $\frac{10}{12} = \frac{6}{12} + \frac{4}{12}$

$= \frac{1}{2} + \frac{1}{3}$, so ist 6 thlr. 27 ßl. 10 pf.

$$= \left(6 + \tfrac{1}{2} + \frac{1}{2.\,8} + \frac{1}{2.\,48} + \frac{1}{3.\,48}\right) \text{thlr.}$$

$$= \left(6 + \tfrac{1}{2} + \tfrac{1}{16} + \frac{1}{6.\,16} + \frac{1}{9.\,16}\right).$$

Man sieht leicht, daß es zur großen Bequemlichkeit bei der Rechnung gereichen müsse, wenn man nur mit solchen Brüchen multipliziren darf, die die Eigenschaft der eben genannten haben, wie in folgendem Beispiele:

Wie groß ist ein Kapital, das jährlich 6 thlr. 27 ßl. 10 pf. Zinsen zu 5 Procent trägt?

$$\begin{array}{llll}
 & 5 \text{ thlr. Z.} : & 100 \text{ thlr. K.} = 6 \text{ thlr. } 27 \text{ ßl. } 10 \text{ pf.} & \\
5) & \overline{1} & \overline{20} & \\
 & & 6 & \\
 & & \overline{120 \text{ thlr.}} & \\
 & & 10 \text{ —} & \frac{1}{2} \\
 & & 1 \text{ — } 12 \text{ ßl.} & \frac{1}{16} \\
 & & 0 \text{ — } 10 \text{ —} & \frac{1}{96} \\
 & & 0 \text{ — } 6 \text{ — } 8 \text{ pf.} & \frac{1}{144} \\
\hline
 & & 131 \text{ thlr. } 28 \text{ ßl. } 8 \text{ pf.} &
\end{array}$$

Da die ganze Methode im Grunde nur den mechanischen Rechnern zum Besten ersonnen ist (112. §.); so ist es freilich wohl nothwendig, daß auch Bequemlichkeiten, wie die eben genannten zu ihrem Wesen gehören; indeß wird ein fertiger

Rechner, dem besonders die Bruchrechnungsregeln geläufig sind, aller solcher Behelfe nicht bedürfen, sondern lieber grade zu nach §. 112 verfahren, z. B. beim vorstehenden Exempel:

$\frac{5}{1}$ thlr. Z. : $\frac{100}{20}$ thlr. K. = $\frac{1895}{288}$ thlr. Z.

```
  1895
 ------
 3.7900 } 131 thlr. 28 ßl. 8 pf.
  288
 ------
   9.1.0
   864
  ------
    4.6.0
    288
   ------
    172
6) ------
   28⅔ ßl.  ⅔ ßl. = 2 × 4 = 8 pf.
```

§. 128.

So überflüssig freilich die ganze sogenannte Zerstreuungsmethode für die wirkliche Rechenkunst ist, so darf doch eine genauere Nachricht hier nicht fehlen; ich will daher die Regeln der Zerstreuung, wie man sie bei praktischen Schriftstellern findet, nach ihren Gründen auseinander setzen. Diese drücken sich so aus:

Man solle jede kleinere Sorte gegen die nächstgrössere zerstreuen,

nämlich ßl. oder gl. gegen thlr., pf. gegen ßl. oder gl., Pf. gegen Ct., Loth gegen Pf. u. s. f. Im vorigen Exempel werden die 27 ßl. gegen thlr. so zerstreut:

1) Man zertheilt die Zahl 27 in kleinere Zahlen, deren Summe 27 ausmacht.

2) Diese Zahlen müssen so beschaffen seyn, daß die größte in 48 aufgeht, weil 48 ßl. 1 thlr. machen, von den übrigen muß jede folgende in die

vorigen aufgehen, dahin denn auch der Fall gehört, wenn die folgende Zahl der vorigen gleich ist. Allemal muß die größte der zerstreuten Zahlen in diejenige Zahl aufgehen, welche anzeigt, wie viel Stücke der kleinern Art ein Stück der grössern Art ausmachen, und diese Zahl kann hier die Grundzahl der Zerstreuung heißen. Diesemnach wird die Zahl 27 hier in die Zahlen 16, 8, 2, 1, zerstreuet, und eben so die Zahl 10 pf. in die Zahlen 4, 4, 2, da denn 4 in 12 aufgehen muß, weil 12 pf. einen gl. machen. Hätte man die Zahlen 6, 4, genommen, so ginge zwar 6 in 12, aber nicht 4 in 6 auf. Die Zahlen 6, 3, 1, ließen sich brauchen, weil 3 in 6 und 1 in 3 aufgeht.

Um nun hievon bei der Regel Detri Gebrauch zu machen, beobachtet man noch folgendes:

3) Man setzt die zerstreuten Zahlen unter einander, darauf dividirt man die größte dieser zerstreuten Zahlen in die Grundzahl der Zerstreuung; man dividirt weiter jede folgende Zahl wieder in die nächst vorhergehende, und setzt die Quotienten zur Seite. Diese Quotienten sind alsdann die Zahlen, womit man nach der Ordnung dividiren muß, um das Produkt der beiden mittlern Glieder im Ansatz zu finden. Es würde also das Exempel des vorigen §. so stehen:

1 thlr. Zinse — 20 thlr. Kap. — 6 thlr. 27 gl. 10 pf.

27 gl.		10 pf.	
16	3	4	3
8	2	4	1
2	4	2	2
1	2		

	thlr.		gl.		pf.
	20 × 6				
	120 thlr.				
3)	6	—	32 gl.		
2)	3	—	16 —		
4)	=	—	40 —		
2)	=	—	20 —		
3)	=	—	6	—	8 pf.
1)	=	—	6	—	8 =
2)	=	—	3	—	4 =
Facit	131 thlr		28 gl.		8 pf.

Wenn

Wenn man dies Schema mit demjenigen vergleicht, nach welchem dasselbe Exempel im vorigen §. berechnet ist, so wird sich zwischen beiden sogleich die Uebereinstimmung ergeben. Die zerstreuten Zahlen sind eigentlich die Zähler zu den Brüchen, die insgesammt die Grundzahl der Zerstreuung zum gemeinen Nenner haben, die Quotienten zeigen an, wie vielmal jeder folgende Bruch kleiner, als der vorhergehende ist. Folgt noch eine kleinere Sorte, so beobachtet man die Maxime, daß die letzte von den zerstreuten Zahlen = 1 werde, so wie hier bei den ßl geschehen ist. Alsdann ist das Produkt aller zur Seite stehenden Quotienten die Grundzahl der Zerstreuung, wovon man den Grund leicht einsieht, weil die letzte 1 der Zähler eines Bruchs ist, der die Grundzahl der Zerstreuung zum Nenner hat. Beobachtet man diese Maxime, so kann man die folgende nächstkleinere Sorte immer eben so wieder gegen die nächstgrössere zerstreuen, und die Quotienten, als die fernern Divisoren brauchen. Indessen wird solches eben nicht nothwendig erfordert, und ein geübter Rechner wird sich hiebei bald auf diese, bald auf andere Art Vortheile machen können. Mit demselben vorhin gebrauchten Exempel könnte man auch so umgehen:

```
1 thlr. Zinse — 20 thlr. Kap. — 6 thlr  27 ßl.   10 pf.
                 6                      ______   ______
              ________                  24|2     6|2×3
               120 thlr.                 3|8     2|3
     2)         10 —                             2|1
     8)          1 — 12 ßl.
     6)          " — 10 —
     3)          " —  3 — 4 pf.
     1)          " —  3 — 4 "
   ___________________________________
   Facit 131 thlr. 28 ßl. 8 pf.
```

In der Kolümne der zerstreuten Schillinge hat man nur die 2 Quotienten 2, 8, und nach ge=

schehener Division der 20 thlr. mit den beiden Quotienten, hat man erst $\frac{1}{16}$tel der 20 thlr. nämlich 1 thlr. 12 ßl. Man soll aber nun weiter mit der Hälfte von $\frac{1}{48}$ multipliciren: deswegen müßte man jenes $\frac{1}{16}$ noch erstlich mit 3 dividiren, um $\frac{1}{48}$ zu erhalten, und das würde 20 ßl. geben, wovon die Hälfte 16 ßl. wäre, statt dessen aber, daß man erstlich mit 3, und was herauskommt, wieder mit 2 dividirt, kann man gleich mit 2 × 3 oder 6 dividiren. Das giebt nun diese besondere Regel:

Wenn man mit der Zerstreuung einer gewissen Sorte fertig ist, und das Produkt der erhaltenen Quotienten, ist noch nicht der Grundzahl der Zerstreuung gleich, so muß man diese Grundzahl mit jenem Produkt aller Quotienten dividiren, und was nun zum Quotienten herauskommt, in den ersten Quotienten multipliciren, welcher bei Zerstreuung der folgenden kleinern Sorte herauskömmt. Das Produkt wird alsdann der folgende Divisor.

Man wird nunmehro leicht auch folgende Exempel nachrechnen:

1 Last — 128 Mk. 12 ßl. — 13 Last 5 Drbt. 6 Schfl.

					4|2	6|2
	13				1|4	
	1673	Mk.	12 ßl.			
2)	64	—	6 —			
4)	16	—	1 —	6 pf.		
2)	8	—	—	9 —		
Facit	1762	Mk.	4 ßl.	3 pf.		

1 Last — 130 Mk 8 ßl. — 17 Last 6 Drbt. 4 Schfl.

				4|2	4|3 × 2
	17			2|2	
	2218	Mk.	8 ßl.		
2)	65	—	4 —		
2)	32	—	10 —		
6)	5	—	7 —		
Facit	2321	Mk.	13 ßl.		

Eben dies Exempel kann man auch so rechnen:

1 Last — 130 Mk. 8 ßl. — 17 Last 6 Drbt. 4 Schfl.

	× 17		4 | 2	4 | 3
	2218 Mk.	8 ßl.	1 | 4	
2)	65 —	4 —	1 | 1	
4)	16 —	5 —		
1)	16 —	5 —		
3)	5 —	7 —		
Facit	2321 Mk.	13 ßl.		

§. 129.

In den beiden letzten Exempeln hat nicht allein das dritte, sondern auch das zweite Glied im Ansatz, mehr als einen Namen, deswegen multiplicirt man das ganze mittelste Glied zuerst mit derjenigen Zahl des dritten Gliedes, die den größten Namen hat, wie im letzten Exempel mit 17, und dividirt hiernächst eben das ganze mittelste Glied mit denjenigen Divisoren nach und nach, welche die Zerstreuung an die Hand giebt. In Fällen dieser Art kann man beide so wohl das zweyte als auch das dritte Glied zerstreuen, und nach folgendem Schema rechnen:

1 Last — 130 Mk. 8 ßl. — 17 Last 6 Drbt. 4 Schfl.

	× 17	4 | 4	4 | 2	4 | 3
	910	2 | 2	1 | 4	
	130	1 | 2	1 | 1	
	2210 Mk.	1 | 1		
4)	4 — 4 ßl.			
2)	2 — 2 -			
2)	1 — 1 -			
1)	1 — 1 -			
2)	65 — 4 -			
4)	16 — 5 -			
1)	16 — 5 -			
3)	5 — 7 -			
Facit	2321 Mk. 13 ßl.			

Man soll nämlich 130 Mk. 8 ßl. erstlich mit 17 multipliciren: anstatt nun wie im vorigen §. nach der Regel des 92 §. zu verfahren, multiplicirt man nur die 130 Mk. mit 17, und soll nun noch 8 ßl. oder $\frac{8}{16}$ Mk. mit 17 multipliciren. Das ist eben so viel als wenn man 17 mit $\frac{4}{16} + \frac{2}{16} + \frac{1}{16} + \frac{1}{16}$, oder mit $\frac{1}{4} + \frac{1}{8} + \frac{1}{8.2} + \frac{1}{8.2}$ multipliciren soll. Diese Multiplikation geschieht nun, wenn man nach Anweisung der Quotienten unter den zerstreuten 8 ßl. die Zahl 17, erst durch 4, dies $\frac{1}{4}$ durch 2, das so gefundene $\frac{1}{8}$ wieder durch 2 dividirt, und das letzte $\frac{1}{16}$ nochmals hinschreibt. Noch soll man 130 Mk. 8 ßl. mit 6 Drbt. 4 Schfl. multipliciren, und das geschieht eben so, wie es im vorigen §. gemacht ist.

Das folgende Exempel ist eben so gerechnet:

```
1 Zim.—32 Mk. 13 ßl.  4 pf —86 Z. 3 Dech.  5 St.
        86    ----    ----      ----       ----
       ---    8|2     4|3       2|2        5|2
       192    4|2               1|2
      256     1|4
     -----
      2752 Mk.
  2)    43 —
  2)    21 — 8 ßl.
  4)     5 — 6 -
  3)     1 —12 - 8 pf.
  2)    16 — 6 - 8 -
  2)     8 — 3 - 4 -
  2)     4 — 1 - 8 -
-------------------------
Facit 2852 Mk. 6 ßl. 4 pf.
```

Exempel zur Uebung.

1) Was kosten 22 Last 7 Drbt. 4 Schfl., wenn die Last mit 135 Mk 10 ßl. bezahlt wird. Antw. 3108 Mk. 1 ßl. 2 pf.

2) Wenn 1 Ct. mit 28 Mk. bezahlt wird, was kosten alsdann 138 Ct. 66 Pf. 16 Loth? Antw. 3880 Mk. 14 ßl. $11\frac{7}{55}$ pf.

3) Was kosten 5 Last 1 Faß 3 Oxthoft 2 Anker 15 Pott Wein, wenn die Last 280 thlr. kostet? Antw. 1658 thlr. 41 ßl.

4) Wenn 1 Pf. 28 Mk. 12 ßl. 9 pf kostet, was muß alsdann für 536 Pf. bezahlt werden? Antw. 15418 Mk 6 ßl.

5) Wenn eine Elle 6 Mk. 8 ßl. 9 pf. kostet, wie viel bezahlt man für 609 Ellen? Antw. 3987 Mk. 9 pf.

6) Was kosten 238 Pf. wenn 1 Pf. mit 129 thlr. 37 ßl. 11 pf. bezahlt ist? Antw. 30898 thlr. 2 pf.

7) Was kosten 408 Ellen, zu 5 Mk. 12 ßl. 10 pf. die Elle? Antw. 2367 Mk. 4 ßl.

8) Was kosten 580 Ct. zu 6 Mk. 10 ßl. 7 pf. den Ct.? Antw. 3863 Mk. 10 ßl. 4 pf.

9) Wenn für 1 Pf. 7 Mk. 15 ßl. 3 pf. bezahlt werden, was kosten alsdann 876 Pf.? Antw. 6966 Mk. 15 ßl.

10) Wenn 1 Last mit 96 thlr. 9 ßl. 4 pf. bezahlt wird, was kosten dann 136 Last 5 Drdt. 6 Schfl.? Antw. 13148 thlr, 27 ßl. 9 pf.

11) Was kosten 108 Zimmer 1 Decher 5 Stück, wenn 1 Zimmer mit 34 Mk. 9 ßl. 4 pf. bezahlt wird? Antw. 3748 Mk. 13 ßl. 4 pf.

12) Wenn 1 Zimmer 50 Mk. 13 ßl. 4 pf. kostet, wie viel wird man für 164 Zimmer 3 Decher 4 Stück bezahlen müssen? Antw. 8379 Mk. 14 ßl.

13) Was kosten 59 Ballen 6 Rieß 15 Buch Papier, wenn der Ballen mit 23 thlr. 36 ßl. 8 pf. bezahlt worden? Antw. 1418 thlr. 5 ßl. $3\frac{2}{5}$ pf.

§. 130.

In den Fällen wo alle drei gegebenen Proportionalzahlen aus mehreren Theilen zusammengesetzt sind, wodurch sowohl die Reduction der grössern Theile auf die Namen der kleinern, als auch die Ausdrückungen der kleinern Theile durch Bruchtheile der grössern und selbst die Zerstreuungsmethode ihre Schwierigkeiten findet, ist man durch die Natur der Proportionalglieder auf eine Methode geführt worden, wodurch die Rechnung ungemein erleichtert werden kann.

Es ist natürlich, wenn 5 : 20 = 18 : 72 eine richtige Proportion ist, daß 20 — 5 : 20 = 72 — 18 : 72 auch noch richtig seyn muß; denn 20 — 5 = 15 u. 72 — 18 = 54; aber 15 : 20 = 54 : 72 ist richtig, da der Exponent für beide Verhältnisse $\frac{4}{3}$ ist.

Man kann also das erste Glied vom zweiten, so wie das dritte vom vierten subtrahiren, und die Proportion bleibt richtig.

Wenn daher die Proportion 5 : 7 = 100 x gegeben ist, so ist:

$$(7 - 5) : 7 = (x - 100) : x$$

nun ist nach §. 116. 2 x = 7 x — 700.

Die unbekannte Grösse x, die in dieser Formel zweimahl vorkommt, wird nur einmahl vorkommen, wenn man ihre Anzahl auf beiden Seiten gehörig von einander abzieht, und man erhält:

$$700 = 5x$$

$$\text{also } 140 = x.$$

Hat man auf den Gang der hier gebrauchten Schlußfolgen geachtet; so wird man die Regeln der praktischen Schriftsteller, um die vierte Proportionszahl zu dreien gegebenen großen Zahlen zu finden, leicht verstehen; sie sagen:

1) man subtrahire die erste Zahl von der zweiten;
2) multiplizire den Rest in die dritte Zahl;
3) was herauskommt, dividire man mit der ersten Zahl;

4) den Quozienten addire man zur dritten Zahl, so ist das Facit gefunden.

Da man die beiden mittlern Glieder umkehren kann, so können die Regeln auch so heißen:

1) die erste Zahl wird von der dritten subtrahirt,
2) der Rest in die zweite Zahl multiplizirt,
3) was heraus kommt mit der ersten dividirt,
4) der Quozient wird zur zweiten Zahl addirt.

Hiernach rechne man folgendes Beispiel:

11713 Loth : 42464 Loth = 24149 pf. : x

```
11713 Loth : 42464 Loth = 24149 pf. : x
             11713          30751
             -----          -----
             30751          24149
                           120745
                          169043
                          72447
                        ----------
24149                   74.2.6.05899 } 63400 1699/11713
63400 1699/11713           11713
----------------           70278
87549 1699/11713          -------
                          398.2.5
                           35139
                          -------
                           46868
                           46852
                          -------
                            1699
```

Man sieht, die Rechnung ist keinesweges leicht, wenn man nicht folgende Regel anwendet, um den Rest der nach den vorigen Regeln herauskommt, sehr klein zu finden, nemlich:

man multiplizire die erste Zahl vor der Rechnung mit einer so großen Zahl, daß ein Produkt herauskommt, das von der 2ten oder 3ten Zahl wenig unterschieden ist; das Facit muß am Ende der Rechnung mit derselben Zahl multiplizirt werden, womit die erste Zahl multiplizirt ward.

Hiernach wäre die vorige Proportion:

$$11713 \times 3 : 42464 = 24149 : x$$

$$35139 : 42464 = 24149 : x$$

$$\text{u. } x = \left(\left(\frac{7325 \times 24149}{35139}\right) + 24149\right) \times 3$$

Da aus dem vorigen Abschnitte bekannt ist, daß man die Glieder eines und desselben Verhältnisses umkehren könne; so folgt hieraus, daß auch wohl der Fall eintreten kann, da das erste Glied grösser als das zweite oder dritte ist; dann heißen die Regeln:

1) man subtrahire die zweite Zahl von der ersten,
2) multiplizire mit dem Rest die dritte,
3) dividire das was heraus kommt durch die erste,
4) subtrahire den Quotienten von der dritten Zahl; so hat man das Facit gefunden.

Um auch hier eine hinlänglich große Zahl abziehen zu können, wird das zweite Glied mit einer gehörigen Zahl multiplizirt und das Facit am Ende durch dieselbe Zahl dividirt; z. B. n. 1. §. 129.

für 26040 pf. erhält man 96 Schfl., wie viel für 596748 pf.?

```
26.040 — 96   — 596748?
22080    230  |    4960
------   ---- |  ----------
 4960   2880  |  3580488
        192   | 5370732
     -------- | 2386992
       22080  |-------------
                295987008Ø } 113666 181/651
                2604       |
                -----
                 3.558
                 2604
                ------
                 9.547
                 7812
                ------
                 17.35.0            596748
                 15624              113666 181/651
                 ------             --------------
                  17.263            483081 470/651
                  15624
                  ------
                   16.368
                   15624
                   ------
                     744.
```

483081 $\frac{470}{651}$: 230 = 2200, oder
22 Last 7 Drbt. 4 Schfl. (wie §. 129.)

Dritter Abschnitt.

Anwendung der Regel Detri zur Vergleichung der Maaße und Gewichte.

§. 131.

Die oben in der ersten Abtheilung schon abgehandelten Rechnungsfragen, wie man eine genannte Zahl auf einen andern Namen bringt, können insgesammt nach der Regel Detri im Ansatz gebracht werden, obgleich die daselbst vorgekommenen Fälle als die leichtesten und bekanntesten Reduktions = Rechnungsfragen, auch ohne ihren Zusammenhang mit der Regel Detri zu zeigen, ihre Auflösung finden konnten. Die Frage

327 gl. wie viel finds thlr.?

giebt folgenden Ansatz:

24 gl. — 1 thlr. — 327 gl.?

und die Frage

$\frac{5}{7}$ thlr., wie viel sind es gl.?

folgenden Ansatz:

1 thlr. — 24 gl. — $\frac{5}{7}$ thlr.?

Die Vergleichung mit dem fünften und sechsten Abschnitt der ersten Abtheilung wird ergeben, daß die Regel Detri auf eben die Auflösung führt, welche daselbst von Rechnungsfragen dieser Art ist gegeben worden. Soll man eine genannte Zahl auf einen andern Namen bringen, so muß man wissen:

wie viel Stücke der kleinern Art, ein Stück der grössern Art ausmachen?

Man muß wissen, daß 24 Groschen einen Thaler machen, wenn man Thaler in Groschen, oder umgekehrt, Groschen in Thaler verwandeln will. Man muß wissen, daß $1\frac{1}{2}$ fl. einen thlr. machen, wenn man Gulden auf Thaler, oder umgekehrt,

Thaler auf Gulden bringen will. Das letzte Exempel zeigt, daß die Zahl, welche ausdrückt, wie viel mal ein Stück der kleinern Art in einem Stück der grössern Art enthalten ist, nicht allemal eine ganze Zahl sei, weil das Kleinere im Größern nicht allemal genau etlichemal enthalten ist. Man könnte diese Zahl füglich die Reduktionszahl nennen, es mag übrigens eine ganze oder gebrochene Zahl seyn: so bald diese Reduktionszahl bekannt ist, läßt sich jede genannte Zahl auf einen andern Namen bringen, ohne eben den Ansatz nach der Regel Detri zu machen. Wäre die Frage diese:

15 Brab. Ellen, wie viel sinds Hamb. Ellen? so könnte niemand die Antwort finden, der nicht wüßte, wie viel Hamb. Ellen eine Brab. Elle, oder umgekehrt, wie viel Brab. Ellen eine Hamb. Elle ausmachen.

Weiß man aber, $\frac{6}{5}$ Hamb. Ellen machen eine Brab. Elle, so weiß man, daß $\frac{6}{5}$ die Reduktionszahl sei, daß 1 Brab. Elle grösser als eine Hamb. Elle sei, und daß man, um Brab. Ellen auf Hamb Ellen zu bringen, mit $\frac{6}{5}$ multipliciren muß, weil eine Zahl, die den größern Namen hat, auf einen kleinern Namen gebracht werden soll. Nach der Regel Detri könnte man ansetzen:

1 Brab. Elle — $\frac{6}{5}$ Hamb. Ell. — 13 Br. Ellen?

$\times 5$	$\times 5$	6
5	6	78

5) ―――

F. $15\frac{3}{5}$ H. Ellen.

§. 132.

Wenn die Reduktionszahl ein Bruch ist, so zeigt derselbe zugleich an, wie viel Stücke man von jeder Art nehmen muß, um an Werth gleich viel zu haben.

1 Brab. Elle ist gleich $\frac{6}{5}$ Hamb. Ellen.
so weiß man auch

5 Brab. Ellen sind gleich 6 Hamb. Ellen.

Es muß nämlich auf beiden Seiten mit dem Nenner der Reduktionszahl multiplizirt werden, so hat man den Reduktionssatz. Hiedurch soll also allemal derjenige Ausdruck verstanden werden, welcher anzeigt, daß so und so viel Stücke der einen Art eben so viel werth sind, als so und so viel Stücke der andern Art.

Dieser Reduktionssatz dient alle Rechnungsfragen dieser Art in einen bequemen Ansatz nach der Regel Detri zu bringen, so, daß in den beiden ersten Gliedern des Ansatzes kein Bruch vorkömmt. Man kann nun alle Reduktionsfragen eben so ansehen, als diejenigen, die zur Kauf- und Waarenrechnung gehören. Man will z. B.

den Werth von 13 Brab. Ellen in Hamb Ellen wissen, und weiß, daß 5 Brab. Ellen 6 Hamb. Ellen werth sind.

Also setzt man an:

5 Brab. Ellen — 6 Hamb. Ellen — 13 Brab. Ellen?

Die mittelste Zahl ist der Werth der ersten, und die gesuchte vierte Zahl der Werth der dritten, oder der Fragzahl: Es muß aber die erste Zahl in der dritten so vielmal enthalten seyn, als der Werth der ersten Zahl im Werth der dritten Zahl, also ist dies ein Ansatz, der zur Regel Detri gehört Das Facit ist wie im vorigen §. $15\frac{3}{5}$ Hamb. Ellen.

§. 133.

Die Reduktionszahl, oder der Reduktionssatz für eine Rechnungsfrage dieser Art, wird hiebey immer als bekannt angenommen. Deswegen hat man Vergleichungstafeln der mancherley Maaße, und Gewichte nöthig, die in verschiedenen Ländern und verschiedenen Handelsplätzen üblich sind, weil bei der Handlung die Menge der Waaren nach ihrer verschiedenen Beschaffenheit entweder durch Maaß oder durch Gewicht bestimmt wird. Ich setze hier zuerst eine Tafel aus des Hrn. v. Clausberg Dem. Rechenkunst her, (S. 1147. nach der Ausgabe v. J. 1772.) von deren Einrichtung man folgendes wissen muß Ein Pf. Kramgewicht hat 32 Loth; 1 Loth 4 Quent.; 1 Quent 4 pf.; also hat 1 Pf. 512 pf Gewicht. Ein pf. Gewicht hat Hr. v. C. noch in 15 Gran eingetheilt, also 1 Quent in 60 Gran, und 1 Loth in 240 Gran. Man rechnet auf eine Unze 480 Gr. und eben so wird die Apotheker Unze eingetheilt. Vermöge dieser Eintheilung wiegt also 1 Pf 7680 Gran. Die Tabelle selbst zeigt an, wie viel 1 Pf in jedem dabei angezeigten Ort nach Leipziger Pfunden, Lothen, Quentchen, Pfennigen und Granen wiegt. Ich habe noch eine Kolumne beigefügt, worin jede dieser aus Theilen von verschiedener Benennung bestehenden Zahlen auf Granen gebracht ist, so, daß diese Kolumne zeigt, wie viel ein Pf. an jedem dabei angezeigten Ort in Leipz. Granen wiegt.

(s. die Tabelle Sign. ☉)

§. 134.

Will man nun ein paar Gewichte, z. B. Pariser und Londner vergleichen, so zeigt die Tabelle:

1 Paris. Pf. wiegt 8065 Leipz. Gran.
1 Londn. Pf. — 7434 Leipz. Gran;

Demnach ist 1 Londner Pf. im Pariser Pf. so vielmal enthalten, als 7434 Gr. in 8065 Gr.; oder so vielmal, als die Zahl 7434 in 8065 enthalten ist: Das heißt, die Tabelle giebt folgende Proportion an:

1 Lond. Pf. : 1 Paris. Pf. = 7434 : 8065.

und daraus fließt nach dem 120. §.

7434 Paris. Pf. sind so viel als 8065 Londn. Pf.

		Nach dem Leipziger Gew		
Ein Pfund in	Lucca	wiegt 0 Pf.	22 Loth	3
—	Lion	0	28	2
—	Lübek	1	1	0
—	Lüneburg	1	1	1
—	Lindau	0	31	1
—	Malaga	0	31	2
—	Marseille	0	28	1
—	München	1	6	1
—	Memmingen	1	3	0
—	Magdeburg	1	0	0
—	Neapel	0	29	0
—	Nürnberg	1	2	3
—	Paris	1	1	2
—	Petersburg	0	28	0
—	Prag	1	3	0
—	Rom	0	23	1
—	Riga	0	28	2
—	Regensburg	1	6	1
—	St. Gallen, gr Gew.	1	8	0
—	ebend. klein Gew.	0	31	3
—	Strasburg	1	0	1
—	Schafhausen	0	31	2
—	Salzburg	1	6	1
—	Ulm	1	0	0
—	Venedig, gr. Gew.	1	0	2
—	ebend. kl. Gew.	0	20	2
—	Verona, gr. Gew.	1	2	0
—	ebend. kl. Gew.	0	22	2
—	Wien	1	6	2
—	Warschau, kl. Gew.	0	25	3
—	Zürch	1	4	0
—	Zittau	1	0	0

13	Gr.	oder	5488	Gran.
0	=	=	6885	=
0	=	=	7950	=
5	=	=	8000	=
10	=	=	7555	=
0	=	=	7560	=
8	=	=	6803	=
0	=	=	9225	=
7	=	=	8422	=
0	=	=	7695	=
8	=	=	6983	=
0	=	=	8385	=
10	=	=	8065	=
3	=	=	6723	=
5	=	=	8450	=
1	=	=	5581	=
8	=	=	6878	=
0	=	=	9225	=
0	=	=	9615	=
0	=	=	7650	=
0	=	=	7755	=
0	=	=	7560	=
0	=	=	9210	=
0	=	=	7710	=
0	=	=	7845	=
9	=	=	4959	=
5	=	=	8180	=
3	=	=	5448	=
0	=	=	9240	=
5	=	=	6215	=
8	=	=	8693	=
0	=	=	7695	=

Sign. ⊙

	Ein Leipziger Pfund wi	
Ein Pfund in	Amsterdam	= wiegt
—	Antwerpen	=
—	Archangel	=
—	Aachen	=
—	Augsburg groß Gew.	=
—	ebend. klein Gew.	=
—	Bologna	=
—	Botzen	=
—	Brüssel	=
—	Breßlau	=
—	Braunschweig	=
—	Berlin	=
—	Bremen	=
—	Bauzen	=
—	Bourdeaux	=
—	Danzig	=
—	Florenz	=
—	Frankfurt am Mayn	=
—	Genua	=
—	Genf	=
—	Hamburg	=
—	Konstantinopel	=
—	Krakau	=
—	Kadiz	=
—	Kölln am Rhein	=
—	Kopenhagen	=
—	Königsberg, alt Gew.	=
—	ebend. neu Gewicht	=
—	London	=
—	Lissabon	=
—	Livorno	=

Loth	Qu.	pf.	Gr.	oder	Gran.
—	—				7680 Gran.
Loth	3 Qu.	1 pf.	10 Gr.	oder	8125
0	0	2	0		7710
	3	3	0		6705
0	0	2	0		7710
	2	3	3		8088
	1	2	6		7776
	3	1	3		5958
	1	1	6		8141
0	0	2	0		7710
	3	0	7		6667
0	0	0	0		7680
0	0	1	2		7697
	3	0	0		8100
	2	3	5		7130
	2	3	0		8085
	3	1	8		7163
3	1	0	1		5581
0	0	0	3		7683
1	2	3	3		5208
5	3	1	0		9075
1	1	0	0		7980
2	3	3	0		20865
7	3	0	0		6660
1	2	0	0		7560
0	0	0	0		7680
0	0	2	6		7716
6	0	1	0		6255
0	0	1	0		7695
0	3	3	9		7434
1	1	3	7		7552
3	1	1	10		5605

Eben dieser Ausdruck ist der Reduktionssatz für Pariser und Londner Gewicht. Wäre also die Frage:

128 Paris. Pf., wie viel sinds Lond. Pf.?

so setzt man an:

```
  7434  P. Pf. — 8.065 L. Pf. — 128 P. Pf.?
2)────                        2)───
  3717           7434             64
                 ────
                  631
                   64
                 ────
                 2524
                3786
                ─────
               4.0384 }   10 3214/3717
                3 717 }   128
               ──────     ────────────
                 3214   F. 138 3214/3717
                 3717
```

Exempel zur Uebung.

1) 539 Pariser Pf., wie viel sinds Lond.? Antw. $584\frac{5579}{7434}$ Lond. Pf.

2) 8532 Danziger Pf., wie viel sinds Leipziger Pf.? Antw. $7948\frac{727}{3850}$ Pf.

3) 830 Konstantinop. Pf., wie viel sinds Lübecker? Antw. $3162\frac{11}{23}$ Lüb. Pf.

4) 10236 Römische Pf., wie viel sinds Petersburger? Antw. $8497\frac{595}{3241}$ Pf.

5) 98550 Lübecker Pf., wie viel sinds Rigasche Pf.? Antw. $113909\frac{3190}{3439}$ Rig. Pf.

§. 135.

Eine andre Anwendung dieser Vergleichungstafel läßt sich bei solchen Rechnungsfragen machen, die zur Kauf- und Waaren-Rechnung gehören, wenn man weiß, wie viel 1 Pf. einer gewissen Waare an einem Ort in Einkauf kostet, und man will wissen, wie viel von eben der Waare nach eben dem Einkauf ein am andern Ort übliches Pf. kostet. Z. B.

Ein Kaufmann in Lübeck erhält aus Konstantinopel eine Menge einer gewissen Waare, und bezahlt daselbst das Pf., mit 80 Mk., wie hoch wird ihm nun jedes Pf. nach dem Lübeckschen Gewicht zu stehen kommen?

Der Ansatz ist:

1 Konst. Pf. — 80 Mk. — 1 Lübecksches Pf.?

$$15)\frac{20865}{1391} \qquad 15)\frac{7950}{530}$$

Also ist die Antwort $\frac{80 \times 530}{1391}$ Mk. = 30 Mk. $7\frac{983}{1391}$ ßl.

Noch einige Exempel zur Uebung.

1) Es verschreibt sich jemand in Hamburg, aus Riga 30 Pf. Kaviar, das Pf. Rigaisch zu $3\frac{5}{8}$ Mk., wie hoch kömmt das Hamb. Pf.? Antw. $4\frac{2151}{7980}$ Mk.
2) Ein Kaufmann in Lübeck erhält aus Kopenhagen eine Quantität Thee, das Kopenh. Pf. zu 5 Mk., wie hoch kommt 1 Lüb. Pf. Antw. 4 Mk. $13\frac{174}{265}$ ßl.
3) Ein Hamburger Kaufmann erhält aus Bourdeaux eine Quantität Kaffe, bezahlt daselbst das Pf. mit 8 ßl. wie hoch kömmt 1 Hamb. Pf.? Antw. $8\frac{7}{19}$ ßl.

§. 136.

Von der vorhergehenden Tabelle ist noch zu merken, daß die in derselben befindliche Vergleichung der Gewichte nur vom Kramergewicht zu verstehen sey. Dabei ist auch die Eintheilung des Pfundes in 32 Loth, und des Loths in 4 Quentchen oder 6 pf. vornehmlich nur gewöhnlich. Es unterscheidet sich aber das Kramergewicht vom Gold- Silber- und Apotheker-Gewicht.

Fast in ganz Deutschland bedient man sich beim Golde und Silber, des Köllnischen Markgewichts. Eine Mark hält $\frac{1}{2}$ Pf. Köllnisch, Silber- und Goldwicht. Die Mark wird beim Silber in 16 Loth, oder 8 Unzen getheilt. Ein Loth hat 4 Quentchen, 1 Qu. 4 Pfennig. Demnach ist ein Pfennig $\frac{1}{256}$ Mark. Diesen Pfennig theilt man beim Wardiren der Münzen wieder in 256 Theile, die man Richtpfennigtheile nennt, wovon also 65536 eine Mark, 8192 eine Unze, 4096 ein Loth, 1024 ein Quentchen, ausmachen. Man theilt auch wohl den Pfennig in 2 Heller, so daß 1 Heller 128 Theile des Richtpfennigs hält.

Beim Golde wird die Mark in 24 Karat, und ein Karat in 12 Grän getheilt, so daß 1 Loth $1\frac{1}{2}$ Karat oder 18 Grän, und die Unze 3 Karat oder 36 Grän, mithin die ganze Mark 288 Grän hält. Weil nun die Mark auch 65536 Richtpfennigtheile schwer ist, so wiegt ein Karat $\frac{65536}{24} = \frac{8192}{3} = 2730\frac{2}{3}$ Richtpfennigtheile. Bei den goldnen Münzen sind auch die sogenannten Dukaten-Aeßchen gewöhnlich, und 1 pf. wiegt 17 Aeßchen, also 1 Quentchen 68 Aeßchen; 1 Loth 272 Aeßchen, 1 Unze 544 Aeßchen, 1 Mark 4352 Aeßchen.

In England, Frankreich, Holland, Braband und mehrern andern Orten, ist beim Golde, Silber und Edelsteinen das sogenannte Troygewicht üblich, und mit demselben hat es folgende Bewandniß:

Ein Pfund Holländisch Troygewicht hat eigentlich 12 Unzeen, ob man gleich in Holland wohl 16 Unzen rechnet. Hievon gehen 8 Unzen auf 1 Mk. Troy, so daß 1 Pf. Troy $1\frac{1}{2}$ Mk. Tr. Gewicht hält. Die Unze wird beim Gold und Silber eingeitheilt in 20 Engels, und ein Engel in 32 Aß, oder auch wohl in 24 Grän, so daß 3 Grän so viel als 4 Aß sind. Also hält 1 Mk. Tr. 5120 Aß oder 3840 Grän. In Holland wiegen aber 4864 Troysche Aß 1 Mark Köllnisch, so daß die Mark Köllnisch um 256 Troysche Aß oder 8 Engel leichter ist, als die Mk. Tr. Gewicht. Also ist 1 Mk. Kölln. : 1 Mk. Holl. : Tr. = 4864 : 5120. = 19 : 20, und es sind 9 Mk. Holl. Troy so viel als 20 Mk. Köllnisch. Bei Edelsteinen ist ein eigenes sogenanntes Karat-Gewicht üblich, und nach demselben hat ein Karat 4 Gran. Diese Karate und Grane aber sind von denjenigen verschieden, die man beim Golde braucht, und sie sollen unten genauer beschrieben werden.

Nach Graumanns Briefen vom Gelde, Wechsel, und dessen Kours, (Berlin 1762.) 2ten Theils II. Cap. 7. §. 203. 204 S. sind 100 Mk. Londn. Tr. = $101\frac{3}{16}$ Mk. Holländ. Tr. Ebendas. S. 236 heißt es: das Engl. Troy sey $1\frac{3}{16}$ pC. schwerer, als das Franz. Troy-Gewicht. Diesemnach wären auch 100 Mk. Engl. = $101\frac{3}{16}$ Mk. Franz., oder das Holländ. Tr. Gewicht wäre mit dem Französischen einerley, und das scheint auch Hr. Graumann anzunehmen, wenn er S. 236 sagt: 20 Mk. Kölln. sind gleich 19 Mk. Tr., im Franz. und Holländ. Gewicht.

Aber eben daselbst S. 205 versichert Herr Graumann, er habe durch Erfahrungen und öftere eigene Untersuchung gefunden, daß

100 Mk. Französisch wögen $104\frac{3}{4}$ Mk. Kölln.
und 100 Mk. Londner — $106\frac{7}{16}$ Mk Kölln.

Wenn nun 19 Mk. Holl. Tr. = 20 Mk. Kölln. sind, (Ebendas. S. 141. 211. 212.) und man setzt an:

19 Mk. Holl. — 20 Mk. Kölln. — 100 Mk. Holl.?

so ist das Facit $\frac{2000}{19} = 105\frac{5}{19}$ Mk. Kölln. für 100 Mk. Holl. Tr.; mithin käme das Holl. Tr. Gewicht nicht völlig mit dem Franz. Troy überein: es wäre nämlich 1 Mk. Kölln. = $\frac{19}{20}$ Mk Holl., und weil $104\frac{3}{4}$ Mk. Kölln. = 100 Mk. Franz. befunden sind, so wären

419 Mk. Köllnisch = 400 Mk. Franz.
oder 1 Mk Köllnisch = $\frac{400}{419}$ Mk. Franz.
mithin $\frac{19}{20}$ Mk. Holländ. = $\frac{400}{419}$ Mk. Franz.
oder 409 × 19 Mk. Holl. = 400 × 20 Mk. Fr.

d. i.

d. i. 7961 Mk. Holl. = 8000 Mk. Franz. Setzt man nun an:

7961 Mk. Holl. — 8000 Mk. Fr. — 100 Mk. Holl.? so giebt das Facit $\frac{800000}{7961}$ = $100\frac{49}{100}$ Mk. Franz. Troy für 100 Mk. Holl. Troy. Demnach wäre das Holl. Troy beinahe ½ pC. schwerer, als das Franz. Troy.

Die Vergleichung des Holl. Tr. Gewichts mit dem Köllnischen, vermöge welcher man

19 Mk. Holl. Tr = 20 Mk. Köllnisch

annimmt, findet sich bei allen Schriftstellern, die davon Nachricht geben, und vermöge dieser Vergleichung ist ein pf. Köllnisch Gewicht von 17 Ducaten-Aeßchen so schwer, als 19 Troysche Aß. Denn die Köllnische Mk. wiegt 256 Kölln. pf., und eben diese Mk. wiegt 4864 Troysche Aß. Wenn man also ansetzt:

256 pf. Kölln. wiegen 4864 Tr. Aß — 1 pf. Kölln.? so ist das Facit 19 Tr. Aß, für 1 pf. oder 17 Aeßchen Köllnisch Ducaten-Gewicht.

In England hat das Tr. Pf. 12 Unzen, 1 Unze 20 Pennys, 1 Penny 24 Grane, also ein Mk. von 8 Unzen 3840 Gr, und 1 Unze 480 Gr.

In Frankreich hat 1 Mk. Tr. 8 Unzen; 1 Unze 8 Gros oder Drachmes; (also die Mk. 64 Drachmes oder Gros;) 1 Gros 3 Deniers oder Scrupules; (also 1 Unze 24 Deniers, 1 Mk. 192 Deniers;) 1 Denier 24 Grains, (also 1 Unze 576 Grains, 1 Mk. 4608 Grains)

Ein Pfund Apotheker-Gewicht hält 12 Unzen, die Unze 8 Drachma, eine Drachma 3 Skrupel, 1 Skrupel 20 Gran, also die Unze 24 Skrupel oder 480 Gran.

Die Unze Apothekergewicht, so wie sie alle deutsche Apotheken gewöhnlich aus Nürnberg erhalten, wiegt 562 Pariser Grains, und diese Nürnberger Apothekerunze ist fast gerade so schwer, als die Venezianische Unze, vermuthlich daher, weil man vormals fast alle ausländische Waaren und besonders auch alle Arzenei über Venedig in

Deutschland erhielt. Es ist aber diese Apothekerunze nicht so schwer, als eine Unze in Nürnb. Silbergewicht. Denn nach Eisenschmidt in der Disquisit. de ponderibus et mensuris veterum (Arg. 1737. 8.) Cap. I.

		in Pariser Grains
wiegt die Apothekerunze	—	562
die Nürnberg. Unze Silb. Gew.		$599\frac{5}{8}$
die Augsburger Unze	—	554[illegible]
die Köllnische Unze	—	$550\frac{1}{4}$
wobei zu merken ist, daß		
die Pariser Unze	—	576 Grains wiegt.

Also ist 1 Ap. Unze Kölln. Unze $= 562 : 550\frac{1}{4}$
$= 2248 : 2201$,
und 2248 Kölln. Unzen $=$ 2201 Ap. Unzen,
oder 1 Kölln. Unze $= \frac{2201}{2248}$ Ap. Unzen.
Die Unze Ap. Gewicht wiegt 480 Gran, also ist 1 Kölln. Unze $= \frac{2201}{2248} \times 480 = 469\frac{24}{25}$ Ap. Gran, oder fast 470 Gran Ap. Gewicht, und 1 Loth Kölln wiegt 235 Gran Ap. Gewicht. Weil nun eine Unze Apothekergewicht 480 Gran wiegt, so ist 1 Kölln. Unze : 1 Ap. Unze $= 470 : 480 = 47 : 48$, und 47 Ap. Unzen sind gleich 48 Kölln. Unzen.

Eisenschmidt versichert, er habe auf eingezogene Erkundigung erfahren, daß das Pariser Apothekergewicht mit dem Pariser Silbergewicht einerley sey, nur daß beim medicinischen Gebrauch die Unze in 480 Gran getheilt werde. Bei ihm finden sich ausser den schon erwähten Gewichtsvergleichungen, die er aus angestellten Proben selbst gefunden hat, folgende:

			pariser Grains
Die Unze Engl. Troy-Gewicht wiegt			$585\frac{1}{7}$
1 Unze Engl. Avoir du pois		—	534
1 Unze Holl. Troy	"	—	$579\frac{1}{5}$
1 Unze Spanisch Silb. Gew.		—	$540\frac{1}{4}$
1 Unze in Venedig	"	—	$562\frac{1}{2}$
1 Unze in Genua	"	—	494
1 Unze in Neapel	"	—	503
1 Unze in Florenz und Pisa		—	537

Da nun 1 Unze Pariser Mk Gewicht 576 Grains wiegt, so ist auch nach Eisenschmidt das Holl. Troy-Gewicht schwerer, wie das Pariser. Es ist nämlich

I.) 1 Unze Holl. Tr. : 1 Unze Fr. Tr. = $579\frac{1}{5}$: 576.
= 2896 : 2880.
= 181 : 180.

Mithin 180 Unzen Holl. = 181 Unzen Fr.

Der Ansatz

$$\frac{180}{9}\ \text{Unzen Holl.} — 181\ \text{U. Franz.} — \frac{100}{5}\ \text{U. Holl.?}$$

(2) 180 / 9 ; 181 × 5 = 905 ; (2) 100 / 5)

giebt das Facit 9) 905 = $100\frac{5}{9}$ U. Fr. p. 100 Unzen Holl.

Also wäre der Unterschied noch etwas grösser, als $\frac{1}{2}$ pC. wie vorhin nach Graumanns Versuch gefunden ward.

II. Weiter nach Eisenschmidt

1 Unze Engl. Tr. : 1 Unze Holl. Tr. = $585\frac{1}{7}$: $579\frac{1}{5}$
= $\frac{4096}{7}$: $\frac{2896}{5}$
= 20480 : 20272
= 1280 : 1267.

Also 1267 Engl. Unzen = 1280 Holl. U.

Der Ansatz

1267 Engl. U. — 1280 Holl U. — 100 Engl. U ?

giebt das Facit $101\frac{[illegible]}{1267}$ Holl. Unzen für 100 Engl. Unzen

und dieser Unterschied ist nicht so groß, als nach Graumann, der $1\frac{3}{18}$ pC. Diff. angiebt.

III.) Ferner nach Eisenschmidt.

1 Unze Engl. Tr. : 1 Unze Kölln. = $585\frac{1}{7}$: $550\frac{1}{4}$
= $\frac{4096}{7}$: $\frac{2201}{4}$
= 16384 : 15407

Also 15407 Engl. Unzen = 16384 Kölln. U.

Der Ansatz

15407 Engl. Unzen — 16384 Kölln. Unzen — 100 Engl. Unzen?

giebt das Facit $106\frac{34}{100}$ Kölln. Unzen.

wenig mehr, als $106\frac{1}{3}$ Kölln. Unzen für 100 Engl. Unzen, und dies weicht von der Graumannischen Bestimmung zu $106\frac{7}{12}$ pC. abermals etwas ab.

IV.) Noch nach Eisenschmidt.

1 Unze Fr. Tr. : 1 Unze Kölln. = 576 : $550\frac{1}{4}$
= 2304 : 2201
also 2201 Fr. Unzen = 2304 Kölln. Unzen.

Der Ansatz

2201 Fr. U. — 2304 Kölln. U. — 100 Fr. Unzen?
giebt das Facit $104\frac{68}{100}$ Unzen Kölln. : für 100 Unzen Franz.

wiederum nicht völlig so viel, als nach Graumann, der $104\frac{3}{4}$ pC. angiebt.

V.) Endlich nach Eisenschmidt

1 Unze Engl. Tr. : 1 Unze Fr. Tr. = $585\frac{1}{7}$: 576
= 4096 : 4032
= 64 : 63
mithin 63 Engl. Unzen = 64 Fr. Unzen.

Der Ansatz

63 Engl. Unzen — 64 Par. Unzen — 100 Engl Unzen?
giebt das Facit $101\frac{37}{63}$ Paris. Unzen, beinahe $101\frac{3}{5}$ Pariser Unzen für 100 Engl. Unzen.

Die Vergleichungen nach Eisenschmidt sind für zuverläßiger, als die Graumannischen zu halten, weil Graumann auf kleine Differenzen nicht gesehen zu haben scheint: Eisenschmidt hat das Pariser, Augsburger, Nürnberger und Köllnische nach Probe Gewichten selbst aufs genaueste verglichen. Die übrigen Vergleichungen hat er aus Eduardi Bernhardi Schrift de ponderibus et mensuris genommen, nach dessen Anzeige und nach Gravii Beobachtung wiegt die Unze Pariser Tr. Gewicht $472\frac{1}{2}$ Grän in Engl. Tr. Gewicht, wovon die Unze 480 Grän wiegt, also ist

1 Paris. Unze : 1 Engl. Unze = $472\frac{1}{2}$: 480.
= 945 : 960.
= 63 : 64.

oder 63 Engl. Unzen = 64 Paris. Unzen, wie vorhin gefunden ist. Weil nun die Pariser Unze 576 Gran wiegt, so findet man 1 Engl. Unze = $\frac{64}{63}$ × 576 = $585\frac{1}{7}$ Paris. Gran, wie Eisenschmidt angiebt. Nach dem Mersennus soll die Engl. Unze 586 Paris. Gr. wiegen.

Nach Eisenschmidts Versuche wiegt die Kölln. Unze $550\frac{3}{4}$ Paris. Gr., und nach der allgemein angenommenen Vergleichung ist 1 Unze Holl. Tr. = $\frac{20}{19}$ Kölln. Unzen, also 1 Unze Holl. Tr. = $\frac{20}{19}$ × $550\frac{3}{4}$ = $\frac{11015}{19}$ = $579\frac{14}{19}$ oder fast $579\frac{3}{4}$ Paris. Gran, wie Eisenschmidt annimmt.

Vermöge einer Probe, die Eisenschmidt selbst angestellt hat, und wovon er am angef. Orte S. 18. Nachricht giebt, wiegt eine Kölln Unze $142\frac{1}{3}$ Karat in Edelsteingewicht, mithin muß die Unze Holländ. Troy $\frac{20}{19}$, $142\frac{1}{3}$ oder $149\ \frac{15\frac{2}{3}}{19}$ = $149\frac{47}{57}$ Karat wiegen, das sind 149 Karat $3\frac{17}{57}$ Gr., 4 Gran auf ein Karat gerechnet. Nach einer andern Probe haben 2383 Karat ein Pariser Pf. von 16 Unzen gewogen, also die Pariser Unze $148\frac{15}{16}$ Karat. Das giebt für die Unze Holl. Troy $\frac{181}{180}$ × $148\frac{15}{16}$ = $\frac{181}{180}$ × $\frac{2383}{16}$ = 149 Karat $3\ \frac{43}{720}$ Gran. Nach beiden Versuchen wiegt also die Unze Holländisch Tr. nicht völlig 150 Karat. Herr Muschenbröck in der Introd. ad. Phil. Nat. T. II. Cap. 26. §. 1416. p. 536. braucht ein von ihm so genanntes Troy-Gewicht, wovon er die Unze in 480 Troysche Gran, oder 150 Karat theilt. Es scheint also fast, als wenn die Unze Holländ. Troy-Gewicht zu 150 Karat gerechnet, das eigentliche Edelsteingewicht sey.

§. 137.

Folgende, aus der schon angeführten Clausbergischen Rechenkunst am Ende des dritten Theils genommene Tabelle, zeigt die Vergleichung der vornehmsten Europäischen Ellenmaaße. In Amsterdam kauft man die mehresten Waaren bei Quantitäten in Brabander Ellen und es werden = = 100 Brab. Ellen gleich geachtet. In Antwerpen,

Brabant und den Spanischen Niederlanden =	100$\frac{2}{3}$	Ellen
ausser in Brüssel =	100	=
Archangel und ganz Rußland mit Arsinen =	96	=
Bergamo in Italien, mit Braccien = =	105$\frac{1}{4}$	=
Bergen in Norwegen =	110	=
Bern = =	120	=
Bologna, bei wollenen Stoffen, mit Braccien =	108$\frac{3}{4}$	=
Bei seidenen Stoffen mit Braccien = =	116	=
Bozen in Tyrol =	87$\frac{1}{2}$	=
Bremen = =	120	=
Breslau = =	126	=
Erfurt = =	164	=
Florenz bei wollenen Stoffen, mit Palmen =	234	=
Bei seidenen Stoffen mit Palmen, =	238$\frac{1}{4}$	=
8 Palmen auf 1 Canne, und 2 auf 1 Braccie gerechnet		
Frankfurt am Mayn =	120	=
(wiewohl daselbst die Französischen Waaren nach der Pariser, und die Holländischen nach der Brabander Elle meistens verkauft werden.)		
Genf = =	60	=
Genua, mit Palmen =	275	=
Dieser Palmen werden bei wollenen Stoffen 10, und bei linnenen 9 auf 1 Canne, aber 2$\frac{1}{2}$ auf 1 Braccie gerechnet.		

Hamburg	120	Ellen
Kadiz, mit Barras	81	=
Kölln	120	=
Königsberg, nach der Preußischen alten Elle	120	=
Kopenhagen	89	=
Leipzig	120	=
Lion	$58\frac{1}{4}$	=
Lissabon, mit Barros	61	=
Aber mit Caridos	100	=
Livorno, wie Florenz		
London, mit Yards	75	=
Lübeck	120	=
Lucca bei wollenen Stoffen mit Braccien	114	=
Bei seidenen mit Braccien	119	=
Marseille mit Cannen	$34\frac{1}{4}$	=
Mayland, bei wollenen Stoffen, mit Braccien	102	=
Bei seidenen mit Braccien	$128\frac{1}{2}$	=
Neapel, mit Palmen 8 Palmen auf 1 Canne gerechnet.	$261\frac{3}{4}$	=
Naumburg	120	=
Nürnberg	96	=
Osnabrück	57	=
Palermo, mit Palmen 8 Palmen auf eine Canne gerechnet.	$266\frac{3}{4}$	=
Paris	58	=
Reval	78	=
Riga	77	=
Rom, mit Palmen 8 Palmen auf 1 Canne, und $3\frac{1}{2}$ auf 1 Braccie gerechnet.	$374\frac{1}{2}$	=
Rouen doch rechnet man daselbst bei Leinwand 120 für 100, weil gemeiniglich auf jede	58	=

Elle ein Daum breit zugegeben wird.		
St. Gallen, bei wollenen Stoffen	112	=
Bei linnenen =	86	=
Stockholm = =	117	=
Straßburg = =	$135\frac{1}{2}$	=
Venedig, bei wollenen Stoffen	97	=
Bei seidenen =	103	=
Wien = =	90	=

Aus dieser Tabelle hat man unmittelbar den Reduktionssatz, für ein paar darin angeführte Ellenmaaße. So sind,

z. B. 100 Brab. Ellen = 120 Hamb. Ellen.
oder 5 Brab. Ellen = 6. Hamb. Ellen.

Ferner sind 58 Pariser Ellen = 120 Naumburger Ellen, denn beide sind 100 Brab. Ellen gleich.

Also auch 29 Paris. Ellen = 60 Naumb. Ellen.
Eben so 75 Lond. Ellen = 164 Erfurter Ellen.
117 Stockh. Ellen = 90 Wiener Ellen.

Wird nun gefragt: 97 Pariser Ellen, wie viel sind es Naumburger Ellen? so ist der Ansatz:

58 Paris. Ell. — 120 Naumb. Ell. — 97 Par. E.?
2) 29 — 60
97
5820
29) F. $200\frac{20}{29}$ Naumb. Ellen.

Exempel zur Uebung.

1) 325 Londner Yards, wie viel sinds Lübecker Ellen? Antw. 520 Lüb. Ellen.

2) 936 Breslauer Ellen, wie viel sinds Braband.? Antw. $748\frac{4}{5}$ Braband.

3) 9845 Rußische Arsinen, wie viel sinds Berner Ellen? Antw. $12306\frac{1}{4}$ Bern.

4) 10000 Varras in Kadiz, wie viel sinds Genfer Ellen? Antw. $7407\frac{11}{27}$ Genfer Ellen.

5) 1325 Genuesische Palmen, wie viel sinds Lissabonner Barras? Antw. $293\frac{10}{11}$ Barras.

6) 7685 Römische Palmen, wie viel sinds Hamburger Ellen? Antw. $243\frac{10}{253}$ Ellen.

§. 138.

Eine andere Anwendung findet diese Vergleichungstafel wiederum bei der Kauf- und Waaren-Rechnung, wenn eine Quantität Waare nach dem einen Ellenmaaße bezahlt ist, und man soll diesen Preis auf ein anderes Ellenmaß reduciren. Weil die Tabelle unmittelbar den Reduktionssatz angiebt, so muß man zuförderst die Reduktionszahl daraus herleiten. Die Tabelle sagt z. B. 100 Brab. Ellen = 120 Hamb. Ellen, oder 5 Brab. Ellen = 6 Hamb. Ellen, also 1 Brab. Elle = $\frac{6}{5}$ Hamb. Elle; wenn nun eine Brabander Elle mit $6\frac{3}{4}$ Mk. bezahlt wird, was kostet alsdann eine Hamburger Elle von eben dieser Waare?

Der Ansatz ist:

1 Brab. Elle — $6\frac{3}{4}$ Mk. — 1 Hamb. Elle?

also $\frac{6}{5}$ Hamb. Ellen — $\frac{27}{4}$ Mk. — 1 Hamb. Elle?

× 4 | × 5)
24 | 135
3) 8 | 45
8) F. $5\frac{5}{8}$ Mk.

Mehrere Exempel zur Uebung.

1) Es kauft jemand ein Stück Brüßler Kamelot, die Brab. Elle für $2\frac{1}{2}$ Mk., wie hoch kömmt die Lübecker Elle? Antw. $2\frac{1}{12}$ Mk.

2) Es kauft jemand ein Stück Englisch Tuch, bezahlt die Yard mit $2\frac{1}{3}$ thlr., wie hoch kömmt die Hamburger Elle? Antw. 1 thlr. 9 ßl.

3) Es kauft jemand eine Quantität wollene Stoffe, bezahlt in Bologna die Braccie mit $1\frac{1}{4}$ Mk., wie hoch kömmt nach diesem Preise die Leipziger Elle zu stehen: Antw. 1 Mk. 6 ßl.

4) Ein Kaufmann in Riga erhält aus Leipzig ein Stück Taffent, die Leipziger Elle zu $2\frac{1}{2}$ Mk, wie hoch kömmt die Rigasche Elle? Antw. $3\frac{69}{77}$ Mk.

5) Ein Kaufmann in Reval verschreibt sich aus Hamburg eine Quantität feinen Zitz, die Elle in Hamburg zu 3 Mk., wie hoch kömmt die Revalsche Elle? Antw. $4\frac{8}{11}$ Mk.

Vierter Abschnitt.

Von der umgekehrten Regel Detri.

§. 139.

Die bisher vorgetragenen Beispiele waren alle von der Art, daß die neue zu suchende Zahl gradezu mit der Zahl im zweiten oder dritten Gliede verglichen werden konnte; z. B.

75 Londner Yards = 120 Lübecker Ellen,
wie viele Ellen enthalten also 325 Yards?

Man urtheilt hiebei ganz recht, wenn man sagt: da 75 Yards = 120 Ellen, also müssen 325 Yard eine noch grössere Anzahl Lübecker Ellen enthalten. Bei Auflösung dieser Rechnungsfragen kann man also ganz den Gründen der Regel Detri §. 113 gemäß verfahren, so daß man eine neue Zahl zu finden sucht, in welcher die Zahl 325 so oft enthalten ist, als 75 in 120.

Allein es giebt Fälle, bei denen man aus der Natur der Sache es leicht beurtheilen wird, daß diese Schlüsse unanwendbar seyn müssen; wenn z. B. 200 Mann mit einem Baue in 6 Monaten fertig werden, so können, um diese Arbeit in

3 Monaten zu vollenden, nicht 100 Mann zureichen, sondern es sind 400 nöthig. Um für ähnliche Fälle die Rechnung anstellen zu können, merke man bei dem gegebenen Beispiele diese Proportion:

3 Mon. : 6 Mon. = 200 Menschen : x Menschen; man sagt: die Grössen sind verkehrt proportional, und dieser Fall tritt jedesmal ein, wenn die zu suchende Grösse von der Beschaffenheit ist, daß sie beständig grösser werden muß, je kleiner die Grösse wird, durch welche sie bestimmt werden soll.

§. 140.

Da die hiebey nöthigen Rechnungen ganz durch die Natur der Frage jedesmal bestimmt werden, so ist eigentlich keine neue Regel nöthig; man darf nur die Glieder des ersten Verhältnisses umkehren. Indeß gebrauchen die praktischen Schriftsteller den Namen der umgekehrten Regel Detri für diese Auflösung und geben folgende Regel an:

in allen Fällen, wo man sagen kann: je kleiner die Fragzahl desto grösser, oder je grösser die Fragzahl desto kleiner muß die gesuchte Zahl seyn — in allen diesen Fällen muß man die Fragzahl in die erste, was mit ihr von einerley Art ist, in die dritte Stelle: was aber mit dem Gesuchten von einerley Art ist, in die Mitte setzen, also:

3 Monat? — 200 Mann — 6 Mon.

§. 141.

Beispiele zu dieser Regel giebt auch die Zinsrechnung. Denn ein Kapital das noch einmal so groß als ein anderes ist, trägt in gleicher Zeit mit dem andern noch einmal so viel und also in der halben Zeit schon eben so viel Zinsen als das einfache Kapitall, bei einerley Zinsenfuß. Z. B. 100 geben jährlich, 200 thlr. aber schon halbjährig, 5 thlr. Zinse. Wäre also die Frage:

wie lange müssen 1000 thlr. stehen, wenn sie eben so viele Zinsen tragen sollen, als 500 thlr. in 13 Monat? so ist der Ansatz:

1000 thlr.? — 13 Mon. — 500 thlr.

5

65 = 6½ Monat.

Auch andere Fragen können hieher gehören, als: 2 Menschen machen eine Reise, der eine mit 5 Fuß, der andere mit 6 Fuß Geschwindigkeit, der erste braucht 10 Stunden, wie viel der letzte?

6 Fuß? — 10 Stunden — 5 Fuß.

5

50

6) 8⅓ Stunden.

Aus 6 Ellen Tuch von 2 Ellen Breite, kann man 12 Ellen von 1 Elle Breite scheiden. Zu einem Kleide, also das aus 6 Ellen Tuch, von 2 Ellen Breite gemacht würde, müßte man 12 Ellen Futter von 1 Elle Breite haben; deswegen müßte man bei der Frage: wie viel Futter von 1 Elle Breite hat man zu 6 Ellen Tuch von 2 Ellen Breite nöthig? so rechnen:

1 Elle Br.? — 6 Elle Länge — 2 Elle Br.

2

12 Elle Länge.

Noch einige Exempel zur Uebung.

1) Eine Vestung ist für 450 Mann auf 4 Monat mit Proviant versehen. Es werden aber 90 davon fortgeschickt, wie lange können die übrigen mit dem Proviant auskommen? Antwort, 5 Monat.

2) Ein Fuhrmann ist bedungen, 40 Schiffpfund Waaren auf 30 Meilen weit zu fahren; wie viel Schpf. können ihm dann (wenn der eine Weg so gut ist, wie der andere) auf 50 Meilen aufgeladen werden? Antw. 24 Schpf.

3) An einem Werke haben 8 Personen 12 Tage zu arbeiten, es soll aber in 4 Tagen fertig seyn, wie viel müssen nun daran arbeiten? Antw. 24 Mann.

4) Ein Stück Feldes kann von 12 Personen, (wenn sie zugleich in Arbeit gehen) in 6 Tagen abgemähet werden. Nun gehen aber 18 Personen dabei, wie bald werden die fertig? Antw. in 4 Tagen.

5) 8 Arbeiter können mit einer gewissen Arbeit in 21 Tagen fertig werden, wie viel werden erfordert, wenn diese Arbeit in 12 Tagen fertig seyn soll? Antw. 14 Arbeiter.

6) In einer Vestung liegt eine Besatzung von 600 Mann, und diese sind auf 10 Monat mit Proviant versehen, es kommen aber gleich noch 400 Mann dazu, wie lange werden diese zusammen mit dem Proviant auskommen können? Antw. 6 Monat.

7) Eine Stadt ist für 1000 Soldaten auf 6 Monat proviantirt; es kömmt aber Ordre, daß so viel Soldaten ausmarschiren sollen, daß die bleibenden mit dem Proviant 10 Monat auskommen können; wie viel Soldaten müssen also weggeschaft werden?

Antw Mit diesem Proviant können sich 600 Soldaten 10 Monat erhalten. Diese 600 von 1000 subtrahirt, giebt 400 Soldaten, und diese müssen fortgeschaft werden.

8) Eine Stadt ist für 1000 Soldaten auf 6 Monat proviantirt. Es marschiren aber 400 Soldaten ab, wie lange können die übrigen mit diesem Proviant auskommen? Antw. 10 Mon.

9) Kajus leihet Titius 1000 thlr. auf 8 Monat ohne Zinse; nun leihet Titius an Kajus 700 thlr., mit dem Beding, sie so lange zu behalten, bis der Dienst auf beiden Seiten gleich werde. Wie lange muß also Kajus die 700 thlr behalten? Antw. 11$\frac{3}{7}$ Monat.

10) Sempronius leihet Mevius 600 Mk. auf 10$\frac{1}{2}$ Monat ohne Zinse. Nachher leihet Mevius an Sempronius wieder 900 Mk, welche Sempronius 10 Monat behält. Es fragt sich, wie lange er diese über die Gebühr behalten hat? Antw. 3 Monat.

11) Es hat jemand 2 gleiche Kapitalien ausgeliehen, eines zu 4, das andere zu 5 pC., wie lange muß das erste ausstehen, wenn es eben so viel Zinse tragen soll, als das andere in 18 Monat? 22$\frac{1}{2}$ Monat

12) Wenn die Last Rocken 96 thlr. gilt, sollen die Bäcker ein Dreigroschenbrod 2$\frac{3}{4}$ Pf. schwer backen; wie viel muß ein solches Brod wiegen, wenn die Last 115 thlr. gilt? 2 Pf. 9 Loth 1$\frac{18}{115}$ Quent.

14) Eine Decke, die 12 Ellen lang und 2$\frac{1}{2}$ Ellen breit ist, soll ganz gefüttert werden mit Zeuge, das 1$\frac{1}{2}$ Elle breit ist; wie viel Ellen werden zum Unterfutter gebraucht? Antwort, 20 Ellen.

15) Wenn jemand 60 Ellen Leinwand zu 15$\frac{1}{2}$ ßl. die Elle bedingt und bezahlt, nachmals aber eine solche Gattung Leinwand nehmen will, davon die Elle nur 15 ßl. werth ist; wie viel Ellen wird er davon bekommen? Antw. 62 Ellen.

Fünfter Abschnitt.

Anwendung der Regel Detri auf die Münzvergleichungsrechnungen.

§. 142.

Jeder weiß, daß unter Münze ein geprägtes Stück Gold, Silber oder Kupfer verstanden wird, dem man mit einem gewissen Namen zugleich einen gewissen Werth beilegt. Dieser Werth der Münze aber richtet sich nach dem Werth des Metalles, woraus sie geprägt ist. Unter den drei genannten Metallen, hat das Gold den größten, das Kupfer den geringsten Werth, und der Werth des Silbers fällt zwischen beiden inne: wobei noch zu bemerken ist, daß die Menge des Metalls nach dem Gewicht, nicht nach der Grösse, bestimmt wird. Ein Stück Gold, das 1 Pf. wiegt, ist nicht so groß, als ein Stück Silber, das 1 Pf. wiegt, bei dem allen aber ist doch 1 Pf. Gold mehr, als 1 Pfund Silber werth. Man bedient sich hiebei fast in ganz Deutschland des Köllnischen Mark-Gewichtes, welches man aus dem 135. §. schon kennt. Am bequemsten legt man bei Vergleichung des Werths zweier Silbermünzen oder zweier Goldmünzen den Werth einer Mark Silbers oder einer Mark Goldes zu Grunde, und findet auf solche Art leicht die Reduktionszahl oder den Reduktionssatz, für zweierley Art Silbermünze, oder zweierley Art Goldmünzen, wenn man weiß, wie viel Stücke sowohl der einen als der andern Art aus einer Mark Silber oder einer Mark Goldes geprägt werden.

Nach dem alten Reichsfuß soll eine Mark Silber zu 9 thlr. ausgemünzt werden: Nach dem jetzigen Meklenburgischen Fuß aber, wird die Mark Silber zu $11\frac{1}{3}$ thlr. ausgemünzt. Demnach sind.

9 thlr. alt Reichsgeld = $11\frac{1}{3}$ thlr. Meklb. Kurant
oder 27 thlr. alt R. G. = 34 thlr. Meklb. Kur.
oder 1 thlr. alt R. G. = $1\frac{7}{27}$ thlr. Meklb. Kur.

Je weniger Thaler aus einer Mark Silber gemünzt werden, desto besser ist das Geld, denn desto mehr Silber hält ein Thaler; je mehr Thaler aus einer Mark Silber gemünzt werden, desto schlechter ist das Geld, weil ein Thaler desto weniger Silber hält. In N. zwei Dritteln Leipz. Fußes ist die Mark Silber ausgemünzt zu 12 thlr., also sind

9 thlr. alt R. G. = 12 thlr. N. $\frac{2}{3}$tel Lpz. Fuß.
und 1 thlr. alt R. G. = $1\frac{1}{3}$ N. zwei Drittel.

§. 143.

Bei einer solchen Vergleichung des Werths von zweierley Art Münzen, die nach einem verschiedenen Fuß ausgeprägt sind, rechnet der Kaufmann am liebsten nach Procenten, und die Frage wird gewöhnlich so ausgedrückt: wie viel Procente der eine Münzfuß besser oder schlechter, als der andre sey? Wer 100 thlr. der bessern Münze hat, der hat mehr als 100 thlr in der schlechtern Münze; so viel nun der Ueberschuß in der schlechten Münze ausmacht, so viel pC. ist die reichhaltigere besser, als die geringhaltigere Münze. Es ist 1 thlr. alt R. G so viel als $1\frac{1}{3}$ thlr. N. $\frac{2}{3}$, also 100 thl. alt R. G. so viel, als $133\frac{1}{3}$ thlr. N. $\frac{2}{3}$. Mithin beträgt die Differenz des Werths zwischen 100 thlr. alt R. G. und 100 thlr. N. $\frac{2}{3}$ so viel als $33\frac{1}{3}$ thlr. N. $\frac{2}{3}$, und so viel pC. ist das alte R. G. besser als N. $\frac{2}{3}$.

Es ist aber auch

$\frac{3}{4}$ thlr. alt R. G. = 1 thlr. N. $\frac{2}{3}$
also 75 thlr. alt R. G. = 100 thlr. N. $\frac{2}{3}$.

Demnach kann man auch sagen 100 thlr. alt R. G. und

und 100 thlr. N. $\frac{2}{3}$ differiren um 25 thlr. R. G. es sind auch wirklich 25 thl. R. G. = 33$\frac{1}{3}$ thlr. N. $\frac{2}{3}$.

§. 144.

Der Ueberschuß, welchen man über 100 thlr. in der schlechten Münze zahlen muß, wenn man 100 thlr. der bessern zahlen sollte, heißt Lagio, Agio, Aufgeld. Der Abzug aber, welchen man von 100 thlr. des bessern Geldes macht, wenn man 100 thlr. in dem schlechtern zu zahlen hat, heißt Diskonto, auch Rabatt. Es ist also der Sache nach einerley, ob man sagt: alt R. G. und N. $\frac{2}{3}$ differiren um 33$\frac{1}{3}$ pC. Agio, oder ob man sich so ausdrückt: alt R. G. und N. $\frac{2}{3}$ differiren um 25 pC. Diskonto. Die Meinung ist, 100 thlr. alt R. G. und 100 thlr. N $\frac{2}{3}$ differiren um so viel Silber, als der Werth von 33$\frac{1}{3}$ thlr. N. $\frac{2}{3}$ oder von 25 thlr. alt R. G. beträgt. Es ist aber am gewöhnlichsten, daß man diese Differenz in der schlechtern Münzsorte ausdrückt, da sie denn Agio heißt, in wiefern sie die in der schlechtern Münze zuzahlende Summe vermehrt; Diskonto, in wiefern sie die in der bessern Münze zu zahlende Summe vermindert. Wenn man also sagt, eine Münzsorte differire von der andern um so und so viel pC., so werden diese Procente allemal in der schlechtern Münze verstanden. Hieße es: jemand hat 1000 thlr. N. $\frac{2}{3}$ in alt R. G. mit 33$\frac{1}{3}$ pC. Rabatt bezahlt, so will das nicht sagen, er hat statt jeder 100 thlr. N $\frac{2}{3}$ in a. R. G. 66$\frac{2}{3}$ thlr. bezahlt, sondern so viel: er hat von jeden 100 thlr. R. G. so viel abgezogen, als der Werth von 33$\frac{1}{3}$ thlr. N. $\frac{2}{3}$ beträgt.

So wie nun diese Differenz, wenn sie in altem R. G. gegeben wäre, von 100 thlr. alt R. G. abgezogen, den Werth von 100 thlr N. $\frac{2}{3}$ gäbe; so muß sie nun, da sie in N $\frac{2}{3}$ ausgedrückt ist, zu 100 thlr. N. $\frac{2}{3}$ addirt den Werth von 100 thlr. alt R. G. geben, und es ist hiebey gleichgültig, ob diese Differenz Agio oder Diskonto heißt. Allemal sind 100 thlr. in der schlechtern Münze um das Agio oder Diskonto vermehrt, so viel als 100 thlr. in der bessern Münze; und in diesem Sinne sagt man, der Rabatt, oder das Diskonto müsse auf 100, nicht in 100, gerechnet werden. Würde dagegen, welches jedoch nicht so gewöhnlich ist, der Rabatt in der bessern Münze gegeben, so verstünde es sich, daß er von 100 thlr. der bessern Münze abgezogen, in 100, oder von 100, gerechnet werden müßte, um 100 thlr. der schlechtern Münze zu haben.

Hieraus ergiebt sich nun, daß eine Rechnungsfrage dieser Art:

> Jemand soll 1000 thlr. N. $\frac{2}{3}$ in a. R. G. mit $33\frac{1}{3}$ pC. Rabatt bezahlen, wie viel zahlt er also in a. R. G.?

so in Ansatz gebracht werde: Man setzt

$133\frac{1}{3}$ thl. N. $\frac{2}{3}$ — 100 thl. a. R. G. — 1000 thl. N. $\frac{2}{3}$
400   × 3)
3000
4) F. 750 thlr. a. R. G.

Wollte man wissen, wie viel man für 100 thlr. N. $\frac{2}{3}$ in R. G. mit $33\frac{1}{3}$ pC. Rabatt bezahlt, so würde man ansetzen:

$133\frac{1}{3}$ thlr. N. $\frac{2}{3}$ — 100 thl. a. R. G. — 100 thl. N. $\frac{2}{3}$?
× 3   × 3   3
400   300   300
4) F. 75 thlr. a. R. G.

§. 145.

Die mancherley Arten der goldnen Münzen lassen sich auf eben die Art, wie die silbernen nach ihrem innern Werth unter einander vergleichen, wobei in Deutschland ebenfalls das im

136 §. schon umständlich beschriebene Köllnische Markgewicht üblich ist.

Die in Deutschland am meisten gebräuchlichen Goldmünzen sind Dukaten, zu 2¾ thlr. und Pistolen zu 5 thlr. gerechnet. Um nun sowohl Gold- als Silbermünzen nach ihrem innern Werth aufs genaueste zu vergleichen, muß man folgendes wissen:

Es ist nicht gewöhnlich die Münzen aus ganz feinem Golde, oder Silber ohne allen fremden Zusatz von schlechtem Metall, zu prägen: Das Gold hat allemal etwas Zusatz von Kupfer, auch wohl von Silber, das Silber hat gewöhnlich Zusatz von Kupfer, oder noch schlechterm Metall. Die Grade der Feinheit des Goldes werden dadurch angezeigt, daß man angiebt, wie viel Karat und und Grän in einer Mark stecken, den Zusatz abgerechnet: Beim Silber wird angegeben, wie viel Loth und Grän, (18 Grän auf ein Loth gerechnet) in der Mark stecken, den Zusatz abgerechnet. Beim Golde, wie viel Karat in der Mark enthalten sind, den Zusatz ebenfalls nicht mitgerechnet. Hieraus wird verständlich, was es heiße: Die Mark Silber roh halte so und so viel Loth fein; oder: die Mk. Gold roh halte so und so viel Karat fein. Beim Französischen Münzwesen wird auch wohl die ganze rohe Masse des Silbers in 12 gleiche Theile eingetheilt angenommen, die alsdann Deniers heißen, und man zeigt an, wie viel solche Deniers fein die Masse halte. Diesen Grad der Feinheit nennt man bei Münzen ihr Korn, und in diesem Verstande müssen alte Species-Thaler, und nach dem Leipziger Fuß ausgeprägte N. ⅔ Stücke im Korn 14 Loth 4 Grän fein halten. Ausser diesem Grade der Feinheit muß jede Münze ihr bestimmtes Gewicht haben, und das nennt man den Schrot der Münze. So müssen 8 Species-Thaler, oder 16 N. ⅔ Stück eine Mark Köllnisch roh, oder 1 Mk. im Schrot wiegen. Eine vollwichtige Münze also, die ihren richtigen Grad der Feinheit hat, ist im Schrot und Korn richtig.

§. 146.

Wenn es bekannt ist, wie viel eine Münzsorte im Schrot und Korn halte, so findet man durch die Regel Detri leicht, wie hoch die Mk. fein darin ausgemünzt sey, nur muß man auch ihren Namen und ihre Eintheilung wissen. Wie hoch die Mk. fein in N. $\frac{2}{3}$ Stücken oder fl. nach dem Leipziger Fuß ausgemünzt sey, findet man durch den Ansatz

$14\frac{2}{9}$ Loth fein — 16 fl. — 16 Loth?

```
2) 14 2/9            16) 16         2) 16
   7 1/9                 1              8
   64                                 × 9
16) 4                                  72
                                   4) F. 18. fl.
                                        oder 12 thlr.
```

Ein reichsgesetzmäßiger Dukaten wiegt 65 Aeßchen, oder $978\frac{40}{67}$ Richtpfennigstheile, 67 Stück wägen eine Mark roh, halten fein 23 Karat 8 Grän. Setzt man nun an:

$23\frac{2}{3}$ Karat fein Gold — 67 Stück. Duk. — 24 Kar.?

```
71              3
              201
               24
              804
             402
           48.24⟩ 67 67/71 Stück Duk.
             71
            426
            5.64
             71
            497
             67
```

so ergiebt das Facit, daß 1 Mark fein Gold zu $67\frac{67}{71}$ Stück Dukaten á $2\frac{3}{4}$ thlr., oder zu 186 thlr. 40 ßl. $6\frac{54}{71}$ pf. ausgemünzt sey.

Ein Holländischer Dukaten ist eben so schwer, und 67 Stück wiegen auch eine Mark, halten aber nur 23 Karat 6 Grän fein: also ist die Mark fein darin ausgemünzt zu 188 thlr. 8 ßl. $2\frac{2}{47}$ pf.

Alte Preuß. Friedr.d'or, Hannöv. Georgd'or, Braunschw. Carld'or wiegen das Stück 124 $\frac{10}{35}$ Aeßchen, oder $1872\frac{16}{35}$ Richtpfennigstheile, 35 Stück wiegen 1 Mk. roh, halten fein 21 Karat 9 Grän. Setzt man also an:

$21\frac{3}{4}$ Kar. — 35 Stück — 24 Kar.?

87 140 140

96

24

3.360 } $38\frac{54}{87}$ Stück.

87

261

7.5.0

87

696

54

so zeigt das Facit, daß 1 Mk. fein Gold zu $38\frac{54}{87}$ Stück Pistolen á 5 thlr., oder zu 193 thlr. 4 ßl. $11\frac{51}{87}$ pf. ausgemünzt sey.

Französische Louisd'or sind eben so schwer, 35 Stück wiegen eine Mark roh, halten fein 21 Karat 8 Grän, also ist die Mark darin ausgemünzt zu 193 thlr. 40 ßl. $7\frac{5}{13}$ pf.

Dänische Kurant Dukaten á 2 thlr. Dänisch Geld wiegen das Stück $873\frac{7}{17}$ Richtpfennigstheile, oder 58 Aeßchen ohngefähr, $74\frac{54}{65}$ Stück wägen 1 Mark, halten fein 21 Karat 2 Grän. Also giebt der Ansatz:

$21\frac{5}{6}$ Karat — $74\frac{54}{65}$ Stück — 24 Karat?

```
 21 5/6 Karat — 74 54/65 Stück — 24 Karat?
 127          × 65)             6
  65          ------          ----
 ----          370             144
 635           444
 762            54
 ----         ------
 8255          4864
             × 144
              ------
              700416
 div. : 8255)
        ------------
        Fac. 84 6996/8255
```

daß die Mk. fein beinahe zu $84\frac{7}{8}$ Stück á 2 thlr., oder zu $169\frac{3}{4}$ thlr. ausgemünzt sey.

§. 147.

Zur Uebung im Rechnen kann hier angenommen werden, die Mark Gold sey in Holländischen Dukaten ausgemünzt zu 188 thlr., in Preußischen, Hannöverischen und Braunschweigischen Pistolen aber zu 193 thlr.; so hat man den Reduktionssatz zwischen Dukaten und Pistolen,

188 thlr. in Duk. = 193 thlr. in Pistolen.

Und wenn man ansetzt:

```
188 thlr. Duk. — 193 thlr. Pist. — 100 thlr. Duk.?
                 × 100
                 -----         4)
                 19.300} 102 124/188 | 31/47 pC.
                 188
                 ----------
                  500
                  188
                  376
                 ----
                  124
```

so zeigt das Facit, daß die Dukaten zu $2\frac{3}{4}$ thlr. sehr nahe um $2\frac{2}{3}$ pC. besser sind als die Pistolen zu 5 thlr.

Will man also wissen, wie viel man in Dukaten, für 100 thlr. in Pistolen, zahlt, so setzt man an:

$102\frac{2}{3}$ thlr. Pist. — 100 thlr. Duk. — 100 thlr. Pist.?

×3   300

308   30000} Fac. $97\frac{124}{308}|\frac{31}{77}$ thr. 4)

308
2772
2280
308
2156
124

§. 148.

Bei Vergleichung der Gold- und Silbermünzen unter einander muß man noch wissen, wie vielmal die Mark Gold am Werth höher geschätzt wird, als die Mark Silber. Weil dieser Werth des Goldes gegen Silber nicht allgemein übereinstimmend festgesetzt ist so soll hier nur zur Erläuterung der Rechnungsmethode vorausgesetzt werden:

Eine Mark Gold sey 15mal mehr werth als eine Mark Silber. Dies ist dem Dänischen Münzfuß gemäß, denn ein Dänischer Kurant-Dukaten wird mit 2 thlr. Dänisch Silbergeld gleich geschätzt, also 85 Dänische Dukaten mit 170 thlr. Silbergeld. Aber $11\frac{1}{3}$ thlr. Dänisch Silbergeld halten 1 Mk. Silber, also halten 15 × $11\frac{1}{3}$ thlr. oder 170 thlr. Silbergeld 15 Mk. Silber, und 85 Dänische Dukaten halten 1 Mk. Gold, folglich wird 1 Mk. Gold mit 15 Mk. Silber gleich geschätzt.

§. 149.

Diese Vergleichung des Goldes und Silbers vorausgesetzt, ist

Mk. Gold = 170 thlr. Meklenb. oder Dänisch Cour. aber auch 1 Mk. Gold = 188 thlr. in Dukaten.

170 thlr Meklb. Cour. = 188 thlr. in Dukaten, und wenn man ansetzt:

17∅ thlr. M. Cour. — 188 thlr. Duk. — 10∅ thlr. M. C.?

10

1880 } $110\frac{10}{17}$ pC.

17

18

17

10

so zeigt das Facit, daß das Meklb. Cour. $10\frac{10}{17}$ pC. oder ziemlich nahe $10\frac{5}{8}$ pC. besser sey, als Dukaten á $2\frac{3}{4}$ thlr.

Will man nun wissen, wie viel 1 Dukaten in Meklb. Cour. werth ist, so setzt man an:

$110\frac{5}{8}$ thlr. Duk. — 100 thlr. M. K. — $2\frac{6}{8}$ thlr. Duk.?

885 | 5) 20 | 22

5) 177 | × 22

4.4.0 } Fac. 2 thlr. $23\frac{1}{3}$ ßl.

177

354

86

48

688

344

4.1.28

```
 4.1.28
 177
 354
 ---
  588
  177
  531
  ---
   57
```

Die Dukaten sind $2\frac{2}{3}$ pC. besser, als Pistolen zu 5 thlr. Wird also angesetzt:

```
100 thlr. Duk. — 102⅔ thlr. P. — 110⅝ thlr. D.?
   3                308                885
  300            4) 77              5) 177
×  8)               59              3)  59
  2400             693
4) 600             385
5) 120            4543} 113 23/40
3)  40              40
                    54
                    40
                   143
                    40
                   120
                    13
```

so findet man daß $110\frac{5}{8}$ thlr. Dukaten, oder 100 thlr. Meklb. Cour. so viel als $113\frac{23}{40}$ thlr. Pistolen werth, mithin das Meklb. Cour. um $13\frac{23}{40}$ pC. besser sey, als Pistolen zu 5 thlr.

Will man ferner wissen, wie viel 1 Pistole in Meklb. Kur. werth ist, so setzt man

$113\frac{13}{40}$ thlr. Pist. — 100 thlr. M. C. — 5 thlr. P.?

$\times$ 40	40
4533	4000

```
                4000
                   5
               ------
               2.0000 ) Fac. 4 thlr. 19⅓ ßl.
                4533
               ------
               18132
               ------
                1868
                  48
               ------
               14944
                7472
               ------
               89664
                4533
               ------
               44333[4]
                4533
               40797
               ------
                3537
```

§. 150.

Die bisher gelehrte Vergleichung der mancherlei Münzsorten unter einander ändert sich zwar an sich nur, wenn sich der Münzfuß ändert, oder auch der Werth des Goldes gegen Silber: weil aber in der großen Handlung das Geld selbst eine Art Waare geworden ist, und bald die eine, bald die andere Geldsorte mehr gesucht wird, so ändert sich daher ebenfalls der Werth verschiedener Münzsorten gegen einander, und dies ist es, was den sogenannten Cours ausmacht, davon sich nichts gewisses festsetzen läßt. Folgende Nachricht von den ausländischen Münzen und ihrer Vergleichung mit Mekl. Geld wird zur Uebung im Rechnen genügen können.

Meklenburg Schwerin

hält Buch in thlr., ßl. und pf., 1 thlr. zu 48 ßl., 1 ßl. zu 12 pf. gerechnet. Ein Sechsling ist 6 pf., 1 Witten oder Dreiling 3 pf. Es wird auch wohl in thlr. gl. und pf. Buch gehalten, da dann 1 thlr. 24 gl. und 1 gl. 12 pf. hält, mithin 1 ßl. 6 pf., 1 Sechsling 3 pf., und 1 Witten $1\frac{1}{2}$ pf. macht. Diese pf. heißen schwere und jene leichte pf., da dann 1 schwerer pf. 2 leichte pf. ausmacht.

In Hamburg und Lübeck

wird nach zweierlei Geld gerechnet, nämlich nach Courant und Banco-Geld. Letzteres ist keine wirkliche Münze mehr, und der Hamburger Banco Fuß ist sehr veränderlich, wovon unten im IX. Abschnitt mehr Nachricht gegeben wird. Das Courant-Geld ist dem Werth nach mit Mekl. Courant einerlei. Man hält daselbst Buch in Mk., ßl., pf.; 1 Mk. ist 16 ßl. Lübsch, 1 ßl. ist 12 pf. Lübsch, 1 thlr. hält 3 Mk. Lübsch.

Bey Wechseln nach den Niederlanden bedient man sich auch wohl des sogenannten Wechselthalers von 2 Mk. oder 32 ßl. Lübsch. Das Verhältniß zwischen Gold und Silber sollte eigentlich $14\frac{1}{2}$: 1 seyn, und der dänische Courant-Dukaten 1 thlr. $44\frac{3}{4}$ ßl. gelten, es hat aber in Hamburg das Gold gegen Silber keinen festgesetzten Preis.

Wegen des Mekl. Hamb. und Lüb. Cour. ist noch zu erinnern, daß der Münzfuß von $11\frac{1}{3}$ thlr. p. Mk. nur vom groben Courant bis auf die gl. Stücke zu verstehen sey. Die Schillinge, Sechslinge und Dreilinge heißen Scheidemünze, und sind, wie überall gewöhnlich ist, etwas schlechter ausgemünzt, nämlich die Schillinge zu 12 thlr. die Sechslinge zu $12\frac{2}{3}$ thlr., die Dreilinge zu 13 thlr. p. Mk.

Amsterdam und ganz Holland

hält gewöhnlich Buch in fl., Stüver und pf. Holl. 1 fl. hält 20 Stüver, 1 Stüver 16 pf. Holl., 1 Dukaten gilt 5 fl. 4 Stüver, 1 Reichsthaler 50 Stüver oder $2\frac{1}{2}$ fl., 1 Holl. Krone 2 fl. Noch hält ein Stüver 8 Duit, 1 Duit 3 pf. holl. Das Bancogeld wird 5 pC. besser gehalten, als Cour. Geld.

Das Banco-Geld besteht hauptsächlich in Dukatons zu 3 fl. oder 60 Stüver Banco, und Albertsthalern zu 48 Stüver. Nach dem alten Münzgesetz sollen die Dukatons $11\frac{1}{4}$ Deniers oder 15 Loth fein halten, und bei der Belehnung in Banco müssen 200 Stück 26 Mk. 3 Unzen 15 Engel Troy wiegen. Bei einer im Jahre 1737 zu Regensburg angestellten Probe hat man die alten Dukatons 14 Loth 17 Grän fein, und $7\frac{1}{4}$ Stück eine Köllnische Mk. schwer befunden. Die neuen seit 1726 geschlagenen Dukatons sollen nur 14 Lt. 11 Grän fein halten. Alte Albertsthaler sollen, nach dem Münzgesetz, 10 Den. 10 Grän fein halten, und bei der Belehnung in Banco müssen 200 Stück 22 Mk. $6\frac{1}{2}$ Unz. Troy wiegen. Man hat sie zu Regensburg 13 Loth 15 Gr. fein befunden, und $8\frac{1}{2}$ Stück eine Köllnische Mk. schwer. Die neuen seit 1726 geschlagenen halten nicht über 13 Loth 13 Grän fein.

In Brüssel, Antwerpen und andern Städten der Oesterreichischen Niederlande wird nach Pf., Schillingen und Groten oder pf. flämisch Buch gehalten. 1 Pf. vls. hält 20 ßl. vls., 1 ßl. vls. 20 Grot oder pf. vls., 1 Pf. vls. giebt 6 fl. Holl., 1 ßl. vls. 6 Stüver, 1 Grot 8 pf. Holl.

London und ganz England

hält Buch in Pf., ßl. und pf. Sterling; 1 Pf. Sterling hält 20 ßl. Sterl., 1 ßl. Sterl. 12 pf. Sterl., 1 pf. 4 Farthing. Noch hält 1 Krone 5 ßl. Sterling, 1 Guinee (eine Goldmünze) 21 ßl. Sterl., 1 Grot 4 pf. Sterl.

Vormals war 1 Pf. Sterling ein wirkliches Pf. Silber von 12 Unzen Tr. Gew. das man in 20 Schillinge theilte. Jetzt aber wird, nach dem Gesetzt, ein Pf. Silber Tr. Gew. von 12 Unzen, welches $11\frac{1}{10}$ Unzen fein hält, und Standartsilber heißt, zu 3 Pf. 2 ßl. Sterl. ausgemünzt. Das Standartgold hält 22 Karat fein, auf 24 Karat roh; und aus 12 Unzen Standartgold oder 11 Unzen fein Gold werden $44\frac{1}{2}$ Guineen geprägt.

Lion und ganz Frankreich

hält Buch und Rechnung in Livres, Sous und Deniers Tournois; 1 Livre zu 20 Sous, 1 Sou zu 12 Deniers Tournois gerechnet; 1 Ecu hält 3 Livres oder 60 Sous Tournois.

Vormals war ein Livre ebenfalls ein wirkliches Pf. Silber in Fr. Tr. Gewicht zu 12 Unzen.

Nach dem Münzedikt vom Januar 1762 sollen $8\frac{3}{10}$ Stück der doppelten Ecus eine Mk. Troy wiegen, und sollen 11 Deniers fein halten; ihr Werth aber ist 6 Livres.

Von den neuen Schild Louisd'or zu 24 Livres sollen 30 Stück 1 rohe Mk. Tr. wiegen, und 22 Karat fein halten.

In Italien

rechnet man nach Scudi, Soldi und Denari; 1 Scudo hält 20 Soldi, 1 Soldo aber 20 Denari. Auch hat 1 Scudo 10 Giulii oder Paoli, und 1 Giulio oder Paolo macht 2 Soldi. 38 Scudi, mehr oder weniger, schätzt man gleich 100 fl. Holl. Bco. 1 Spanische Pistole gilt $32\frac{1}{2}$ Giulii, mehr oder weniger.

Venedig

hält Rechnung theils in Ducati di Banco, theils in Ducati correnti, theils auch in Lire, 1 Lira hält 20 Soldi, 1 Soldo 12 pf., 1 Ducato hält $6\frac{1}{5}$ Lire oder 124 Soldi. 100 Duc. di B°. sind 120 Duc. corr. dies Corr Geld hat gegen gemein Corrent (Piccoli) wiederum 21 pC m. o. w. Agio, welcher Sopra-agio heißt. Der Gold- und Silberpreis ist in Venedig sehr veränderlich. Man schätzt 1 Ducat di Bco. gleich 86 pf. vls. Holl. Bco. m. o. w. oder 84 pf. vls. Hamb. Bco. m. o. w.

Spanien

hält Rechnung in Reales und Maravedis, den Reale zu 34 Maravedis gerechnet, 1 Peso de Ocho hat 8 Reales, oder 272 Maravedis. Die Goldmünzen sind halbe, ganze, doppelte und vierfache Pistolen, und die Silbermünze besteht in Stücken von Achten, welche Piaster, Pesos, Mexikanen und Pilaren heißen. Unter den Benennungen von Reales und Maravedis wird entweder Silbergeld (Moneda de Plata) oder Kupfergeld (Moneda de vellon) verstanden. Jenes wird $88\frac{8}{17}$ pC. besser, als dieses, geschätzt. Ein gemünzter Real de Plata gilt 17 Quartos, und 1 Peso in wirklicher Münze $10\frac{5}{8}$ gemünzte Reales de plata,

Nach den Münzgesetzen müssen 1000 Pesos $117\frac{1}{4}$ Mk. wiegen, und fein 14 Loth 8 bis 9 Gräne, oder $21\frac{2}{3}$ Karat, halten. Ferner sollen 34 Spanische Pistolen 1 Mk. wiegen, und $21\frac{1}{3}$ Karat fein halten, $117\frac{1}{4}$ Mk. in Spanien wiegen 870 Unzen Engl. Troy, und $34\frac{1}{2}$ Spanische Mk. sind beinahe 34 Mk. Kölln.

Portugal

hält Rechnung in Reïs und Millereïs, zuweilen in Cruzados, die im Wechsel 400 Reïs, sonst aber 480 Reïs gelten. Man hat silberne und goldene Cruzaden, auch in Golde zehnfache, von 4800 Reïs, die Moëdas de Ouro, insgemein Moidors, auch Lisboninen, heißen. Die Feine der Lisboninen ist 22 Karat, und 623 Stück wiegen 27 Mk. Engl. Troy. Das Stück der silbernen Cruzados novos ist schwer befunden $305\frac{1}{7}$ Aß Holl. Troy, und ihre Feine ist $10\frac{7}{8}$ Deniers auf 12 Deniers roh. Man schätzt 58 Mk. Portugiesisch gleich 57 Mk. Köllnisch.

Dännemark

hält Rechnung in thlrn., Mk. und ßl., 1 thlr. hat 6 Mk., oder 96 ßl., eine Mk. hat 16 ßl., 1 Dänische Krone hat 2 Mk., 1 doppelte Krone 4 Mk. Dänisch. 2 Mk. Dänisch sind 1 Mk. Lübsch oder Mekl. 2 ßl. Dänisch sind 1 ßl. Mekl. oder Lübsch.

In Kronen wird die Mk. fein zu $10\frac{5}{12}$ thlr. ausgemünzt.

Schweden

hält Rechnung in thlr. und Oer, theils in Silber, theils in Kupfer-Münze. 1 thlr. hält 4 Mk., 1 Mk. 8 Oer. 1 thlr. Silbermünze gilt 3 thlr. Kupfermünze. 1 Mk. Silberm. gilt 3 Mk. Kupferm. 1 Oer Silberm. gilt 3 Oer Kupfermünze.

Vormals rechnete man nach Mk. und pf., wovon 192 eine Mk. ausmachten, und die Mk. Silbermünze war einer wirklichen Mk. Silber gleich. Man hat Speciesthaler zu 12 Mk., Karoline zu 2 Mk. Silberm., doppelte zu 4 Mk., und halbe Karolinen zu 1 Mk. Silberm.

1 Mk. Schwedisch Silbergewicht wiegt 4384 Aasen Holl. Troy Gewicht, also sind 152 Mk Schwedisch Silbergewicht so viel, als 137 Mk. Köllnisch. Die Speciesthaler halten 14 Lt. 1 Gr. fein, und $7\frac{1}{5}$ Stück wiegen eine Mk. Doppelte Karolinen halten 11 Lt. 2 Gr. fein, und $20\frac{1}{4}$ Stück wiegen 1 Mk. Die Schwedischen Dukaten halten 23 Karat 5 Grän fein, und $60\frac{1}{2}$ Stück wägen 1 Mk.

In Kupfer hat man Stücke von 12, 9. 6, $4\frac{1}{2}$, 3, $2\frac{1}{4}$, $1\frac{1}{2}$ thlr. Kupferm., und die Stücke zu 6 thlr. Kupferm. oder 2 thlr. Silberm. werden insbesondre Platen genannt. Eine Plate wog vormals $12\frac{3}{4}$ Mk. und ihr Werth war dem Werth des Kupfers gleich. Jetzt aber wiegt eine Plate von 12 thlr. nur $8\frac{4}{5}$ Mk., und 90 Stück wiegen 1 Stockholmisches Schpf., 1 Mk. Silberm. ist 4 ßl. Hamb. Cour.

Das übrige Gewicht in Schweden ist eingetheilt in

1) Victualiengewicht, wovon 1 Pf. = 8848 Aß Holl. Troy Gewicht.
2) Bergwerksgewicht, 1 Pf. = $7821\frac{1}{2}$ Aß Tr.
3) Landstädtegewicht, 1 Pf. = $7450\frac{2}{3}$ Aß Tr.

4) Stapel-Städte oder Ausschiffungsgewicht, 1 Pf. = 7078$\frac{2}{3}$ Aß Tr.
20 Pf. machen 1 Lpf., und 20 Lpf. machen 1 Schpf. Ein Schpf. Stapelstädter Gew. wiegt 280$\frac{8}{9}$ Pf. in Hamburg: ist also dem Hamb. Schpf. fast gleich.

Rußland

hält Rechnung in Rubeln, Grieven und Kopiken, 1 Rubel hält 10 Grieven, 1 Grieve 10 Kopiken. Ein Rußischer Dukaten gilt 2 Rubel 30 Kop., ein Andreas-Dukat aber 2 Rubel.

Im Jahre 1745 hatte Rußland folgenden Münzfuß. Ein Pfund (von 96 Solotnik) Dukatengold, hielt 93 Solotnik fein Gold, und 3 Solotnik Kupfer, und daraus wurden 118 Stück gemünzt. In 1 Pf. Gold zu Andreasdukaten waren 75 Solotnik fein Gold, und 21 Solotnik Kupfer, daraus wurden 100 Stück geprägt.

Das Pf. Silber zu ganzen, halben und Viertel-Rubeln hielt 77 Solotnik fein Silber und 19 Solotnik Kupfer; daraus münzte man 15 Rubel 84 Kopiken. Ein Pf. Silber zu Grieven 72 Solotnik fein Silber und 24 Solotnik Kupfer, daraus wurden auch 15 Rubel 84 Kop. geschlagen.

Aus 1 Pud Kupfer von 40 Pf. werden itzt für 8 Rubel kupferne 5 und 1 Kopikenstücke geschlagen, und 1 Pud von 40 Rußischen Pfunden wiegt 34$\frac{3}{4}$ Pf. Kölln.

Sonst war im Jähr 1745 das Verhältniß des Goldes zum Silber, wie 13$\frac{5}{19}$ zu 1. und des Silbers zum Kupfer, wie 91 : 1.

§. 151.

Bei den im deutschen Reich kursirenden Münzen herrscht eine so große Verschiedenheit des Münzfußes, daß es hier viel zu weitläuftig fallen würde, von allen eine genaue Nachricht zu geben. Das Folgende wird indessen in so ferne genügen, in wiefern

der

der angehende Rechner daher allerlei Exempel zur Uebung in dieser Art Reduktionsrechnungen nehmen kann.

Seit dem Jahr 1500 nach Chr. Geb ist der Name Thaler, und die Eintheilung desselben in Groschen und pf. oder auch ßl. und pf. allererst eingeführt. Sonst ist auch im deutschen Reich die Rechnung in fl. Kreuzer und pf. gewöhnlich, den fl. zu 60 Xr., 1 Xr zu 4 pf., da dann 1½ fl. 1 Thaler, welches 1 Reichs- oder Speciesthaler ist, machen.

In Leipzig, ganz Sachsen und Brandenburg

wird Buch gehalten in thlr., gl. und pf., den thlr. zu 24 gl., den gl. zu 12 pf. gerechnet.

In Braunschweig und Lüneburg

wird Buch gehalten in thlr. Mariengr. und pf. Ein thlr. hält 36 Mgr., und 1 Mgr. hält 8 pf. 1 guter Groschen ist 1½ Mgr. In dortigem Cassengelde wird die Pistole zu 4⅔ thlr., der Duk. zu 2⅔ thlr. gerechnet.

Bremen

hält Buch in thlr. Groten und pf., 1 thlr. hält 72 Grot, 1 Grot 4 pf.

Frankfurt am Mayn

hält Rechnung in Thlrn., Xrn. und pf. 1 thlr. hält 90 Xr., 1 Xr. 4 pf. Auch hält ein thlr 1½ fl., 1 fl. 60 Xr. oder 15 Batzen, ein Batzen 4 Xr. oder 2 Albus 1 Albus 2 Xr, 1 Kopfstück 20 Xr. 1 Kaisergr. 3 Xr.

In Wien, Augspurg, Nürnberg, ganz Oesterreich, Bayern, Franken und Schwaben

rechnet man in fl., Xrn. und pf., 1 fl. hat 60 Xr., 1 Xr. 4 pf., 1 thlr. 90 Xr., 1 fl. hält auch 15 Batzen, 1 Batzen 4 Xr., 1 Kaisergr. 3 Xr.

In Danzig, Königsberg und Preußen rechnet man in fl., gl. und pf., welche Polnisch Geld genannt werden, 1 fl. hält 30 gl., 1 gl. 18 pf. Sonst ist auch 1 thlr. so viel als 3 fl. oder 90 gl. 1 gl. 3 ßl., 1 ßl. 6 pf., 1 Timpf ist 18 gl., 1 Sechser 6 gl., 1 Dütchen 3 gl.

In Polen selbst hat man im Jahre 1765 zwar einen neuen Münzfuß angenommen, vermöge dessen die Mk. Köllnisch fein Silber zu 80 fl. Polnisch gemünzt wird: in Polnischpreußen aber hat man den alten Polnischen Münzfuß behalten, nach welchen 4 fl. Polnisch ungefähr 1 thlr. Hamb. Bo. werth sind.

§. 152.

Die erheblichsten Veränderungen des deutschen Münzfußes seit 1669 sind folgende gewesen:

Im Jahre 1669 ward auf dem Münzprobationstage zu Regensburg verglichen, es sollte die feine Mk. Gold zu 204 fl. ausgemünzt werden, und zwar sollten 65 Stück Dukaten zu 3 fl. eine Köllnische Mk. wägen und 23 Karat 8 Grän fein halten. Ferner sollten 8 Stück Species-Thaler zu $1\frac{1}{2}$ fl oder 90 Xr. auf die rauhe Mk., und 9 Stück auf die feine Mk. ausgemünzt, mithin die feine Mk. Silber zu 13 fl. 30 Xr. vermünzt werden.

Diesen Münzfuß nennt man noch den alten Reichsfuß, zu 9 thlr. die Mk. fein.

Zwei Jahr vorher, im Jahre 1667, war in Zinna, einer Stadt in Sachsen, zwischen Kursachsen und Kurbrandenburg verglichen, die Mk. fein Silber zu $10\frac{1}{2}$ thlr. oder 15 fl. 45 Xr. auszumünzen, daher dies der alte Zinnaische Fuß heißt.

Im Jahre 1690 wurde zu Leipzig zwischen Kursachsen, Kurbrandenburg und Braunschweig rezeßirt, die feine Mk. Silber zu 12 thlr. an $\frac{2}{3}$ und $\frac{1}{3}$ Stück auszumünzen. Dieser Münzfuß heißt nun der Leipziger Fuß, oder der 18 fl. Fuß.

Der Reichs-Speciesthaler ward dadurch zu

120 Xr. Leipziger Fußes gesetzt, so daß er nun zu 2 fl. ausgegeben wurde.

Nach dem am 10. Sept. 1738 erstatteten und vom Kaiser den 18. Sept. desselben Jahres approbirten Reichsgutachten, ward der Leipziger 18 fl. Fuß fürs Künftige zum Reichsfuß angenommen und festgesetzet

In Golde

Dukaten, 67 St. von 23 Karat 8 Gr. fein Gold und 4 Gr. Silber auf die Mk. roh, das Stück zu 4 fl.

Goldgülden, 18 Karat 10 Gran fein, Gold,
3 Karat 8 Gr. Silber.
1 Karat 6 Gr. Kupfer.

24 Karat.

72 Stück auf die Mk. roh, zu 3 fl.

In Silber.

Speciesthaler, 2 fl. werth, 14 Loth 4 Grän fein, 8 Stück auf die rohe, 9 Stück auf die feine Köllnische Mk.

Gulden, 16 Stück auf die rohe, 18 auf die feine Mk., halbe Gulden, 32 Stück auf die rohe Mark, alle 14 Loth 4 Gr. fein.

Im Jahre 1750 ward in den königl. Preußischen Ländern der von dem Königl Finanzrath Graumann empfohlne Münzfuß angenommen, vermöge dessen die Mk. fein Silber zu 14 thlr in ganzen, halben und viertel thlrn. ausgemünzt, und das Verhältniß zwischen Gold und Silber wie $13\frac{1}{3}$: 1 festgesetzt ward.

Im Jahr 1753 aber hat das Erzhaus Oesterreich mit dem Kurhause Bayern eine Convention dahin errichtet, daß

die Proportion zwischen Gold und Silber wie $14\frac{21}{71}$: 1 festgesetzt,

die Köllnische Mk. fein aber zu 20 fl. ausgemünzt werden sollte: als

In Gold

die feine Köllnische Mk. zu 283 fl. 5 Xr. 3 pf.

Der Dukaten zu 23 Karat 8 Gr. fein, 67 Stück auf die rauhe Mk., im Werth 4 fl. 10 Xr.

Karoliner, 24 Stück auf die rohe Mk. 18 Karat 6 Gr. fein, für 9 fl 12 Xr.

Goldgülden für 3 fl. 4 Xr.

In Silber

Speciesthaler, 2 fl. werth 13 Loth 6 Gr. fein, 10 Stück eine feine, $8\frac{1}{3}$ eine rauhe Mk.

Gulden, 20 eine feine Mk., 13 Loth 6 Gr. fein.

Halbe fl. 40 eine feine Mk., 13 Lt. 6 Gr. fein, Xr. zu 2 pf.

Dieser Fuß heißt der Konventions- oder 20 fl. Fuß.

Im Jahre 1766 aber hat Kurbayern den 24 fl. Fuß angenommen, vermöge dessen die Mk. fein Silber zu 24 fl. ausgemünzt wird, und der Duk. 5 fl gilt.

Kurhannover ist bisher bei dem Leipziger Fuß geblieben, Sachsen- und Braunschweig-Wolfenbüttel sind dem Konventionsfuß beigetreten, der Schwäbische Kreis aber, und die meisten Stände des Fränkischen Kreises, haben den 24 fl. Fuß angenommen.

Sechster Abschnitt.

Von der Regel Quinque und andern Arten der zusammengesetzten Regel Detri.

§. 153.

Nach den Gründen der Regel Detri werden 2 Grössen unmittelbar durch einander gemessen, wie aus §. 121 erhellet. Man könnte aber, anstatt geradezu zu sagen 1 thlr. = $\frac{3}{2}$ fl., dasselbe auf einem Umwege erhalten, wenn man sagt:

1 fl. = 2 Mk und 1 thlr. = 3 Mk., also entstehen diese beiden Proportionen:

1 Mk : 1 fl = 1 : 2

1 thlr. : 1 Mk. = 3 : 1

woraus man weiter schließen muß, also 1 thlr. : 1 fl. = 3 : 2, oder 2 thlr. = 3 fl. Ehe daher noch 1 thlr. mit 1 fl. verglichen werden konnte, mußten die beiden Verhältnisse 1 : 2 u. 3 : 1 gegen einander gehalten werden, und man kann daher auch schreiben:

$$1 \text{ thlr.} : 1 \text{ fl.} = \left\{ \begin{matrix} 1 : 2 \\ 3 : 1 \end{matrix} \right\}$$

und sagt dann, die Verhältniß des Thalers zum Gulden sei aus zweien Verhältnissen **zusammengesetzt.**

§. 154.

Wenn 1 Mk. = 16 ßl., 1 thlr. = 48 ßl. u. 2 Mk. = 1 fl. betragen; so hat man diese Proportionen:

1 thlr. : 1 Mk. = 48 : 16

u. 1 Mk. : 1 fl. = 1 : 2

$$\text{also}: 1 \text{ thlr.} : 1 \text{ fl.} = \left\{ \begin{matrix} 48 : 16 \\ 1 : 2 \end{matrix} \right\}$$

Multiplizirt man die beiden Verhältnisse die unter einander stehen, so folgt:

1 thlr. : 1 fl. = 48 : 32.

Man sieht also die Richtigkeit der Regel, die sonst noch bewiesen werden muß, an diesem Beispiele ein:

daß das Verhältniß, das aus zwei andern zusammen gesetzt ist, einerlei sein müsse, mit dem Verhältnisse der Produkte der gleichnahmigen Glieder dieser Theile.

§. 155.

Diese zusammengesetzten Verhältnisse kommen nun bei der Anwendung der Regel Detri auf

Rechnungsfragen des gemeinen Lebens nicht selten vor; z. B 100 thlr. geben in 1 Jahr 6 thlr. Zinsen, wie viel 51 thlr. in 7 Monathen? Will man ganz nach den Regeln des vor. §. verfahren, so folgt:

$$6 \text{ thlr. Z.} : \tfrac{7}{2} \text{ thlr. Z.} = 12 : 7$$
$$\tfrac{7}{2} \text{ thlr. Z.} : x \text{ thlr. Z.} = 100 : 51 \text{ thlr. Kapital.}$$
also $6 \text{ thlr. Z.} : x \text{ thlr. Z.} = 1200 \text{ thlr. K.} : 351 \text{ thlr. K.}$
und daraus $1200\,x = 2142$
oder $x = 1\tfrac{157}{200}$ thlr.

Die erste Proportion übersieht man leicht, denn wenn auf 12 Monathe für 100 thlr. Kapital 6 thlr. Zinsen bezahlt werden, so beträgt dieß für jeden Monath $\tfrac{1}{2}$ thlr., also für 7 Mon. $\tfrac{7}{2}$ thlr.; weiß man daß für 100 thlr. K auf 7 Monate $\tfrac{7}{2}$ thlr. Z. bezahlt sind; so kann man ja weiter fragen, wie viel in eben der Zeit für 51 thlr. bezahlt werden müsse? und man sieht hieraus daß die vorgelegte Frage wirklich 2 Proportionen nöthig mache. Nach der gemeinen Regel werden die sogenannten Ansätze auf diese Art geordnet:

100 thlr. — 6 thlr. Z. — 51 thlr. K.?
12 Mon — — 7 Mon.?

wobei also eigentlich ein Glied ausgelassen ist, und wodurch nun 5 Zahlen als bekannt vorgestellt werden, zu denen man die sechste finden soll. Aus dieser Ursache wird die Auflösung solcher Aufgaben, die die doppelt zusammengesetzten Verhältnisse nöthig machen, von den Praktikern die Regel Quinque genannt. Man sieht indeß, daß ihre Gründe mit denen der Regel Detri völlig einerlei sind, wenn man sich die Sache so vorstellt, wie in den vorigen §§. bemerkt worden ist. Indeß ist die praktische Regel eine sehr vortrefliche Verkürzung bei der wirklichen Rechnung.

§. 156.

Die Rechnung selbst wird nun nach dem letzten Ansatze nicht anders geführt, als es bei der

Proportion im vor. §. gezeigt worden ist; indeß geben die Schriftsteller noch einige Regeln an, um den Ansatz zu machen:

1) man setze alle Fragzahlen am Ende untereinander;
2) das was mit der gesuchten von einerlei Art ist, in die Mitte;
3) alle übrige Zahlen, deren eben so viel als Fragzahlen, und die auch mit ihnen von einerlei Art sein müssen, setze man vorne untereinander hin;
4) alsdann untersuche man, ob sich keine von den Zahlen, die vorne und hinten, oder vorne und in der Mitte stehen, aufheben lassen. Diese hebe man auf und schreibe die neuen gefundenen Zahlen zur Seite hin.
5) Nun multiplizire man alle Fragzahlen, imgleichen alle Zahlen in der ersten Stelle in einander, so erhält man 3 Zahlen, womit man nach der gewöhnlichen Regel Detri rechnet,

Heißt also die Aufgabe: wenn 100 thlr. K. in 1 Jahre 6 thlr. Zinsen geben, was 650 thlr. in 8 Jahren? so ist der Ansatz:

	100	— 6 —	650?	
	1		8?	
und die Rechnung	2	— 6 —	104?	
oder	1	— 6 —	52	— 312.

Was kosten 2000 Soldaten 1 Jahr hindurch zu unterhalten, wenn jeder monathlich $6\frac{1}{4}$ thlr bekommt?

1 Sold. 1 Mon.	— $6\frac{1}{4}$ thlr —	2000 Sold.? 12 Mon.?	3
4	25	6000	
	6000		
	150000 thlr.		

Exempel zur Uebung.

1) Wenn die Last Rocken 96 thlr. gilt, verkaufen die Becker, nach Stadtordnung, ein Brod

von $2\frac{1}{4}$ Pf. für 3 gl.; wie viel kostet ein Brod von 4 Pf, wenn die Last 165 thlr. kostet? Antw. $7\frac{1}{2}$ gl.

2) 12 Ct. Waaren 40 Meilen zu fahren, kosten 100 thlr. Fracht; was 20 Ct. auf 56 Meilen? Antw. $233\frac{1}{3}$ thlr.

3) 1 Schpf. auf 10 Meilen zu fahren gilt 2 Mk. 4 ßl.; was, nach demselben Bedung, 100 Schpf. auf 12 Meilen? Antw. 270 Mk.

4) 25 Schpf. auf 24 Meilen, 135 Mk.; was, für 70 Schpf. auf 8 Meilen? Antw. 126 Mk.

5) 3 Arbeitsleute verdienen in einer Woche 13 Mk. 8 ßl.; was 20 in 10 Wochen? Antw. 900 Mk.

6) Von 110 Personen giebt jeder alle Wochen 1 ßl. Wie groß ist die Summe des ganzen Beitrags aufs Jahr? Antw. 390 Mk.

7) Jeder Einwohner im Dorfe bezahlt monathlich $1\frac{1}{2}$ thlr. Kontribution. Wie viel beträgt die jährliche Kontribution von 50 Dörfern, das Dorf zu 24 Einwohnern gerechnet? Antwort 21600 thlr.

8) Ein Hausvater verzehrt in 16 Wochen mit 20 Personen 1400 Mk.; wie viel im Jahr mit 24 Personen? Antw 5460 Mk.

9) Wenn ein Jude wöchentlich für 1 thlr. $\frac{3}{4}$ ßl. Wucher nimmt, wie viel wird er jährlich auf 100 thlr. verdienen? Antw. 81 thlr. 12 ßl.

10) Ein Regiment Soldaten kostet monatlich 13000 thlr. zu unterhalten; was eine ganze Armee von 80 Regimentern, das Regiment zu 1000 Mann, im Jahr? Antw. 12480000 thlr.

11) Es will jemand ein Landgut kaufen für 4309 thlr. Er hat aber nur 3475 thlr. Diese leihet er auf 4 Jahr zu 6 pC. auf Zinsen aus. Bekömmt er in dieser Zeit so viel Zinsen, daß er völlig bezahlen kann? Antw. Ja, denn 3475 thlr. tragen in den 4 Jahren 834 thlr. Diese zum Kapital gerechnet, geben 4309 thlr.

12) 100 Mann brauchen 200 Last Rocken auf 6 Monat; wie viel bedürfen 1200 Mann auf 7 Monat? Antw. 2800 Last.

13) Bei einem Gebäude haben 10 Zimmerleute 8 Wochen 4 Tage, (die Woche zu 6 Tagen gerechnet) gearbeitet, und jede Person hat täglich 12 ßl. bekommen. Wie viel beträgt das Zimmerlohn zusammen? Antw. 390 Mk.

14) 1 Schpf. auf 7 Meilen zu fahren kostet $\frac{1}{2}$ thlr; wie viel dann 21 Schpf. auf 30 Meilen? Antw. 45 thlr.

15) Wenn von 15 thlr. jährlich 21 gr. 7 pf. Zinsen bisher bezahlt sind, nun aber das Kapital noch um 5 thlr. vermehrt wird, wie viel Zinsen fallen von dem neuen Kapital in 24 Jahren? 28 thlr. $9\frac{1}{3}$ gr.

§. 157.

So wie im 153 §. ein aus zweien Verhältnissen zusammengesetzes Verhältniß betrachtet wurde, so können auch Verhältnisse aus dreien andern zusammgensetzt, vorgestellt werden z. B.

$$
\begin{aligned}
1 \text{ thlr.} : 1 \text{ fl.} &= 48 : 32 \\
1 \text{ fl.} : 1 \text{ Mk.} &= 32 : 16 \\
1 \text{ Mk.} : 1 \text{ gr.} &= 8 : 1
\end{aligned}
$$

und man erhält nach denselben Gründen wie §. 153.:

$$
1 \text{ thlr.} : 1 \text{ gr.} = \left\{ \begin{matrix} 48 : 32 \\ 32 : 16 \\ 8 : 1 \end{matrix} \right\}
$$

Man hätte nämlich auf die Frage, wie viel Groschen ein Thaler enthalte, auch sehr weitschweifig antworten können: ein Thaler sey so groß als $1\frac{1}{2}$ fl. und 1 fl. doppelt so groß als 1 Mk und ein Mk. halte 8 gr so würde das Resultat auf keine andere Weise haben gefunden werden können als durch die eben bezeichneten Proportionen.

Multiplizirt man nemlich alle unter einander stehenden Glieder der drei Verhältnisse, so folgt:

$$1 \text{ thlr.} : 1 \text{ gr.} = 12288 : 512 = 24 : 1$$
$$\text{oder } 1 \text{ thlr.} = 24 \text{ gr.}$$

§. 158.

Auch diese dreifach zusammengesetzten Verhältnisse finden oft ihre Anwendung; z. B.

20 Arbeiter sind 15 Wochen, täglich 6 Stunden zu arbeiten, um 1000 fl. bedungen worden, wie viel kosten 36 Arbeiter auf 4 Wochen, täglich 8 Stunden?

Diese Frage läßt sich in drei besondere auflösen; denn man sagt:

1) 20 Arbeiter erhalten 1000 fl., also müssen 36 Arbeiter 1800 fl. haben
2) für 15 Wochen Arbeit werden 1800 fl. bezahlt, also für 4 Wochen, $266\frac{2}{3}$ fl.
3) für 6 Stunden tägliche Arbeit sind $266\frac{2}{3}$ fl. bezahlt worden, wie viel muß also eine achtstündige Tagesarbeit kosten?

Nach dem vorig. §. drückt man dies nun so aus:

$$1000 \text{ fl.} : 1800 \text{ fl.} = 20 \text{ A.} : 36 \text{ A.}$$
$$1800 \text{ fl.} : 266\tfrac{2}{3} \text{ fl.} = 15 \text{ W.} : 4 \text{ W.}$$
$$266\tfrac{2}{3} \text{ fl.} : x \text{ fl.} = 6 \text{ St} : 8 \text{ St.}$$

$$\text{also } 1000 : x = \begin{Bmatrix} 20 \\ 15 \\ 6 \end{Bmatrix} : \begin{Bmatrix} 36 \\ 4 \\ 8 \end{Bmatrix}$$

$$\text{oder } 1000 : x = 20 \times 15 \times 6 : 36 \times 4 \times 8 = 450 : 28800$$
$$\text{also } x = 640 \text{ fl.}$$

§. 159.

Die Rechenmeister empfehlen folgenden Ansatz:

20 Arb.		36 Arb.?
15 Woch. —	1000 fl. —	4 Woch.?
6 Stund.		8 St.?

wobei also 2 Glieder ausgelassen sind und nur 7 gegebene Zahlen übrig bleiben, zu denen die achte Zahl gefunden werden soll. Daher heißt diese Auflösung bei ihnen Regel Septem, die sich übrigens in nichts von der Regel Quinque unterscheidet, als daß das erste und dritte Glied 2 Zahlen mehr hat; sonst wird auch völlig nach der Anleitung des 156. §. gerechnet.

§. 160.

Es sey nun zur Uebung folgende Rechnungsfrage vorgelegt:

Kajus leihet Titius 5680 fl. zu 5 pC. Zinsen. Nach 8 Monat zahlet Titius auf dieses Kapital 1420 fl., nimmt aber von jenem nach Verfluß von 10 Monat (d. i nach 18 Monat vom Anfang) abermal 2520 fl., und bezohlt endlich nach 7 Monat (d. i. 25 Monat vom Anfang) die ganze Schuld. Die Frage ist: wie viel hievon die sämmtliche Zinse sey?

Da das Kapital von 5680 fl. 8 Monat steht, ehe Titius etwas bezahlt, so suche man zuerst die 8 monatliche Zinse von 5680 fl.

2 | 100 fl. — 5 fl. — 5680 fl. | 2
3 | 12 Mon.   8 Mon. |

3) 568

Antw $189\frac{1}{3}$ fl.

Nach 8 Monat bezahlt Titius auf Abschlag 1420 fl., also bleibt er Kajus noch 4250 fl. schuldig, ohne die $189\frac{1}{3}$ fl. Zinse. Aber diese 4260 fl. stehen wieder 10 Monat ehe Titius etwas bezahlt, man suche also die 10monatliche Zinse von 4260.

2 | 100 fl. — 5 fl. — 4260 fl. | 71
| 12 Mon.   71   10 Mon. |

2) 355

Antw. $177\frac{1}{2}$ fl.

Nun leihet Titius noch 2520 fl., folglich ist er Kajus mit den vorigen 4260 fl. wieder 6780 fl. ohne die beiden Zinsen-Posten schuldig. Nach 7 Monat bezahlt Titius alles, also muß man wieder die 7monatliche Zinse von 6780 fl. suchen, und alle Zinsenposten zusammen addiren, so erhält man das gesuchte Facit:

2	~~100~~ fl.			~~6780~~ fl.	113
2	~~12~~ M.	— ~~5~~ fl. —		7 M.	
—				113	
4					
			4)	791	
			Facit	$197\frac{3}{4}$ fl.	

Nun bringt man die drei gefundenen Posten in eine Summe, nämlich

$189\frac{1}{3}$ fl.
$177\frac{1}{2}$ „
$197\frac{3}{4}$ „

Summe $564\frac{7}{12}$ fl.

Man hätte diese Rechnung auch so führen können: Wenn man das erste Kapital von 5680 fl. in die beiden Kapitale 4260 und 1420 fl. theilet, so sieht man leicht, daß die 4260 fl. vom Anfang bis zu Ende, nämlich völlige 25 Monat gestanden. Das Kapital von 1420 fl. aber hat nur die ersten 8, und das Kapital von 2520 fl. nur die letzten 7 Monat gestanden. Man kann also die Zinsen jedes dieser Kapitale so berechnen:

2	~~100~~ fl.			~~4260~~	71
2	~~12~~ M.	— ~~5~~ fl. —		25 M.	
—				71	
4				25	
				175	
				1775	
			4)	F. $443\frac{3}{4}$ fl.	

$$\begin{array}{l|l} 1 & \not{1}\not{0}\not{0} \text{ fl.} \\ 3 & \not{1}\not{2} \text{ M.} \end{array} — 5 \text{ fl.} — \begin{array}{r|l} 1420 \text{ fl.} & \\ 8 \text{ M.} & 1 \end{array}$$

$$142$$

$$3)\overline{F.\ 47\tfrac{1}{3}} \text{ fl.}$$

$$\begin{array}{l|l} 2 & \not{1}\not{0}\not{0} \text{ fl.} \\ & \not{1}\not{2} \text{ M.} \end{array} — 5 \text{ fl.} — \begin{array}{r|l} 1510 \text{ fl.} & 21 \\ 7 \text{ M.} & \end{array}$$

$$21$$

$$147$$

$$2)\overline{F.\ 37\tfrac{1}{2}} \text{ fl.}$$

$443\frac{3}{4}$
$47\frac{1}{3}$
$73\frac{1}{2}$

Summe $564\frac{7}{12}$ fl. wie vorhin.

Eine ähnliche Aufgabe ist folgende, welche Hr. v. Clausberg S. 748 seiner dem. Rechenkunst anführt:

Ein Kaufmann in Hannover hat einem Fuhrmann 24 Ct. Waaren nach Nürnberg, welches (ohngefähr) 60 Meilen von Hannover entlegen ist, zu fahren anvertraut, und giebt ihm für jede 4 Ct. $8\frac{1}{2}$ thlr. Als dieser 15 Meilen gefahren, muß er, bösen Wetters und Weges halber, 4 Ct davon abladen, fährt mit dem übrigen 8 Meilen weiter, lädt da 5 neue Ct. auf, und fährt so fort bis Nürnberg. Wie viel hat der Fuhrmann insgesammt an Fuhrlohn verdient?

Man kann die Auflösung durch einen dreimaligen Ansatz der Regel Quinque so finden:

$$\begin{array}{l|l} 24 & 4 \text{ Ct.} \\ & \not{6}\not{0} \text{ Meil.} \end{array} — 8\tfrac{1}{2} \text{ thlr.} — \begin{array}{r|l} \not{2}\not{4} \text{ Ct.} & \not{6}3. \\ \not{1}\not{5} \text{ Meil} & \end{array}$$

$$\times 3$$

$$25\tfrac{1}{2}$$

$$2)\overline{F.\ 12\tfrac{3}{4}} \text{ thlr.}$$

Man nehme 4 Ct. von 24 Ct., bleiben also 20 Ct., darauf setze man an:

```
 |4 Ct.                        2̸0̸ Ct.  |
3|6̸0̸ Meil. — 8½ thlr. —     8 Meil. |2
              17
        3)―――――――――
          F. 5⅔ thlr.
```

Man nehme weiter 15 und 8, sind zusammen 23, von 60 Meilen, bleiben 37 Meilen, und addire 5 Ct. zu 20 Ct., sind 25 Ct., hiernächst setze man:

```
  |4 Ct.                      2̸5̸ Ct    |5
12|6̸0̸ Meil.  — 8½ thlr. —  37 Meil.  |
×4|            17             5
――|            ――           ―――
48|            2            185
                             17
                           ――――
                           1295
                           185
                           ――――
                           3145
                    96)――――――――――――
                       Fac. 32 73/96. thlr.
```

Die erlangten Posten addirt, geben:

$51\frac{1}{96}$ thlr.

Es hat aber eigentlich dieser Fuhrmann 20 Ct. auf 60 Meilen, 4 Ct. auf 15, und 5 Ct. auf 37 Meilen gefahren, und um diese 3 Frachten zu berechnen, kann man die ganze Aufgabe in folgende drei Fragen zergliedern: 1) auf 60 Meilen werden für 4 Ct. bezahlt 8½ thlr., wie viel für 20 Ct.? dabei fällt die Ungleichheit der Meilen hinweg. 2) Für 4 Ct. auf 60 Meilen werden bezahlt 8½ thlr., wie viel auf 15 Meilen? dabei fällt die Ungleichheit der Fracht weg. Also lassen sich diese zwei Fragen durch die einfache Regel Detri auflösen, und man hat die Regel Quinque nur bei der folgenden Frage anzubringen. 3) Für 4 Ct. auf 60 Meilen werden bezahlt $8\frac{1}{2}$ thlr.; wie viel für 5 Ct. auf 37 Meilen? Die ganze Rechnung wird so geführt;

1) 4 Ct. — $8\frac{1}{2}$ thlr. — 20 Ct.?
4) 1 ⨯ 5 4) 5
Facit $42\frac{1}{2}$ thlr.

2) 60 Meilen — $8\frac{1}{2}$ thlr. — 15 Meilen?
15) 4 4) 15) 1
Facit $2\frac{1}{8}$ thlr.

3) | 4 Ct | 5 Ct. |
12 | 60 Meil. — $8\frac{1}{2}$ thlr. — 37 Meil. |
⨯ 4 17
48 37
⨯ 2 119
96 51
629
96) Fac. $6\frac{53}{96}$ thl.

Diese gefundenen Posten addirt, geben wie vorhin $51\frac{17}{96}$ thlr.

§. 161.

Wir sind nicht grade auf die hier genannten Angaben der Theile einer zusammengesetzten Verhältniß beschränkt, sondern wir können uns die Zusammensetzungen noch weit mannigfaltiger denken. Ueberhaupt gehören alle diese Fälle zu der so genannten Regel Detri oder Regel multiplex, wovon im achten Abschnitte mehr vorkommen wird.

Siebenter Abschnitt.

Von der umgekehrten Regel Quinque.

§. 162.

Es ist schon bemerkt worden, daß alle Rechnungen nach der zusammengesetzten Regel Detri nichts weiter als bloße praktische Verkürzungen der ausführlicheren Rechnungen nach der einfachen Regel Detri sind. So wie nun nach der Natur der jedesmaligen Aufgabe zuweilen eine Umkehrung der beiden ersten Zahlen nöthig wird, oder so wie zuweilen die umgekehrte Regel Detri angewandt werden muß, so kann es sich auch wohl bei solchen Fragen treffen, die mehrere Ansätze erfordern (oder die nach der Regel multiplex zu beantworten sind) daß der eine derselben nach der umgekehrten Regel Detri zu ordnen ist, während man bei dem andern sehr gut die gewöhnliche Regel statt finden läßt. Solche Aufgaben werden nach der umgekehrten zusammengesetzten Regel Detri aufgelöst, und erfordern also, wie man sieht, keine neue Regel.

§. 163.

Es sey zuerst folgendes Exempel gegeben: Ein Fuhrmann bekömmt für 26 Ct. auf 30 Meilen zu fahren 75 thlr., wie weit muß er also 16 Ct. für 20 thlr. fahren?

Man setze, ehe man der Sache gewohnt ist, die Fragzahlen in der dritten Stelle unter einander, und alles übrige, wie im 156. §.

26 Ct. — 30 Meil. — 16 Ct.
für 75 thlr. — — für 20 thlr.?

Wenn die 16 Ct. auch mit 75 thlr. bezahlt werden sollten, so würde es heißen, je weniger Fracht, desto weiter muß sie für einerley Geld gefah-

gefahren werden: also müssen die 16 Ct. in die erste Stelle kommen.

Wären es aber 26 Ct, die mit 20 thlr. bezahlt werden sollten: so würde es bei einerley Fracht heißen: je weniger Geld, desto weniger Meilen wird die Fracht dafür gefahren: also bleibt die zweite Fragzahl stehen, und der Ansatz ist:

4 8. | 16 Ct. — 30 Meil. — 26 Ct. | 13
5 | 75 thlr. 15) $\frac{30}{2}$ 20 thlr. | 4

Fac. 13 Meilen.

In einer Stadt hat man Proviant auf 5 Monat für 3450 Soldaten, wenn jeder täglich 20 Unzen bekömmt. Die Besatzung wird aber auf 4000 Mann vermehrt, und diese sollen 6 Monat mit dem Proviant auskommen, wie viel wird nun jeder täglich erhalten?

Man setze zuerst

3450 Sold. auf 5 Mon. — 20 Unzen — 4000 Sold.? auf 6 Mon.

Wenn die 4000 Soldaten auf 5 Monat auskommen sollten, so würde es heißen: je mehr Leute, desto weniger muß man ihnen täglich reichen, wenn man 5 Monat Vorrath haben will, also muß die erste Fragzahl herumgesetzt werden.

Wenn aber auch die 3450 Soldaten 6 Monat auskommen sollten, so würde es heißen: je länger man auskommen will, desto weniger muß jedem gereicht werden: mithin muß man auch die zweite Fragzahl umkehren, und so ansetzen:

8 | 4000 Mann? — 20 Unz. — 3450 M. | 115
2 | 6 Monat? 5 M. | 8)

Fac. $14\frac{3}{8}$ Unz.

Beim folgenden Exempel, das zur Regel

Septem gehört, wendet man eben die Maximen an:

20 Arbeiter sind auf 15 Wochen, des Tages 6 Stunden zu arbeiten um 1000 fl. bedungen worden: wie viel Wochen müssen 36 Arbeiter, des Tages 8 Stunden, für 640 fl. arbeiten?

Man setze zuerst alles in folgende Ordnung:

20 Arb.   36 Arb.
6 Stund. — 15 Wochen — 8 Stunden.
1000 fl.   für 640 fl.

1) Sollten die 36 Arbeiter täglich 6 Stunden arbeiten: so hieße es: je mehr Arbeiter man hat in desto kürzerer Zeit wird man fertig. Also wird die erste Fragzahl umgekehrt.

2) Je mehr Stunden an jedem Tage zur Arbeit gebraucht werden, in desto weniger Wochen wird man fertig, also kömmt auch die zweite Fragzahl in die erste Stelle.

3) Je weniger Geld man zur Arbeit bewilligen will, wenn einerley Zahl von Arbeitern gleich viel Stunden des Tages arbeiten sollen, in desto weniger Wochen werden sie die Arbeit verrichten; also bleibt die dritte Fragzahl in der dritten Stelle, und der Ansatz ist:

6 | ~~36~~   ~~20~~ Arb. |
   | 8 Stund.? — 15 Woch. — ~~6~~ St. |
~~5~~ | ~~1000~~ fl.   5) 3   ~~640~~ fl.? | 8
                    8
                   24
               6) F. 4 Wochen, wie vorhin.

Exempel zur Uebung.

1) 20 Arbeiter bekommen in 6 Wochen, 495 Mk., wie lange arbeiten, im gleichen Lohn, für 1320 Mk. 24 Arbeiter? Antw. $13\frac{1}{3}$ Wochen.

2) Es hat jemand von 1600 Mk. auf 6 Monat 42 Mk. Zinsen bekommen, und hat zu eben der Zinse noch ein ander Kapital ausgeliehen, das in 10 Monat ihm 105 Mk Zinsen trug. Wie viel Kapital hat er das leztemal belegt? Antw. 2400 Mk.

3) Ein Fuhrmann fährt 24 Schpf. für 30 thlr. 10 Meilen: Wie viel Schpf. dann 18 Meilen für 225 thlr.? Antw. 100 Schpf.

4) Vier Schreiber beschreiben in 6 Tagen 80 Bogen. Einer geht ab, und die übrigen 3 beschreiben noch 200 Bogen. In wie viel Tagen? Antw. In 20 Tagen.

5) Für 48 Ochsen auf 100 Tage zu weiden, werden 320 thlr. bezahlt. Wie viel weidet man für 480 thl. 60 Tage? 120 Ochsen.

6) Man giebt einem Weber 18 Pf. Garn, ein Werk $40\frac{1}{2}$ Elle lang und $1\frac{1}{4}$ Elle breit daraus zu machen; hernach bedenkt man sich, giebt ihm 76 Pf. Garn, daraus er Zeug machen soll von $2\frac{5}{8}$ Ellen breit. Wie viel Ellen wird er liefern müssen? Antw. $85\frac{1}{2}$ Elle.

7) Wenn der Schfl. Rocken 24 ßl. kostet, so müssen die Becker ein Brod von $16\frac{1}{2}$ Loth für 6 pf. verkaufen; was muß der Schfl. kosten, wenn 1 ßl. Brod 24 Loth wiegt? Antw. 36 ßl.

8) 20 Arbeiter gehören dazu, einen Laufgraben, der 16 Ruthen lang ist, in 8 Tagen zu verfertigen; wie bald werden 80 Arbeiter einen Graben von 120 Ruthen fertig haben? Antw in 15 Tagen.

9) Wie lange müssen 650 fl. Kapital, zu 6 pC. ausstehen, um 312 fl. Zinsen zu tragen? Antw. 8 Jahr.

10) Wenn die Last Rocken 96 fl. gilt, sollen die Bäcker ein Brod, das $2\frac{3}{4}$ Pf. wiegt, für 3 gr. geben. Wie viel muß ein Brod wiegen, das $7\frac{1}{2}$ gr. gelten soll, wenn die Last 165 fl. kostet? Antw. 4 Pf.

11) Einer hat 2 Kapitalien belegt, eins von

650 fl. zu 6 pC. und eins von 1200 fl. zu 5 pC., wie lange muß dieses ausstehen, wenn es eben so viel Zinse bringen soll, als jenes in 8 Jahren bringt? Antw. $5\frac{1}{5}$ Jahr.

12) Wie groß ist das Kapital, das zu 5 pC. p. A. in $5\frac{1}{5}$ Jahren eben so viel Zinsen bringt, als 650 fl. zu 6 pC. in 8 Jahren tragen? Antw. 1200 fl.

13) 125 Soldaten leben von 16500 fl. 1 Jahr; wie lange 2150 Soldaten von 709500 fl.? Antw. $2\frac{1}{2}$ Jahr.

14) 1000 Mann Soldaten können mit dem Poviant von 200 Last Rocken sich 6 Monat erhalten. Es kommen aber 200 Soldaten zu, und bringen noch 80 Last Rocken. Wie lange kann diese vermehrte Garnison mit solchem vermehrten Proviant sich halten? Antw. 7 Monat.

15) Eine Stadt, in welcher 1000 Soldaten sind, ist nach gemachter Rechnung mit 200 Last Rocken auf 6 Monat versorgt worden. Weil sie aber auf 7 Monat verproviantirt werden soll, so werden ihr noch 80 Last Rocken zugeschickt, mit der Ordre, noch so viele Soldaten einzunehmen, als nach voriger Rechnung subsistiren können. Wie viel kann sie noch einnehmen? Antw. Mit dem Proviant können 1200 Soldaten 7 Monat auskommen, also muß diese Stadt noch 200 Soldaten einnehmen.

16) Wie groß muß das Kapital seyn, welches, zu 5 pC. jährlich, wöchentlich $12\frac{3}{8}$ thlr. Zinsen trägt? Antw. 12870 thlr.

Achter Abschnitt.

Von der Kettenregel.

§. 164.

Es können oft Fragen vorkommen, bei deren Beantwortung man, indem man nach der Regel Detri rechnet, auf mittlere Glieder der Proportion stößt, die nach den Bedingungen der Aufgabe, Produkte und Quozienten werden müssen. Diese Fälle pflegt man gewöhnlich mit zu den Abtheilungen der Regel multiplex zu rechnen, allein sie beruhen wirklich auf ganz einfache Proportionen, obgleich eine oftmalige Wiederholung der Proportionen freilich wohl nothwendig werden kann.

Zur Erläuterung diene folgendes Beispiel: wenn 5 Brabander Ellen so groß sind als 6 Danziger Ellen und 7 Danziger Ellen 8 fl. kosten, wie viel kosten dann 15 Brab. Ellen? — Man drücke also zuerst die Größe der 15 Brabander Ellen durch eine Anzahl Danziger Ellen aus, nach der Proportion:

5 Brab. Ellen : 6 Danz. Ellen = 15 Br. Ellen : 18 Danz. Ellen

$$\text{nun ist aber } 18 = \frac{6 \times 15}{5};$$

weiter bestimme man den Preis der 18 Danziger Ellen, nach dem Preise der 7 Danz. Ellen durch diese Proportion:

$$7 : 18 = 8 : x \text{ fl.}$$

statt 18 schreibe man den gefundenen Ausdruck; so ist

$$7 \times 5 : 6 \times 15 = 8 : x$$

$$\text{und } x = \frac{6 \cdot 15 \cdot 8}{7 \cdot 5} = \frac{6 \cdot 3 \cdot 8}{7} = 20 \frac{4}{7}$$

§. 165.

In Fällen dieser Art rathen die Praktiker, den Ansatz folgendermaßen zu machen:

was 15 Brab Ellen?
wenn 5 Brab. Ellen gleich 6 Danz. Ellen?
und 7 Danz. — kosten 8 fl.

Die Zahlen die unter einander stehen, werden in einander multiplizirt und das Produkt der Zahlen der zweiten Reihe, durch das Produkt aus der ersten Reihe dividirt.

Man sieht also daß dieß Verfahren nichts weiter als eine sehr zweckmäßige Verkürznng der im vorigen §. mitgetheilten Rechnungsart ist. Weil hier eigentlich kein Ansatz statt findet, der dem der Regel Detri gemäß ist und immer das erste Glied der folgenden Reihe mit dem letzten der vorhergehenden von einerley Art ist, so sagt man der Ansatz sey nach der Kettenregel gemacht worden.

Die Kettenregel wird also in den ersten und einfachsten Lehren der Proportionen begründet, und aus dem vorigen §. erhellet, daß man alle Aufgaben, die in diesen Abschnitten der zweiten Abtheilung bisher vorgekommen sind, leicht dadurch auflösen könne, z. B. aus §. 120. n. 6.

4 | was 10 ℔?
| wenn $\frac{1}{4}$ ℔ — $8\frac{1}{2}$ ßl. | $\frac{17}{2}$; 34
| 340 ßl. |

oder 7 thlr. 4 ßl. wie a. a. O.

§. 166.

Den Ansatz nach der Kettenregel lehren die Schriftsteller auf folgende Art:

1) Man schreibe den Namen der gesuchten Zahl mit dem Fragzeichen voran zuerst nieder, und ihm gegenüber rechter Hand, die Fragzahl.

2) Linker Hand setze man von den gegebenen Zahlen diejenige, welche mit der Fragzahl einerlei Namen hat und ihr gegenüber zur Rechten diejenige, welche in der Aufgabe mit der zur Linken geschriebenen verglichen, oder sonst auf andere Art mit ihr verbunden ist.

3) Man setze wieder zur Linken diejenige Zahl, so mit der nächstvorher zur Rechten geschriebenen einerlei Namen hat, und ihr gegenüber zur Rechten, die damit in der Aufgabe verbundene. Auf eben diese Art fahre man fort, bis zuletzt zur Rechten eine Zahl kömmt, die mit der gesuchten einerlei Namen hat.

4) Kommen in einigen Gliedern Brüche, oder vermischte Zahlen vor, so schaffe man sie dadurch weg, daß man jeden dieser Brüche mit seinem Nenner multiplicirt, und den Nenner zugleich als einen Faktor der gegenüberstehenden Kolumne zur Seite schreibt.

5) Alsdann prüfe man, ob ein Glied der einen Kolumne, mit einem Gliede der andern Kolumne ein gemeines Maaß habe; diese hebe man gegen einander durch die Division mit dem gemeinen Maaß auf, und schreibe die gefundenen Quotienten zur Seite.

6) Hierauf multiplicire man die Zahlen einer jeden Kolumne in einander, und dividire das Produkt der rechten Kolumne durch das Produkt der linken, so giebt dieser Quotient das gesuchte Facit.

§. 167.

Man wird im Ansatze niemals irren, wenn man nur darauf sieht, daß in der linken Kolumne allemal mit einer Zahl von demselben Namen wieder angefangen werden muß, welchen man zuletzt in der rechten Kolumne gehabt hat. Die Glieder der Verhältnisse welche man unter einander setzt, hän=

gen gleichsam wie eine Kette zusammen, und daher der Name Kettenregel.

Um Anfängern desto leichter zu zeigen, worauf es hier ankömmt, sei folgendes Exempel gegeben:

Es vertauscht jemand 8 Ochsen mit Schweinen, einen Ochsen gegen 7 Schweine; die Schweine vertauscht er mit Kalekuten, 2 Schweine gegen 21 Kalekuten; diese mit Gänsen, 4 Kalekuten gegen 5 Gänse; diese giebt er gegen Hühner weg, 3 Gänse für 10 Hühner; diese endlich gegen Tauben, 7 Hühner für 15 Tauben. Wie viel Tauben hat er nun für die 8 Ochsen bekommen?

Wie viel Tauben	—	8 Ochsen?	2.
1 Ochse	—	7 Schw.	
2 Schw.	—	21 Kalek.	3.
4 Kalek.	—	5 Gänse	
3 Gänse	—	10 Hühner	
7 Hühner	—	15 Tauben	5.

Antw. 7 × 3 × 5 × 10 × 5 = 5250 Tauben.

Man wird nun auch leicht folgende Aufgabe in Ansatz bringen: Wenn 5 Brab. Ellen gleich sind 6 Danz. Ellen, 6 Danziger Ellen kosten 8 fl. Poln. und 1 fl. gilt 30 gl. Poln., 282½ gl. Poln. geben 6 fl. Holl. Bo., und 100 fl. Holl. Bo, geben 105 fl. Cour., wie viel fl. Cour. kommen nun für 15 Br. Ellen?

	Wie viel fl. Cour.	—	15 Brab. Ellen	3.
	5 Br. Ell.	—	6 Danz. Ell.	
	6 D. Ell.	—	8 fl. P.	4.
	1 fl. poln.	—	30 fl. P.	6. 3.
113.565.	282½ gl. P.	—	6 fl Bo.	12.
5. 10. 50.	100 fl. Bo.	—	105 fl. Cour.	21.
565				9072

Fac. $\frac{9072}{565}$ fl. = $16\frac{32}{565}$ fl., die gesuchte Zahl.

§. 168.

Man kann jedes Exempel, das zur einfachen Regel Detri gehört, eben so ansetzen, wie man bei der Kettenregel verfährt. Z. B.

1 Pf. — 13 thlr. — 7 Loth?
32   13
91
32)
F. $2\frac{27}{32}$ thlr.

Der Ansatz nach der Kettenregel würde so stehen:

	Wie viel thlr. — 7 Loth?
32 Loth.	wenn 1 Pf. — 13 thlr.

91
32)
F. $2\frac{27}{32}$ thlr.

Man mußte hier das 1 Pf. auf Loth bringen, um in der ersten Stelle eine Zahl von einerlei Benennung mit der Fragzahl zu bekommen, und der Ansatz hätte auch so stehen können:

Wie viel thlr. — 7 Loth?
wenn 32 Loth — 1 Pf.
und 1 Pf. — 13 thlr.
91
32)
F. $2\frac{27}{32}$ thlr.

Wollte man das Facit in fl. haben, so stünde der Ansatz so;

Wie viel thlr — 7 Loth?
wenn 32 Loth — 1 Pf.
1 Pf. — 13 thlr.
2 thlr. — 3 fl.
273
64)
F. $4\frac{17}{64}$ fl.

Auch lassen sich Exempel, die zur Regel Quinque oder Septem gehören nach Art der Kettenre=

gel ansetzen; z. B. Um 10 Leute ¼ Jahr mit Brod zu versorgen braucht man 14 Himten: wie viel Himten hat man nöthig, um 13 Bediente $\frac{5}{4}$ Jahr zu versorgen?

	Wie viel Himten für —	(13 Bed.? $\frac{5}{4}$ Jahr?	5
5 / 1	wenn 10 Bed. ¼ Jahr	) — 14 Himten	7 / 13

Fac. 91 Himt.

Rechnungsvortheile hat man bey dieser Art des Ansatzes nicht mehrere, als wenn man dem Ansatz die Form giebt, welche oben im VI. Abschnitt gebraucht ist: nur alsdann hat diese Art des Ansatzes einige Bequemlichkeit, wenn das Facit unter einem solchen Namen verlangt wird, der von dem Namen der mittlern Zahl, die damit von einerley Art seyn muß, verschieden ist: Z. B. Ein Soldat empfängt täglich 1 Mgl. 6 pf. Kassengeld, wie viel thlr in Louisd'or zu 5 thlr. kostet ein Regiment von 800 Mann jährlich zu unterhalten?

Der Ansatz ist:

	Wie viel thlr. Gold —	(800 M.? (in 1 J?	200.50.25
4.	wenn 1 Mann) in 1 Tage)	— $1\frac{3}{4}$ Mgl. K.	365 Tage.
			7
3.12.	und 36 Mgl. K.	— 1 thlr. Kas.	
7.14.	$4\frac{2}{3}$ thlr. K.	— 5 thlr. Gold.	15 . 5.
21			319375.

div. 21) 319375.

Facit $15208\frac{1}{3}$ thlr. G.

Unter eben den Umständen setzt man Exempel, die zur Regel Detri gehören, vortheilhaft nach Art der Kettenregel an, besonders, wenn auch die Fragzahl mit derjenigen nicht einerley Namen hat, welche in die erste Stelle gehört. Z. B.

Wie viel Mgl. in Kassengelde kostet eine Bouteille Wein, wenn ein Oxthoft 45 thlr Gold kostet?

	Wie viel Mgl.	—	1 Bouteille ?	
10. 20	40 Bout.	—	1 Anker.	
	6 Anker	—	1 Oxthoft.	
	1 Oxthoft	—	45 thlr. Gold.	9
3. 15	15 thlr Gold	—	14 thlr. Kassg.	14. 7
	1 thlr.	—	36 Mgl.	6. 3

Fac. $6\frac{3}{10}$ Mgl.

§. 169.

Wenn die Rechnungsfrage zur umgekehrten Regel Detri gehört, und man will den Ansatz nach Art der Kettenregel machen, so muß die Fragzahl nicht rechter Hand in die Multiplikationskolumne, sondern linker Hand, in die Divisionskolumne gesetzt werden. Das Exempel des 140 §. würde alsdann so stehen:

	In wie viel Monat	so viel Zinsen	als 500 thlr.
2	tragen 1000 thlr.		in 13 Mon.

2) Fac. $6\frac{1}{2}$ Mon.

Eben so auch das zweyte daselbst gegebene Exempel

? Ellen Länge	wenn	2 Ellen Breite
zu 1 Ell. Breite		zu 6 Ellen Länge

Fac. 12 Ellen Länge.

Man weiß, daß die Rechnungsfrage zur umgekehrten Regel Detri gehört, wenn die gesuchte Zahl desto größer seyn muß, je kleiner die Fragzahl ist, und umgekehrt, die gesuchte Zahl desto kleiner seyn muß, je größer die Fragzahl ist.

Findet man nach angestellter Prüfung, daß dies zutrifft, und man will den Ansatz nach Art der Kettenregel machen, so beobachte man folgende Maximen:

1) Man schreibe den Namen der gesuchten Zahl mit dem Fragzeichen voran zuerst nieder; und die damit verbundene Fragzahl darunter.

2) Gegenüber fange man die Multiplikations-kolumne wiederum mit derjenigen Zahl an, die mit der Fragzahl einerley Namen hat, und setze diejenige darunter, welche mit der gesuchten Zahl einerley Namen hat

3) Uebrigens wird das Produkt der Kolumne rechter Hand mit dem Produkt der Kolumne linker Hand dividirt.

§. 170.

Will man sich an diese Form des Ansatzes nach Art der Kettenregel gewöhnen, so wird man auch leicht solche Rechnungsfragen, die zur umgekehrten Regel Quinque oder überhaupt zur umgekehrt zusammengesetzten Regel Detri gehören, in diese Form des Ansatzes bringen. Das erste Exempel aus dem 163 §. würde so stehen:

2.4	? Meilen fährt man 16 Ct.?	— für 20 thlr. Fuhrl.	5
		wenn 16 Ct.	13
3.15	für 75 thlr. Fuhrl.	— 30 M. gefahren werden	6.2

Fac. 13 Meil.

Man hat zwey mit der gesuchten Zahl verbundene Fragzahlen:

wie viel Meilen fährt man 16 Ct.
für 20 thlr. Fracht.

Aber eine dieser Fragzahlen, nämlich die Fracht von 16 Ct. hat die Eigenschaft, daß wenn die andre, nämlich das Fuhrlohn einerley bliebe, die gesuchte Meilenzahl kleiner seyn würde, wenn die Fracht größer seyn sollte. Deswegen wird diese Fragzahl nach der ersten Regel des 169 § gleich unter dem Namen der gesuchten Zahl linker Hand gesetzt. Die zweite Fragzahl nemlich das Fuhrlohn von 20 thlr. kömmt in die Columne rechter Hand weil für mehr Fuhrlohn einerley Fracht auch mehr Meilen weit gefahren würde.

In die Kolumne linker Hand muß nun nach der Kettenregel (166 §. n. 2.) die Zahl gesetzt werden, welche mit der rechter Hand gesetzten Fragzahl einerley Namen hat, nämlich 75 thlr. Fuhrlohn, ihr gegen über rechter Hand aber, nach der zweyten Regel des 169 §. diejenige, welche mit der, linker Hand gesetzten Fragzahl einerley Namen hat, und darunter diejenige, welche mit der gesuchten einerley Namen hat.

Das zweyte Exempel des 163 §. würde so stehen:

	Mit ? Unz tägl. Prov.	wenn	(~~3450~~ M.	~~69~~. 23
8.	kommen aus ~~4000~~ M.?)		(in 5 M.	
x	auf ~~6~~ Monat?)		tägl. 20 Unz.	
			verzehren.	
				Fac. $14\frac{3}{8}$ Unz.

Je mehr Leute von einerley Vorrath an Proviant gleich viel Monate leben sollen, desto weniger müssen sie täglich verzehren; und je längere Zeit einerley Anzahl Leute damit auskommen sollen, desto weniger muß ihnen ebenfalls täglich gereicht werden.

Man setzt also, nachdem der Name der gesuchten Zahl, mit dem Fragzeichen voran, niedergeschrieben ist, nach der ersten Regel des 166 §. beyde Fragzahlen darunter.

Gegenüber rechter Hand fängt man die Multiplikationskolumne nach der zweyten Regel des 166 §. mit den beyden Zahlen an, die mit dem Fragzeichen einerley Namen haben, und setzt diejenige, welche mit der gesuchten Zahl einerley Namen hat, darunter.

§. 171.

Das Exempel aus dem 163. §., welches zur umgekehrten Regel Septem gehört, ordnet man nach diesen Grundsätzen leicht eben so.

	? Wochen	für 640 fl. Lohn?	8 . 4
8 . 6	müssen 36 Arb.?	arbeiten,	
	Tages 8 St.?	20 Arb.?	
2	wenn für 1000 fl. Lohn —	Tages 6 St.	
		15 Woch. zu arbeiten bedungen.	3

Facit 4 Woch.

Man hat drey Fragzahlen, 3 andre, die damit von einerley Art sind, und eine, die mit der gesuchten Zahl von einerley Art ist. Je mehr Arbeiter des Tages gleich viele Stunden für gleich viel Lohn arbeiten sollen, desto wenigere Wochen wird die Arbeit für dieselbe Summe Geldes währen können. Je mehr Stunden einerley Anzahl von Leuten des Tages arbeiten soll, desto mehr Tagelohn wird jeder verlangen, also wird man mit einerley Summe Geldes wiederum desto wenigere Wochen ausreichen. Demnach gehören die beyden letzten Fragzahlen

36 Arbeiter?
Tages 8 Stunden?

in die Divisionskolumne, und nachdem der Name der gesuchten Zahl mit dem Fragzeichen voran niedergeschrieben ist, setzt man beyde erwähnte Fragzahlen nach der ersten Regel des 173 §. darunter:

Je mehr Geld man aber bey gleicher Zahl von Arbeitern und gleicher Stunden Zahl des Tages zu arbeiten, zur Arbeit bestimmen will, desto mehr Wochen kann mit der Arbeit fortgefahren werden: demnach kömmt die dritte Fragzahl

für 640 fl. Lohn?

nach der ersten Regel des 166 §. gegenüber, oben in die Multiplikationskolumne.

Weiter wird nach der zweyten Regel des 166 § die Zahl, welche mit dieser dritten Zahl einerley Namen hat, wieder in die Divisionskolumne gesetzt, und nach der 2ten Regel des 169 §. setzt man gegenüber die beyden Zahlen, welche mit den beyden Fragzahlen in der linken Kolumne einerley Namen haben, unter diesen aber diejenige, welche mit der gesuchten Zahl von einerley Benennung ist.

§. 172.

Wer viel nach der Kettenregel rechnen muß, dem wird damit gedient seyn, auch hier Vortheile zu kennen, um die zuweilen etwas langweiligen Multiplikationen und Divisionen abzukürzen, welche die Hauptregel erfordert. In sehr vielen Fällen leistet die Verkleinerung der Zahlen in beyden Kolumnen gegen einander schon sehr gute Dienste; es kommen aber doch Fälle vor, bey denen entweder gar keine, oder doch zu weuig Zahlen gegen einander verkleinert werden können, als daß die Rechnung dadurch erheblich abgekürzt würde. In Fällen dieser Art leisten die Regeln des 129 §. oft gute Dienste, wenn man sich nur erinnert, daß jedes Exempel, das nach der Kettenregel angesetzt ist, auch angesehn werden könne, als wenn es zur einfachen Regel Detri gehöre. Das Facit ist allemal die vierte Proportionalzahl zum Produkt der Divisionskolumne, dem Produkt eines oder mehrerer Faktoren der Divisionskolumne in einander, und dem Produkt der übrigen, zu dieser letzten Kolumne gehörigen Zahlen.

Es sey folgendes Exempel gegeben:

	thlr. -- 117 Mk. Sp Gew.	
469	117 $\frac{1}{4}$ Mk. Sp. - 108 $\frac{3}{4}$ Mk. Engl.	435 · 87
4 20. 40)	100 Mk Engl. 101 $\frac{1}{16}$ Mk. Troy	1619
80. 1600)	19 Mk. Tr. - 20 Mk Kölln.	
	1 Mk. Kölln. - 14 fl.	7
	3 fl. -- 2 thlr.	

$$\begin{array}{r} 57 \\ \times\ 4 \\ \hline 228 \\ \times\ 469 \\ \hline 106932 \end{array}$$

Setzt man nun nach der einfachen Regel De-tri an:

106932 — 7 × 1619 × 87 — 177?
oder 106932 — 7 × 87 × 177 — 1619?
oder 106932 — 7 × 1619 × 177 — 87?
oder 106932 — 7 × 1619 — — 87 × 177?
u. s. w.

so giebt jeder Ansatz einerley Facit. Wählt man den zweyten Ansatz, so hat man

106932 — 107793 — 1619?

und man kann nach den Regeln des 129 §. so rechnen:

$$\begin{array}{rcl} 106932 - 107793 - 1619? \\ 106932 \quad\quad 861 \\ \hline 861 \quad\quad 1619 \\ 9714 \\ 12952 \\ \hline 1393959 \} \ 13\frac{3843}{106932} \\ 106932 \\ \hline 324639 \\ 106932 \\ 320796 \\ \hline 3843 \end{array}$$

Zu 1619
add. $13\frac{3843}{106932}$

Facit $1632\frac{3843}{106932}$ thlr.

Die hier zu erhaltenden Vortheile beruhen also auf folgenden Regeln:

1) Zuförderst suche man das Produkt aller Zahlen in der Divisionskolumne.

2) Von den Zahlen in der Multiplikationskolumne multiplicire man nach der Ordnung nur so viele in einander, bis ein Produkt gefunden wird, das dem Produkt in der Divisionskolumne möglichst nahe kömmt; dies Produkt betrachte man als die zweyte Zahl des Ansatzes.

3) Das Produkt der übrigen Zahlen der Multiplikationskolumne nehme man für die Fragzahl im Ansatz an, und verfahre übrigens nach den Regeln des 117 §.

Es ist für sich klar, daß dergleichen Rechnungsvortheile auch bey solchen Exempeln angewandt werden können, die eigentlich zur Regel Quinque, Regel Septem, u. s. f. gehören, man mag sie nach Art der Kettenregel oder nach gemeiner Art in Ansatz bringen.

Weil man auf mehr als eine Art das Facit finden kann, nachdem eine hieher gehörige Rechnungsfrage regelmäßig in Ansatz gebracht ist, so kann man auch auf mehr als eine Art die Probe machen, ob das Facit richtig gefunden sey? wenn man nemlich auf zweyen verschiednen Wegen das Facit sucht, und beydemal einerley gefunden wird. Hat man sich im vorigen Exempel davon versichert, daß nicht allein der Ansatz an sich richtig sey, und die Zahlen in beyden Kolumnen gehörig gegen einander aufgehoben worden: so sehe man auch nochmal nach, ob man in der Theilungskolumne das richtige Produkt habe. Hat es mit diesem allen seine Richtigkeit, so wähle man den Ansatz:

$106932 - 7 \times 1619 \times 87 - 177?$

oder $106932 - 9859\dot{7}\dot{1} - 177?$

$$\begin{array}{r} 9 \\ \hline 962388 \end{array} \qquad \begin{array}{r} 962388 \\ \hline 23583 \\ 177 \\ \hline 165081 \\ 165081 \\ 23583 \\ \hline 4174191 \\ 962388 \\ 3849552 \\ \hline 324639 \end{array} \Big\} 4\tfrac{324639}{962388}$$

$$177 + 4\frac{324639}{9 \times 106932}$$

$$181\frac{324639}{9 \times 106932}$$

$$\times\, 9$$

F. $1632\frac{3843}{106932}$ thlr.

Neunter Abschnitt.

Anwendung der Kettenregel auf die Münz- und Wechselrechnung.

§. 173.

Von der Kettenregel kann man in allen solchen Fällen vortheilhafte Anwendung machen, wo es darauf ankömmt, die Vergleichung zwischen ein paar Münzsorten, Maaße, Gewichte zu finden, wenn ihr Werth gegen einander nicht unmittelbar bekannt ist, die Vergleichung aber, vermittelst einer dritten, oder mehrerer anderer Münzen, Maaße oder Gewichte sich bewerkstelligen läßt. Ihre Anwendung auf die Münzvergleichung macht die so genannte Münz und Wechselrechnung aus, wovon man vorläufig folgendes wissen muß:

Außer dem baaren Gelde in Gold- und Silbermünzen hat man auch bei der großen Handlung, welche mit fremden Völkern geführt wird, die sogenannten Wechsel oder Wechselbriefe eingeführt, wodurch die Kaufmannschaft, ohne Einsendung des baaren Geldes, ihre auswärtigen Schulden bezahlet, oder auch einziehet. Der Wechsel und die Wechsel-Handlung sind zweierley; die eine Art hat bloß mit Umsetzen und Verwechseln der Münzsorten gegen andre zu thun, und die sich damit beschäftigen, heißen Geldwechsler. Die andere Art beschäftigt sich bloß mit Wechselbriefen, vermittelst derer sie solche Gelder, die an auswärtige Oerter hätten abgesandt werden müssen, durch Briefe an den bestimmten Ort, sowohl einziehen, als auszahlen läßt, und die dies Geschäft treiben, heißen Wechselnegotianten, Banquiers, oder Kambisten. Ein solcher Wechselbrief (ital. Cambio) ist daher nichts anders, als eine schriftliche Anweisung, an einem entfernten Orte von einem gewissen Manne eine bestimmte Summe Geldes zu empfangen, wofür der Werth an den Aussteller des Wechselbriefes, mit baarem Gelde oder andern Aequivalenten bezahlt werden muß. Wie nun das Geld zweier Nationen an sich keinen andern Werth haben kann, als den der innere Gehalt desselben an Gold oder Silber mit sich bringt, so kömmt es bei einem solchen Wechselbriefe darauf an, ob ich auch an dem auswärtigen Ort eben so viel Gold oder Silber wieder bekomme, als ich weggegeben habe? und in diesem Fall kann man eigentlich sagen, daß der Wechsel pari sey. Aber dieses wesentliche Pari wird selten beim Wechsel-Handel genau beobachtet, der Preis der Wechselbriefe, oder vielmehr die sogenannte Valute desselben, steigt wegen mancherley Ursachen oft über das natürliche Pari, zuweilen fällt er unter dasselbe: im ersten Fall empfängt man mehr, im letzten weniger, als die Valute eigentlich beträgt, und dies ist es, was die Kaufleute den Wechselkurs nennen.

§. 174.

Das wesentliche oder wahre Pari der Münzen verschiedener Länder läßt sich durch Rechnung finden, so bald man außer ihrem Namen und Eintheilungon auch ihr Schrot und Korn kennt, und das müssen die Münzgesetze eines jeden Lands bestimmen. Eigentlich läßt sich nur zwischen den Goldmünzen, so wie zwischen den Silbermünzen zweier Länder ein wahres Pari finden; zwischen Goldmünzen mit Silbermünzen verglichen, giebt es um deswillen kein wahres Pari, weil der Werth des Goldes gegen Silber nicht allgemein übereinstimmend festgesetzt ist. Dies Verhältniß zwischen Gold und Silber müssen die Münzgesetze ebenfalls bestimmen. Nach dem Französischen Münzgesetz von 1726 sollen 30 Stück Louisd'or zu 24 Livres eine Mk. Troy wiegen, und 21 Karat 8 Grän fein halten. Das feine von 24 Karat soll gelten 740 Livres 9 Sous 1 pf. die Mk. Troy. Neue Französische doppelte Ecus, das Stück 6 Livres, sollen $8\frac{3}{10}$ Stück eine Mark Troy wiegen, und fein seyn 14 Loth 8 Gr. oder $10\frac{2}{3}$ Deniers. Die Mk. Troy fein Silber zu 16 Loth wird in den königlichen Münzen angenommen zu 51 Livres 3 Sous 3 pf.

Der gesetzmäßige Werth des Goldes von 177699 pf. mit dem gesetzmäßigen Werth des Silbers 12279 pf. dividirt, giebt $14\frac{472}{1000}$ für den Werth des Goldes gegen Silber, so wie er in Frakreich seit 1726 gesetzmäßig war.

Nach dem Münz-Edikt vom Januar 1762 sollen sowohl die Louisd'or, als auch die doppelten Ecus $\frac{11}{12}$ fein seyn, und die geprögte Mark Gold 720 Livres, die geprägte Mark Silber 49 Livres 16 Sous gelten, daraus ergiebt sich die Proportion des Silbers gegen Gold = 1 : $14\frac{46}{100}$.

Das Englische Münzgesetz bestimmt folgendes. Es sollen $44\frac{1}{2}$ Stück Guineen (Engl. Guineas) roh 12 Unzen wiegen, oder $1\frac{1}{2}$ Mk. Troy und 22 Karat fein p. Mk. halten, das Stück zu 21 ßl. Sterl. Die Unze Standartgold, von eben dem Korn gilt in London seit 1746 3 Pf. 18 ßl. Sterl. Die englische Silbermünze hält fein 14 Loth 12 Grän reichlich, oder 11 Unzen fein auf 12 Unzen roh, fast $11\frac{1}{10}$ Unzen fein auf 12 Unzen roh, und die Unze dieses Gehalts wird ausgemünzt zu 62 pf. Sterl., oder 5 ßl. 2 pf. Sterl., also 12 Unzen, oder 1 Pf. Troy zu 62 ßl. Sterl. Das Standartsilber von eben dem Korn hat keinen gewissen Preis, im Jahre 1746 ist der Preis einer Unze nicht höher, als 62 pf. Stel. gewesen. Nimt man das Standartensilber zu $\frac{11}{12}$ fein an, so giebt der Preis des Standartengoldes von 78 ßl. Sterl., durch den Preis des Standartsilbers von $5\frac{1}{6}$ oder $\frac{31}{6}$ dividirt, die Zahl 15, 1 für den Werth des Goldes gegen Silber. Wird aber das Standartsilber zu $\frac{11\frac{1}{10}}{12}$ fein angenommen, so ist der Ansatz:

	? Unze Silb. fein	—	1 Unze Gold f.	
	11 Unzen fein	—	12 Unzen roh	
	1 Unze roh	—	78 ßl.	39
21	$5\frac{1}{6}$ ßl.	—	1 U. Silb. roh	6
5.10.120	12 Unzen roh	—	$11\frac{1}{10}$ Unz. fein	111

55   666

31   2.5974 } 15,234 Facit   39

55   1705   5994

165   89.2.4   1998

1705   1705   25974

8525

399.0
1705
3410
58.00
1705
5115
6850
1705
6820
30

Mithin in England der Preis des Goldes gegen Silber $15\frac{234}{1705}$.

Der Franzose würde also nicht wohl thun, wenn er in England nach gesetzmäßiger Proportion Gold kaufen, und beinahe $15\frac{3}{4}$ Unzen Silber für eine Unze Gold weggeben wollte, falls sie in Frankreich gesetzmäßig ihm noch nicht völlig um $14\frac{1}{2}$ Unzen Silber feil wäre.

Uebrigens muß man bei Münzvergleichungen dieser Art das Verhältniß der Gewichte genau kennen, worin verschiedene Handlungsplätze den Schrot der Münze bestimmen, und zu dieser Kenntniß hat der 136. §. Anleitung gegeben. Die folgenden Beispiele sind größtentheils aus den daselbst schon angeführten Graumannischen Briefen genommen, und deswegen sind auch die von Graumann angenommenen Vergleichungstabellen für die Gewichte beibehalten, um mit ihm auf einerley Resultate zu kommen, ob gleich die Eisenschmidtschen Vergleichungen zuverlässiger sind. Angehende Rechner können zur Uebung eben die Exempel auch nach den Eisenschmidtschen Zahlen rechnen. Wenn man mit Graumann annimmt, daß 100 Pf. Engl. $101\frac{3}{16}$ Pf. Französisch, oder 1600 Pf. Engl. so viel als 1619 Pf. Franz. ausmachen, so ergiebt sich

Das natürliche Pari zwischen England und Frankreich, nach dem Münzgesetz von 1720.

1) in Golde.

wenn man frägt: wie viel Guineen so viel als ein Louisd'or werth seyn? durch folgenden Ansatz:

	? Guinea	für	1 Louisd'or	
90	30 Louisd'or	—	$11\frac{2}{3}$ Kar. Fr. Tr.	65
	1619 Kar Fr Tr.	—	16000 K Engl. Tr.	80
33.66	33 K. Engl. Tr.	—	$44\frac{1}{2}$ Guineas.	89
297	1619			7120
	297			65
	11333			35600
	14571			42720
	3238			462800
	480843			

also 1 Louisd'or = $\frac{462800}{480843}$ Guineas.

oder $4808\frac{43}{100}$ Louisd'or = 4628 Guineas.

Der Wechsel zwischen Frankreich und England wird so geschlossen, daß allemal 1 Ecu von 3 Livres zum Grunde gelegt, und dafür eine bestimmte Anzahl von pf. Sterl bedungen wird. Man kann daher fragen: welches der wesentliche Pari sei in Gelde zwischen Ecus, den Louisd'or zu 8 Ecus oder 4 doppelten Ecus gerechnet, und Englischem Gelde, die Guinea zu 21 ßl. Sterl. gerechnet. Die Antwort giebt das vorige Facit

480843 Louisdo'r = 462800 Guineas.

also 480843 × 8 Ecu = 462800 × 21 ßl. Sterl.

× 21

4628
9256

3846744 Ecu = 97.188.00 ßl. Sterl.

div. 3846744 } $2\frac{253164}{480843}$

7693488

2025312

also 1 Ecu = $2\frac{2531164}{4808843}$ ßl. Sterl.
= $2\frac{2531164}{4808843}$ × 12 pf. Sterl.

oder 1 Ecu = $30\frac{1520910}{4808843}$ (9 | $\frac{16990}{53427}$ pf. Sterl.
nicht völlig $30\frac{1}{3}$ pf. Sterl.

Eben das würde auch folgender Ansatz nach der Kettenregel geben:

	? pf. Sterl.	— 1 Ecu in L'dor.	
	1 Ecu in L'dor	— 3 Liv. in Golde	
12	24 Livres	— 1 Louisd'or.	
3.90	30 Louisd'or	— 22 $\frac{2}{3}$ Kar.Fr.Tr.	65
	1619 Kar.Fr.Tr.	— 1600 K E. Tr.	80.40
11 12.26	33 K. Eng. T.	— 44 $\frac{1}{2}$ Guinéas.	89
	1 Guinea	— 21 ßl. Sterl.	7
	1 ßl. Sterl.	— 12 pf. Sterl.	

× 33
4857
4857
53427

1619800 > $30\frac{16990}{53427}$
53427 pf. St.
160281 wie vorhin.
16990

280
89
2520
224
24920
65
124600
14952
1619800

Der Wechselkurs ist gemeiniglich 31 bis 32 pf. Sterl. p. 1 Ecu, also England zum Nachtheil.

Eben so findet man das gesetzmäßige Pari.

II. in Silber.

	? pf. St. in S. — 1 Ecu in S.	
83	$16\frac{3}{5}$ Stück Ecu — 160 G.T.E.	1300
	1619 Gr. Tr. Fr. — 1600 G.T.F.	200
33	264 Gr.T. Engl. — 8 Unz. S M	
249	1 Unze Silb. M. — 62 pf. Sterl.	
	496	260000

249
2739
× 1619
4434441

496
260000
2976
992
128960000

1289'6'0000 ≻ $29\frac{361211}{4434441}$ pf. Sterl.
4434441
8868882 beinahe $29\frac{9}{111}$ pf. Sterl.
4'0'27'1'180
4434441
39909969
361211

Das wahre gesetzmäßige Pari zwischen den Französischen und Englischen Sibermünzen ist also $29\frac{9}{111}$ pf. Sterl. p. 1 Ecu, und wiederum dem Wechselkurs von 31 bis 32 pf. Sterl. England zum Nachtheil.

§. 175.

Wahres Pari zwischen London und Lissabon.

1) in Golde.

Die neuen Portugiesischen Krusaden zu 480 Rees und Lisboninen oder Moidors zu 4800 Rees haben mit dem Englischen Standartgolde einerlei Feine á 22 Karat, und 623 Lisboninen müssen 27 Mk. Engl. Tr. wägen.

	? pf. Sterl.	—	1000 Rees	5
2.24	4800 Rees	—	1 Lisbonn.	
7	613 Lisbonn.	—	27 Mk. Engl.	9
3	$1\frac{1}{2}$ Mk. Engl.	—	$44\frac{1}{2}$ Guinee	89
	1 Guin.	—	21 ßl. St.	3
	1 ßl. St.	—	12 pf. St.	27

27
5
———
135
2) ———
$67\frac{1}{2}$ pf.
p. 1 Milleree.

II.) in Silber.

Die Portugiesischen Silbermünzen hat man seit 1748 ohngefähr fein befunden $10\frac{7}{8}$ Deniers, auf 12 Deniers roh, und in Hamburg ist das Stück der Crusados novos zu 480 Rees, schwerer befunden $305\frac{6}{16}$ Troische Aasen in Holl Gewicht. Das Englische Silbergeld hält 11 Unzen fein reichlich, auf 12 Unzen roh.

	? pf. Sterl.	—	1000 Rees	125.25
3	480 Rees	—	1 Crusad.	
8	1 Crusad	—	$305\frac{3}{8}$ Aß H. Tr.	1518.191
4.8 64	5120 Aß H. T.	—	1 Mk. H. Tr.	
8	12 Mk. roh.	—	$10\frac{7}{8}$ Mk. fein	87,29
	1619 M. H. Tr.	—	1600 Mk. E. T.	
	1 Mk. Engl. T.	—	8 Unz. Engl.	
	11 Unzen fein	—	12 Unzen roh	
	1 Unze roh	—	62 pf. Sterl.	31.
				29

1619
44
———
6476
6476
———
71236

429.27.25) $60\frac{18565}{71236}$
71236 pf. Sterl.
427416 p. 1000
———
18565 Rees.

279
62
———
899

```
   899
   191
   ---
   899
  8091
  899
------
171709
    25
------
858545
343418
-------
4292725
```

Weil die englischen Münzen im Korn sehr gut sind, und $\frac{11}{12}$ reichlich fein halten, so werden wohl $11\frac{1}{10}$ Theile fein auf 12 Theile roh gerechnet, oder 111 Theile fein auf 120 Theile roh. Bey dieser Voraussetzung hätte man in der linken Kolumne statt der Zahl 11, die Zahl 111 gehabt, in der rechten Kolumne aber 120, statt 12. Man kann die Rechnung leicht so ändern, wie es dieser Voraussetzung gemäß ist, wenn man das Produkt rechter Hand mit 10 multiplicirt, das linker Hand aber mit 111 multiplicirt, und dagegen mit 11 wieder dividirt. Statt dessen kann man es mit $\frac{111}{11}$ oder $10\frac{1}{11}$ multipliciren auf diese Art:

Das zehnfache Produkt rechter Hand

```
                                      (2
                 ist 42927250 ( 59 5/7 1/1 1/8 9/8 2/3 6/6 | 2/3 5/5 7/9 6/4 6/1 3/2
            div. mit   718836      pf. Sterl.
71236                 3594180
 × 10 1/11            -------
---------             6985450
712360                 718836
  6476                6469524
------                -------
718836                 515926
```

Wie viel silberne Krusaden eine leichte Troysche Mk. wiegen, findet man so:

$305\frac{3}{5}$ Tr. Aß — 1 Krusad — 5120 Tr. Aß?

$$\begin{array}{l} 1528 \\ 8)\overline{\;\;\;\;\;} \\ \;\;191 \end{array} \qquad \begin{array}{r} 25600 \\ \hline 3200 \\ 191)\overline{\;\text{F. } 16\frac{144}{191}} \end{array}$$

F. $16\frac{144}{191}$, beinahe $16\frac{3}{4}$ Krus.

Man schätzt $15\frac{2}{3}$ Krusaden eine Portugiesische Mark schwer, also ist

$15\frac{2}{3} : 6\frac{3}{4} =$ 1 Portug Mk. : Mk. Troy.
und es sind $16\frac{3}{4}$ Portug. Mk. $= 15\frac{2}{3}$ Mk. Troy.
oder $\frac{67}{4}$ Portug. Mk. $= \frac{47}{3}$ Mk. Troy.
oder 201 Portug. Mk. = 188 Mk. Troy.

Es sind aber 19 Mk. Holl. Tr. = 20 Mk. Kölln.
also 188 Mk. Tr. $= \frac{20}{19} \times 188 = 97\frac{17}{19}$ Mk. Kölln.
oder 201 Mk. Portug. $= 197\frac{17}{19}$ Mk. Kölln.

$$\begin{array}{r} 19 \\ \hline 1809 \\ 201 \\ \hline 3819 \end{array} \text{ Mk. Port.} \qquad \begin{array}{r} 19 \\ \hline 17 \\ 1773 \\ 197 \\ \hline = 3760 \end{array} \text{ Mk. Kölln.}$$

Man schätzt 58 Mk. Portugiesisch gleich 57 Mk. Kölln., welches mit voriger Vergleichung übereinkömmt, denn der Ansatz

3819 Mk. Port. — 3760 Mk. Kölln. — 58 Mk. P.

$$\begin{array}{r} 58 \\ \hline 3008 \\ 1880 \\ \hline 2.18.080 \\ 3819 \\ 19095 \\ \hline 27.1.3.0 \\ 3819 \\ 26733 \\ \hline 397 \end{array}$$

giebt das Facit. $57\frac{397}{3819}$ Kölln. Mk.

London kauft häufig Spanische Stücken von

Achten, die mit den Krusaden einerlei Gehalt $10\frac{7}{8}$ Den. fein auf 12 Deniers haben, und bezahlt sie zuweilen höher, als Standartsilber von 11 bis $11\frac{1}{10}$ Den. auf 12 Deniers fein. Daß England dabei Schaden habe, ist sogleich einleuchtend, und dies veranlaßt die Rechnungsfrage:

Wenn der Silberpreis einer Unze in Stücken von Achten bekannt ist, wie hoch kömmt 1 Mille Rees zu stehen? Dieser Silberpreis findet sich in den Londner Kurszetteln durch die Anzahl pf. Sterl. bestimmt, welche man für 1 Unze in Stücken von Achten bezahlt. Der Preis ist gewöhniglich zwischen 62 bis 64 pf. Sterl., auch wohl noch etwas höher. Es sei dieser Preis m pf. Sterl., für den Buchstaben m setzt man alsdenn aus jedem Kurszettel die darin angegebne Zahl, so kann man setzen:

	? pf. Sterl.	—	1000 Rees	
2. 6	480 Rees	—	1 Crusad	
47	$15\frac{2}{3}$ Crusad	—	1 Mk. Port.	3
29	58 Mk. Port.	—	57 Mk. Kölln.	
1703	$106\frac{7}{16}$ Mk. K.	—	100 Mk. Engl.	1600.80.40
	1 Mk. Engl.	—	8 Unz. Engl.	
	1 Unze Engl.	—	m pf. Sterl.	

```
15327                                   40000
 3406                                    57
-----                                -----------
49387                                2280000. m.
   47
------
345709        2280000,0 )0,982. m. pf. Sterl.
197548         2321189
-------        20890701  oder 982/1000 m. pf. Sterl.
2321189       ---------
               1909299
                232118
               1856944
              ---------
                 52355
```

Wenn der Preis der Unze 64 pf Sterl. ist, so giebt die Rechnung

982
64

3928
5892

Facit 62,848. p. 1 Mille Rees.

und nach dem Pari sollte er höchstens 60 pf. seyn.

Der Werth des Goldes gegen Silber ist nicht zu Lissabon so, wie in England, wenn der Werth von 1 Lisbonine p. 4800 Rees, oder 10 silberne Krusaden zum Grunde gelegt wird. Man setzt an:

	? Mk. Silb. f. — 1 Mk. Gold. fein	
	11 Mk. Gold. f. — 12 Mk. roh	
9	27 Mk. roh Engl. Tr. — 623 Lisbonn.	
	1 Lisbonn. — 4800 Rees	
5	480 Rees — 3055 3/5 Aß Hol. Tr.	15 191
864	5120 Aß Hol. Tr. — 1 Mk. Hol. Tr.	
	1619 Mk. Hol. Tr. — 1600 Mk. E. Tr.	200. 15. 5.
8	12 Mk. roh — 10 7/8 Mk. fein.	87 29

99

14571
14571

160281
8

1282248

Facit
17253985 } 13,456
1282248

4431505
1282248
3846744

5847610
1282248
5128992

7186180
1282248
6411240

7749400
1282248

623
191

623
5607
623

118993
145

594965
475972
118993

17253985

§. 176.

Die Spanischen Goldmünzen sind halbe, ganze, doppelte und vierfache Pistolen; und die Spanische Silbermünze bestehet in Stücken von Achten, welche man Piaster, Pesos, Mexikanen und Pilaren nennt. Eine Spanische Pistole wird berechnet zu 5 Pesos de Plata oder Piaster, 1 Peso zu 8 Reales de Plata angenommen, also die Pistole zu 40 Reales de Plata: eine Reale de Plata wird ferner zu 16 Quartos angenommen, mithin die Pistole 640 Quartos. Die wirklich gemünzten Pesos und Quartos aber werden anders gerechnet, es gelten zwar 640 Quartos eine Pistole, aber ein gemünzter Real de Plata gilt 17 Quartos, mithin gilt die Pistole $\frac{640}{17}$ Reales de Plata, oder $37\frac{11}{17}$ Reales de Plata. Ferner gilt 1 Peso in wirklicher Münze $10\frac{5}{8}$ gemünzte Reales de Plata, mithin kömmt die Pistole $\frac{640}{17} : \frac{85}{8} = \frac{640 \times 8}{85 \times 17} = \frac{128 \times 8}{18 \times 17} = \frac{1024}{289} = 3\frac{157}{289}$ Pesos oder Piaster zu stehen.

Nach der Regensburger Probe von 1737 den 15ten November ist gefunden worden, daß 34[illegible] Spanische Pistolen eine Köllnische Mark roh wiegen, und 21 Karat 8 Grän fein halten. Nach der Amsterdammer Banko-Belehnung müssen 1000 Spanische Pistolen wiegen 27 Mk. $4\frac{1}{4}$ Unze Troy, die feine $21\frac{2}{3}$ Karat. Ferner, 1000 Stück von Achten oder Pesos wiegen in Holland $109\frac{1}{2}$ Mk. Troy, 19 Mk. Troy gleich 20 Mk. Kölln. gerechnet. In Spanien wiegen 1000 Pesos gemeiniglich $117\frac{1}{4}$ Mark, und in London schätzt man 1000 Pesos 870 Unzen schwer, sie wiegen aber gewöhrlich nicht über 868 Unzen, und halten fein $10\frac{7}{8}$ Deniers, oder 14 Loth 9 Grän; nach Hamburger und Berliner Proben nur 14 Loth 8 Grän.

Das wahre Pari zwischen England und Spanien.

I.) in Golde.

	? pf. Sterl.	—	1 Wechsel Piast. in Golde	
	5 Wechs. Piaster	—	1 Pist. in Münze	
23	69 Pistolen	—	2 Mk. Kölln. roh	
	1703 Mk. Kölln.	—	1600 Mk. Lond.	
3	72 Mk. roh	—	65 Mk. fein	13
	1 Mk. Lond.	—	24 Karat fein	
11	66 Kar. fein	—	89 Guinéas.	
	1 Guinée	—	21 sl. Sterl.	7
	1 sl. Sterl.	—	12 pf. Sterl.	2

33
23
99
66
759
× 1703
1292577

Facit
51833600 } 40,109 p.
1292577   1 Peso
5170308
1305200
1202577
1262300
129257
1163313

182
89
1638
1456
16198
3200
32396
48594
51833600

II) in Silber.

Ein Wechsel-Piaster gilt 8 Wechsel-Real de Plata, und ein Wechsel-Real 16 Quartos. Ein wirklicher Piaster gilt 10 Wechsel-Realen, 10 Quartos, oder $10\frac{10}{16} = 10\frac{5}{8}$ Wechsel-Realen.

Demnach verhält sich ein Wechsel-Piaster : Piaster in Münze = 8 : $10\frac{5}{8}$, und es sind $10\frac{5}{8}$ Wechsel-Piaster = 8 in Münze, oder 85 Wechsel-Piaster = 64 Piaster in Münze.

Mithin

Mithin setzt man an:

	? pf. Sterl.	—	1 Wechsel-Piast.	
	85 Wechsel-Piast	—	64 Piast. in Münze	8
125	1000 Piast. in M.	—	868 Engl. Unzen roh	
8	12 Unz. roh Span.	—	$10\frac{7}{8}$ Unzen fein	87
	11 Unzen fein	—	12 Unz. roh Engl. Silb.	
	1 Unze Engl. Silb.	—	62 pf. Sterl.	
116875			1736	

1736
5208
53816
87
376712
430528
4681992

4681992 } Facit 40,06 pf.
116875
467500
6992,00
116875

Weil nun eine Pistole 5 Wechsel-Piaster gilt, und 85 Wechsel-Piaster 64 Piaster in würklicher Münze machen, die Feine zu $10\frac{7}{8}$ Deniers, so findet sich der gesetzmäßige Werth des Goldes gegen Silber in Spanien durch den Ansatz:

	? Mk. Silb. fein	—	1 Mk. Gold f.	
13.65	$11\frac{2}{3}$ Mk. fein	—	24 Mk. roh	2.6.3
	1 Mk. roh	—	84 Pistolen	17
	1 Pistole	—	5 Wechs. Piast.	
	85 Wechs. Piast.	—	64 Piast. in M.	8
125.2.4	1000 Piast. in M.	—	$117\frac{1}{4}$ Mk. roh	469
8	12 Mk. roh	—	$10\frac{7}{8}$ Mk. fein.	87

```
   255                                              3283
   85                                               3752
  ----                                             -----
  1105                                             40803
   125            2080953}F. 15,07                    51
  ----            138125                           -----
  5525            ------                           40803
 2210             699703                          204015
1105              138125                         -------
------            690625                         2080953
138125           -------
                   9078,00
                   138125
```

§. 177.

Nach dem alten Holländischen Münzgesetze und der Amsterdammer Bco Belehnung, die gleichfalls die Kraft eines Gesetzes hat, müssen die Holländischen Dukaten 23 Karat 7 Grän fein halten, und 1000 Stück müssen wiegen 14 Mk. 1 Unze 11 Engels. Wenn nun das Stück zu 4 fl. 9 Stüber in Bco. angenommen wird, so findet sich der gesetzmäßige Preis des feinen Goldes durch den Ansatz:

```
       | ? fl. Bco. für 1 M. f. Gold        |
  283  | 12 | 23 7/12 Mk. fein - 24 Mk. roh   | 288
 2271  | 160 | 14 31/160 Mk. roh - 1000 Stück | 160000. 8000
   20  | 1 Stück          - 4 19/20 fl. Bco | 99
 -----                                     -------
  6813                                       2592
 18168                                      2592
 4542                                      ------
------                                      28512
642693                                        8000
                                         ---------
                                         228096000
```

228096000} Facit 354 fl. 18 Stüb.
642693
1928079

3528810
642593
3213465

3153450
642693
2570772

582678
× 20 Stüb.

11653560
642693

5226630
642693

In Silber.

Müssen nach den Gesetzen 200 Dukatons wiegen 26 Mk. 3 Unzen 15 Engels, nach den Gesetzen müssen sie 15 Loth fein seyn, und das Stück gilt 3 fl. Bco. Also giebt sich der Preis des feinen Silbers:

	? fl. Bco.	für 1 Mk. Silb. fein	
5	15 Mk. fein	— 16 Mk. roh	
847	26 $\frac{15}{32}$ Mk.	— 200 Dukato roh	6400. 1280
	1 Dukaten	— 3 fl. Bco.	
			20480

2.0.480} 24 fl. 4 Stüb.
847
1694

35.4.0
847
3388

152
× 20

3040
847

Die alten holländischen Albertsthaler sollten nach dem Gesetz 10 Pfenny 10 Grän, also 250 Gr. oder 13 Loth 16 Grän fein seyn. (Die neuen sind nicht über 13 Loth 13 Grän fein.) Bey der Bco. Belehnung müssen 200 Stück wiegen 22 Mk. 6½ Unzen, und das Stück gilt 48 Stüber. Das giebt folgenden Ansatz:

	? fl. Banco für 1 Mk. S. f.	
25 225	$13\frac{8}{9}$ Mk. fein - 16 Mk. roh	144
365	$22\frac{13}{16}$ Mk. - 200 Albthlr.	3200. 640. 128
5	1 Albrtsthlr. - $2\frac{2}{5}$ fl.	12

1825 2.2.1.184) 24 fl. 4 Stüb. 288
730 9125 144
9125 18250 1728
38684 128
9125 13824
36500 3456
2184 1728
× 20 221184
43680
9125

Der Goldpreis war $354\frac{18}{20}$ fl. Bco.
Der Silberpreis $24\frac{4}{20}$.
Also der Werth des Goldes gegen Silber =
7098) 14,665; fast $14\frac{2}{3}$.
484
2258
484
1936
3220
484
2904
3160
484
2904
2560
484

Wenn das Silber in Barren nach dem Gehalt zur Feine berechnet worden, so wird alsdann die Mk. fein à 24 fl. 3 bis 4 Stüber in der Banco angenommen.

Folgende Bestimmungen kommen hiemit auch ganz nahe überein:

In circa 915 Stück von Achten, Pilaren und Mexicanen à $10\frac{7}{8}$ Den fein, wiegen 100 Mk. Holl. und werden in Banco zu 2200 fl. angenommen.

840 Stück neue französische Loubthaler zu $14\frac{1}{2}$ Loth, oder $10\frac{7}{8}$ Deniers fein, wiegen 100 Mk. Holl. und werden in Banco gleichfalls zu 2200 fl. angenommen.

200 Stück ganze oder 400 halbe drey fl. Stücke wiegen 25 Mk. 5 Unzen 11 Engels, und sind $14\frac{1}{2}$ Loth fein. Nach dieser letzten Bestimmung kommt die Mk. fein Silber 24 fl. 18 Stüber zu stehen, oder $24\frac{9}{10}$ fl. Der Goldpreis war $354\frac{9}{10}$ fl., also der Werth des Goldes gegen Silber nach dieser letzten Bestimmung $\frac{3549}{249} = 14,253$. Nach der vorigen Bestimmung $= \frac{14,665}{28,918}$, also die Mittelzahl $= 14,459$ oder fast $14\frac{46}{100}$

Das gesetzmäßige Pari zwischen London und Amsterdam,

I.) in Golde.

	? Schl. vls.	- 1 Pf. Sterl.		
	1 Pf. Sterl.	- 20 Schl. Sterl.		
39	78 Schl. Sterl.	- 1 Unze engl. roh		
4	12 Unzen roh	- 11 Unzen fein		
	1600 Londn. U.	- 1619 Amst. U.		
80	8 Unzen fein	- 354 $\frac{9}{10}$ fl. Bco.		3549 · 1183
3	6 fl. Bco.	- 1 Pf. vls. Bco.		1619
240	1 fl. vls.	- 20 Schl. vls.		10647

240
4
960
39
864
288
37440
16
224640
37440
599040

10647
1183
7098
1183
1915077
1915077
21065847

21065847 } $35\frac{1}{15}$ Schl. vls.
599040
1797120 v. 1 Pf. Sterl.
3094647
599040
2995200
994470
599040
39543

II.) in Silber.

	? fl. vls.	—	1 Pf. Sterl.	
	1 Pf. Sterl.	—	20 fl. Sterl.	10
31	62 fl. Sterl.	—	11 londn. Unz. roh	
	11 Unzen roh	—	11 $\frac{1}{10}$ Unzen fein	111
3	15 Unzen fein	—	16 Unzen roh	
	1600 londn. Unz.	—	1619 Amst. Unzen	
847	111 $\frac{3}{4}$ Unzen roh	—	200 Dukatons	4
	1 Dukatons	—	1 Pf vls. Bco.	
	1 Pf. vls.	—	20 fl. vls.	4

```
 2541                444
   31                  4
 2541               1776
7623                1619
78771              15984
                   1776
                  10656
                  1776
                 2875344
```

```
2875344 } 36½ fl. vls.
 78771    p. 1 Pf. Sterl.
236313
 512214
  78771
 472626
  37588
```

§. 178.

Wenn das Gold und Silber, oder welches einerley ist, die Gold und Silbermünzen selbst, an zweyen Oertern, die mit einander durch die große Handlung in Verbindung stehen, keinen gesetzmäßigen, oder sonst ein für allemal bestimmten Preis haben, so läßt sich auch kein wahres Pari zwischen den Münzen beyder Oerter durch Rechnung finden, das man als beständig betrachten könnte. Dies sogenannte Pari wird sich allemal ändern, wenn sich an einem oder dem andern Ort, oder an beyden zugleich der Gold- oder Silberpreis ändert. Zu Hamburg hat itzt weder Gold noch Silber einen gesetzmäßigen oder sonst bestimmten Preis. Der Goldpreis wird in ßl. Bco p. 1 Dukat dadurch regulirt, daß 67 Stück auf die Köllnische Mk. gerechnet werden, die Feine zu $23\frac{1}{2}$ Karat angenommen. Wenn aber der Hamburger Bco. Fuß noch mit dem alten Reichsfuß von 1669 einerley wäre, so müßte der Dukaten $23\frac{2}{3}$ Karat fein seyn, 67 Stück eine Mark wiegen, und das Stück 3 fl. oder 6 Mk. Bco. gelten. Weil nach diesem Fuß $67\frac{67}{71}$ Stück eine Mk. fein halten, so würde 1 Mk. fein Gold 204 Gulden oder 408 Mk. Bco. gelten. Nach eben dem alten Reichsfuß wäre der gesetzliche Preis einer Mk. fein Silber eigentlich 27 Mk. Bco., nämlich 9 thlr. oder $13\frac{1}{2}$ fl. die Mk. fein, oder 27 Mk. Bco. Es sollen nämlich 8 Stück Speciesthaler zu 3 Mk. Bco, eine rohe Mk. wiegen, und 14 Loth 4 Gran fein seyn: Das gäbe den Werth des Goldes gegen Silber $= \frac{408}{27} = 15\frac{1}{9}$. Es wird aber dieser Preis nicht gehalten, vielmehr kostet die Mk. fein Silber itzt 27 Mk. 10 ßl. Bco. m. o. w. so wie der Preis eines Dukatens 6 Mk. Bco. m. o. w. Diesemnach ist auch der Werth des Goldes gegen Silber veränderlich. Nimmt man an, der Dukaten koste *m* ßl. Bco., die Mk fein Silber koste *n* ßl. Bco., so läßt sich der folgende allgemeine Ansatz brauchen, den Werth des Goldes gegen Silber zu finden, sobald für den Gold- und Silberpreis etwas gewisses angenommen wird.

	? Mk. fein Silber	—	1 Mk. fein Gold	
47	$23\frac{1}{2}$ Mk. fein Gold	—	24 Mk. roh	48
	1 Mk. roh	—	67 Dukaten	67
	1 Dukat	—	*m* ßl. Bco.	336
	n ßl. Bco.	—	1 Mk. Silb.	288
				3216*m*.

$$3.2.16.m \} \text{Fac.} \frac{68,4.m}{n}$$

```
  47.n
 282
 ----
  396
   47
  326
  ----
   20,0
    47
```

Daraus fließt die Regel:

Man multiplicire den Goldpreis in ßl. Bco. p. 1 Duk. mit der Zahl 68,4 oder $68\frac{4}{10}$ und dividire was herauskommt mit dem Silberpreis in ßl. Bco. p. 1 Mk. fein Silber.

Es sey z. B. der Goldpreis 6 Mk. Bco. p. 1 Dukat à 23¼ Karat fein, oder 96 ßl. Bco.

Der Silberpreis gesetzmäßig 27 Mk. Banco, so findet man

```
                                    27
                                    16
                                   ----
                                   162
                                    27
                                   ----
                              oder 432 ßl. Banco.
 68,4          6566,4 } Facit 15,2
 96            432
 ------        -----
 4104          2246
 6156          432
 ------        2160
 6566,4        -----
                864
                432
                864
```

Ist aber bey eben dem Goldpreise der Silberpreis 28 Mk. Banco die Mk. fein, oder 488 ßl. Banco, so findet man:

$68,4 \times 96 = 65.66,4 \} 14,66$ beynahe $14\frac{2}{3}$

```
448
————
2086
 448
1792
————
 294,4
  448
 2688
—————
  2560
   448
```

Gilt dagegen der Dukaten 95 ßl. Banco, wie am gewöhnlichsten ist, wenn das Gold nicht sehr gesucht wird, und die Mk. fein Silber 27 Mk. 10 ßl. Banco; so findet man

$$\frac{68,4 \times 95}{442} = 15\frac{7}{8}$$

Man kann demnach etwa für den jetzigen mittlern Hamburger Banco-Fuß folgendes annehmen:

67 Stück Dukaten á $23\frac{2}{3}$ Kar. fein auf die Kölln. Mk. Banco-Geld in Silber 27 Mk. 10 ßl. Bco. die Mk. Kölln. fein.

Das Banco-Geld ist in natura nicht mehr vorhanden, und wenn das Courant-Geld zu $11\frac{1}{3}$ thlr. oder 17 Gulden die Mk. fein ausgemünzt wird, so ist Bco. 23 pC. besser als Courant.

Das Pari zwischen London und Hamburg.

I.) in Golde.

Es sey nun der Goldpreis in Hamburg *m* ßl. Bco. p. 1 Duk. á $23\frac{2}{3}$ Kar., in London der Goldpreis *n* ßl. Sterl. p. 1 Unze von 22 Karat: Man soll das wahre Pari in Golde zwischen London und Hamburg finden:

	? ßl. vls.	—	1 Pf. Sterl.	
	1 Pf. Sterl.	—	20 ßl. Sterl.	
	n ßl. Sterl.	—	1 Unze roh	
6	12 Unzen roh	—	11 Unzen fein	
47	23½ Unzen fein	—	24 Unzen roh	4
	1600 Unzen Londn.	—	1703 Unzen Cölln.	
2	8 Unzen	—	1 Mark	
	1 Mk.	—	67 Duk.	
	1 Duk.	—	m ßl. Hamb. Bco.	
	6 ßl. Hamb.	—	1 ßl. vls. Bco.	

960
47
6720
384
45120

1703
1703
18733
67
131131
112298
125411,1 } Fac. $\frac{27,8 \times m}{n}$ ßl. vls. p. 1 Pf. Sterl.
4512
9024
35171
4512
31584
3587,1
4512

Nach den Englischen Gesetzen ist $n = 78$ ßl Sterl., und wenn $m = 95$ ßl. Hamb. Bco. angenommen wird, so findet man

27,8
95
1390
2502
2641,0

2641 } $33\frac{67}{78}$ ßl. vls.
$n = 78$
234
301
78
234
67

II) in Silber.

Wenn ferner die Mk. fein Silber in Hamburg *m* Mk. Bco. kostet, und in London die Unze in Stücken von Achten 11 Den fein angenommen *n*. pf Sterl. kostet, wie steht das Pari in Silber zwischen London und Hamburg?

	? ßl. vls.	—	1 Pf Sterl.	
	1 Pf Sterl.	—	20 ßl. Sterl.	
	1 ßl Sterl.	—	12 pf. Sterl.	
	n pf. Sterl.	—	1 Unze roh	
	12 Unzeu roh	—	11 Unzen fein	
	8 Unzen	—	1 Mk. Engl.	
40.80	1600 Mk Engl.	—	1703 Mk. Kölln.	
	1 Mk Kölln	—	*m* Mk. Hamb. Bco.	
	1 Mk Bco.	—	16 ßl. Bco.	x
	6 l. Bco.	—	1 ßl. vls.	
240				

1703
1703
1873,3 } Facit $\frac{78 . m}{n}$
24
168
193
24
192

Es sey der Preis für 1 Unze in Stücken von Achten in London 62 ßl., und die Mk fein Silber gelte in Hamburg 28 Mk., so hat man

78
28
624
156
2184

(2
2184 } $35 \frac{24}{62} | \frac{12}{31}$ ßl. vls.
62 p. 1 pf. Sterl.
186
324
60
300
24

§. 179.

Ein anderes Beispiel des veränderlichen Pari giebt die Vergleichung des Englischen Geldes mit dem Venetianischen. Weil zu Venedig der Gold- und Silberpreis veränderlich ist, so ist auch daselbst das Verhältniß zwischen dem Werth des Goldes und Silbers veränderlich. Der Goldpreiß wird in Lire piccoli für 1 Unze fein Gold bestimmt, der Silberpreis in Soldi piccoli für 1 Unze fein Silber. Es sei also der Goldpreis m Lire für 1 Unze fein Gold, und der Silberpreis n Soldi für 1 Unze fein Silber, so findet sich der Werth des Goldes gegen Silber leicht, wenn man weiß, daß 1 Lire 20 Soldi gilt. Denn der Goldpreis ist m Lire $= 20.$ m Soldi, und dieser durch den Silberpreis $= n$ Soldi dividirt, giebt den Werth des Goldes gegen Silber $= \frac{20.m}{n}$. Es sei der Goldpreis 185 Lire, der Silberpreis 12 Lire 8 Soldi, oder 248 Soldi, so ist der Werth des Goldes gegen Silber $\frac{20.\,185}{248}$ $= \frac{5.\,185}{64} = 14\frac{22}{100}$.

Das Pari zwischen London und Venedig.

1) in Golde.

Es sei wiederum der Goldpreis m Lire piccoli, und der Werth von 100 Lire corrent sei α. Lire piccoli in Venedig. In London sei der Goldpreis c ßl. Sterl. für 1 Unze Standartgold 22 Karat fein. Wenn nun 100 Mark Köllnisch gleich 783 Unzen in Venedig, und 100 Mk. Londner Troy gleich $106\frac{1}{18}$ Mk. Köllnisch angenommen werden; so ist die Frage: wie viel pf.

Sterl. in Golde zahlt London für 1 Ducat di Banco in Venedig?

Man setzt an:

	? pf. Sterl.	—	1 Duc. di Banco	
5	2 Duc. di Bco.	—	6 1/5 Lire Bco.	31
	100 Lire Bco.	—	120 Lire corr.	24
	100 Lire corr.	—	a Lire picc.	
	m Lire picc.	—	1 Unze fein Gold	124
	783 Venet. Unz.	—	800 Kölln. Unzen	62
	1703 Kölln. Unzen	—	1600 Engl. Unzen	744
	11 Unzen fein	—	12 Unz. Stand. G.	
	1 U. Stand. G.	—	c fl. Sterl.	
	1 fl. Sterl.	—	12 pf. Sterl.	

1703	144
783	128
5109	1152
13624	288
11921	144
1333449	18432
1333449	744
14667939. m	73726
	73728
	129924
	13713408 a. c.

Das zweyte Produkt durchs erste dividirt, giebt $\frac{0{,}935\ a.\ c.}{m}$, oder $\frac{935\ a.\ c.}{1000.\ m.}$ pf. Sterl. für 1 Duc. di Bco. Hierin liegt folgende Regel:

Zu 110 Lire corr. addire man die Sopra agio, multiplicire was herauskommt in den Londner Goldpreis 935 mal genommen, das Produkt dividire man durch den 1000fachen Goldpreis in Venedig.

Es sey $a = 129$, so ist die Sopra agio 29 pC. Ferner sey der Goldpreis in Venedig 185 Lire picc. in London 78 sl. Sterling, so ist das Pari

$$\frac{935 \cdot 129 \cdot 78}{1000 \cdot 185} = \frac{187 \cdot 129 \cdot 39}{500 \cdot 37} = 50{,}85 \text{ pf. Sterl.}$$

für 1 Duc di Bco.

II.) in Silber.

Der Silberpreis in Venedig sey n Soldi piccoli, der Werth von 100 Soldi corr. sey a Soldi piccoli, der Silberpreis in London e pf. Sterl. Die Frage ist: wie viel pf. Sterl. in Silber zahlt London für 1 Ducat di Bco. in Venedig. Man setzt an:

? pf. Sterl.	—	1 Duc. di Bco.
1 Duc. di Bco.	—	124 Soldi Bco.
1ØØ Soldi Bco.	—	120 Soldi corr.
1ØØ Soldi corr.	—	*a* Soldi picc.
n Soldi picc.	—	1 Unze fein Silber
783 Unz. Venet.	—	8ØØ Unz. Kölln.
1703 Unz. Kölln.	—	16ØØ Unz. Engl.
11 Unzen fein	—	12 U. Stand. Silb.
1 U. Stand. S.	—	*e* pf. Sterl.
14667939. *n*		1440 × 124 × 128. *a*. *e*
		= 2285568. *a*. *e*.

Das letzte Produkt durch das erste dividirt giebt $\frac{1{,}558 \cdot a \cdot e}{n}$, oder $\frac{1{,}558 \cdot a \cdot e}{1000 \cdot n}$ pf. Sterl. für 1 Duc. di Bco. Das giebt die Regel:

Zu 110 Lire corr. addire man die Sopra agio, so hat man den Werth von 100 Lire corr. in Lire piccoli. Diesen multiplicire man in den Londner Silberpreis 1558 mal genommen, und dividire was herauskommt durch den 1000fachen Silberpreis in Venedig.

Es sey, wie vorhin $a = 129$, der Silberpreis in Venedig 12 Lire 8 Soldi, oder 248 Soldi, in London 69 pf. Sterl., so ist das Par in Silber

$$\frac{1558 \cdot 129 \cdot 69}{1000 \cdot 248} = \frac{779 \cdot 129 \cdot 69}{124000} = 55,9 \text{ pf. Sterl.}$$

für 1 Duc. di Bco.

§. 180.

Das bisherige kann zur Uebung in solchen Rechnungsfragen genügen, wenn es darauf ankommt, das wahre Wechsel-Pari zwischen ausländischen Münzsorten zu finden: es sollen nun noch einige Uebungen in Vergleichung bey uns bekannter Münzen folgen.

Wenn nach dem Leipziger Münzfuß von 1738 der Dukaten 23 Karat 8 Grän fein 67 Stück auf die Mk. roh zu 4 fl gesetzt, und die fl. 14 Loth 4 Grän fein 18 Stück auf die feine Mk. ausgeprägt sind: wie hoch ist der Werth des Goldes gegen Silber nach dem Leipziger Fuß?

	? Mk. Silber fein	—	1 Mk. Gold fein	
71	~~23⅔~~ Mk. fein	—	~~24~~ Mk. roh	4
	1 Mk. roh	—	67 Duk.	
	1 Duk.	—	4 fl.	
3	~~18~~ fl.	—	1 Mk. fein	

67
16
———
402
67
———
1072) Fac. 15, 1.
71
———
362
71
355

Wenn man überhaupt annimmt, der Preis des Dukatens sey m fl., der Preis einer Mk. fein Silber n fl., so hat man den Ansatz:

? Mk. Silber fein	—	1 Mk. Gold fein
71 Mk. fein	—	72 Mk. roh.
1 Mk. roh	—	67 Duk.
1 Duk.	—	m fl.
n fl.	—	1 Mk. f. Silb.
71, n		504
		432

$$4824) \frac{67,9437 \times m}{n}$$

71
426
564
71
497
67,0
71
639
310
71
284
260
71
213
470
71

Das giebt die allgemeine Regel:

Man multiplicire den Preis des Dukatens in die Zahl 67,943 und dividire was herauskommt durch den Preis einer Mk. fein Silber, beyde Preise in fl. oder sonst einerley Namen ausgedrückt.

Nach dem Leipziger Fuß ist $m = 4$, $n = 18$, also der Werth des Goldes gegen Silber $= \frac{67,9437 \times 2}{9} = 15\frac{1}{10}$, wie vorhin.

Nach dem Conventionsfuß von 1753 gilt der

Duk. 23 2/7 Karat fein, 67 Stück auf die rauhe Mk., 4 1/6 fl., wovon 20 eine Mk. Silber halten: wie steht der Werth des Goldes gegen Silber?

	? Mk. Silber fein	— 1 Mk Gold fein	
71	23 2/7 Mk. fein	— 24 Mk. roh	3
	1 Mk. roh	— 67 Duk.	
6	1 Duk.	— 4 1/6 fl.	25. 5
4	20 fl.	— 1 Mk. f. Silber	

Vermöge der vorigen allgemeinen Regel fände man $\frac{4\frac{1}{6}}{20} = \frac{25}{120} = \frac{5}{24}$, und den Werth des Goldes gegen Silber $= 67{,}9437 \times \frac{5}{24} = 14{,}155$, welches mit der eben gefundenen Zahl überein kommt.

Wenn nach dem Graumannschen Fuß von 1750 die Mk. fein Silber zu 14 thlr. ausgeprägt, und der Werth des Goldes gegen Silber wie 13 4/7 : 1 fest gesetzt ist: wie viel thlr. Silbergeld giebt man für einen Reichsgesetzmäßigen Dukaten?

	? thlr.	— 1 Duk.	
	67 Duk.	— 1 Mk. roh.	
12. 36. 12	24 Mk. roh	— 23 2/7 Mk. fein	71
5	1 Mk. f. G.	— 13 4/7 Mk f. Silb.	69. 23
	1 Mk. f. S	— 14 thlr.	7

```
× 60         11431) Fac. 2 thlr.        497
4020           4020   20 gl. 3 pf.       23
               8040                     1491
               3391                      994
                24 gl.                 11431
              13564
              6782
              81384 gl.
         v. 4020)
             20 gl. 3 pf.
```

Wie viel thlr. Silbergeld giebt man nach eben dem Fuß für eine Pistole à 21¾ Karat fein, und 35 Stück auf die Mk. roh gerechnet?

	? thlr.	— 1 Pistole	
	35 Pist.	— 1 Mk. roh	
48. 12	24 Mk. roh	— 21¾ Mk. fein	87
5	1 Mk. f. Gold	— 13⅘ Mk. f. Silber	69
	1 Mk. f. Silber	— 14 thlr.	7

175	420,21) Fac. 5 thlr.	483
48	84	87
1400	420	3381
700	0,21	3864
8400		42021

§. 181.

Das wahre Pari zwischen Reichsgesetzmäßigen Dukaten und Pistolen zu finden die Pistolen 21¾ Kar. fein, und 35 Stück auf die Mk. roh gerechnet.

	? Duk.	— 1 Pistole	
140	35 Pist.	— 21¾ Kar f.	87
71	23⅔ Kar. f.	— 67 Duk.	201

140	17487) Fac. $1\frac{7547}{9940}$
98	9940
9940	7547

Es sind also 9940 Pistolen = 17487 Duk.
oder 1 Pistole = 1,75925 Duk.
etwas weniger als 1¾ Duk.

Wenn also nach dem Leipziger Fuß der Dukaten 2⅔ thlr. gilt, so muß die Pistole 4 thlr. 16¾ gl. gelten.

Gilt der Dukaten 2¾ thlr., so muß die Pistole 4 thlr. 20$\frac{11}{100}$ gl. gelten.

Nach dem Conventions-Fuß gilt der Duk. 4⅙ fl. oder 2 thlr. 18 gl. 8 pf., also die Pistole 7 fl. 5¾ gl. oder 4 thlr. 21¼ gl.

Gilt der Duk. 2^{5} thlr., so muß die Pistole 4 thlr. 23 gl. $9\frac{3}{5}$ pf. gelten.

Umgekehrt ist 1 Duk. = $\frac{9940}{17487}$ Pistol.

oder 1 Duk. = 0,56842 Pistol.

Gilt also die Pistole 5 thlr. so muß der Dukat 2 thlr. $20\frac{1}{5}$ gl. gelten.

182.

Vergleichungstafeln nach dem wahren Pari lassen sich nur zwischen goldenen Münzen unter sich, und zwischen silbernen Münzen ebenfalls unter sich, berechnen *). Eine allgemeine richtige Vergleichungstafel zwischen goldenen und silbernen Münzen zu berechnen, ist deswegen nicht wohl thunlich, weil der Werth des Goldes gegen Silber nach dem einen Münzfuß so, nach dem andern wieder anders ist. Daraus läßt sich beurtheilen, was von der Vergleichungstafel zu halten sey, die man jetzt in einigen kleinen Taschen-Kalendern findet, und die auch Herr Schmid seiner Rechenkunst einverleibet hat. Sie ist so eingerichtet, daß sie den Werth einer jeden darin aufgeführten Münze in Pistolen zu 5 thlr. anzeigen soll. Richtiger, und allgemein brauchbarer hätte sie gerathen können, wenn nur der Werth der goldenen Münzen auf diese Art berechnet, der Werth der silbernen aber in Silbermünze, etwa in *n* $\frac{2}{3}$ L. F. oder Conventions-Geld, oder sonst einer willkührlich gewählten nach einem bekannten Münzfuß geprägten Silbermünze, nach dem wahren Pari angegeben wäre. Es scheint auch, daß bey Berechnung der Tafel nicht das wahre

*) Einem alten Landsmanne zu Ehren zeige ich folgendes Buch an: Peter Herrmann Büschau's genaue und deutliche Berechnung der neuen Zweydrittel schweren Geldes ꝛc. im Vergleich mit den abwechselnden Coursen, von 1 Schilling an bis 100 Rthlr. Rostock 1767. — Uebrigens haben dergleichen Berechnungen nur ihren temporellen Werth!

Pari, sondern der veränderliche Cours zum Grunde gelegt sei, weil kein bestimmter, sondern fast durchgängig ein Werth angegeben ist, der um 1 bis 2 gl. unbestimmt bleibt. Z. B. ein Guinée zu 6 thlr. 8 bis 10 gl. Das Pari giebt den Ansatz:

	? Pistolen	— 1 Guinée	
89	44½ Guinée	— 11 Unz. roh	2
	11 Unz roh	— 11 Unz. fein	
	8 Unzen	— 1 Mk. Engl.	
40.160.320	1600 Mk. eng.	— 1703 Mk. köll.	
87	11¼ Mk. fein	— 14 Mk. roh	3:11,3
	1 Mk. roh	— 35 Pistolen	7

3480
89
31320
2784
309720

1703
1703
18733
21
18733
37466
393393

39339,3 } Fac. 1,27028 Pistol.
30972
8367,3
30972
61944
217290
30972
816404
88600
30972
61944
26656

Wenn also die Pistole 5 thlr. gilt, so giebt das für die Guinée 6 thlr. 8 gl. 5⅗ pf. Und wenn die Guinée 21 ßl. Sterl. gilt, so ist das Pf. Sterl. in

Golde = [illegible] 1,27028 Pistolen, oder 1 Pf. Sterl. in Golde = 6 thlr. 1 gl. $2\frac{1}{16}$ pf. Die Tafel giebt an, 6 thlr. 1 thlr. 1 bis 4 gl.

§. 183.

Es scheint also, die Tafel sei so eingerichtet: man hat für den Werth der Silbermünze denjenigen angenommen, den sie in eben dem Lande, wo sie gebräuchlich ist, in Golde hat, und dieser Werth ist hiernächst auf Pistolen zu 5 thlr. gebracht. Hiebei liegt alsdenn zugleich dasjenige Verhältniß des Goldes gegen Silber zum Grunde, was in dem Lande, wo die ausländische Silbermünze zu Hause gehört, üblich ist. In England ist der Werth des Goldes gegen Silber = 15,234 : 1, oder 1 Pf. Gold ist so viel als 15,234 Pf. Silber werth, mithin 1 Pf. Silber so viel, als $\frac{1000}{15234}$ Pf. Gold; und in dieser Voraussetzung wäre 1 Pf. Sterl. Engl. Silbergeld in Pistolen 6 thlr. 1 gl. $2\frac{1}{16}$ pf. werth. Nach dem deutschen Conventions-Fuß aber ist der Werth des Goldes gegen Silber $14\frac{11}{71}$: 1 oder 14,155 : 1. D. i. 1 Pf. Gold ist 14,155 Pf. Silber, oder 1 Pf. Silber ist $\frac{1000}{14155}$ Pf. Gold werth; demnach gilt nach dem Conventions-Fuß 1 Pf. Silber in Golde mehr, als es nach dem Englischen Münzfuß in Golde gilt; es muß also nach eben dem Conventionsfuß 1 Pf. Sterling Silbergeld in Golde mehr gelten, als es im Englischen Münzfuß gilt, und zwar so viel mal mehr so viel mal der Werth des Goldes gegen Silber nach Englischen Fuß im Werth des Goldes gegen Silber nach dem Conventionsfuß enthalten ist. Mithin würde nach diesem Fuß der Werth von 1 Pf. Sterl. Engl. Silbergeld in Pistolen gefunden werden, wenn man setzte:

Nach Engl. Werth des Goldes	thut 1 Pf. Sterl. Silberg. in Pistol.	Was thut es also nach deutschem Werth des Goldes?
$\frac{1000}{15234}$.	— 6 thlr. 1 gl. $2\frac{1}{10}$ pf. —	$\frac{1000}{14155}$.
oder 14155?	— 6 thlr. 1 gl. $2\frac{1}{10}$ pf. —	15234.

24
145 gl.
120
2900
14521
17421 $\frac{1}{10}$ pf.
1079
156789
121947
174210
18797259 ? 1327
14155
46422
14155
42465
39575
14155
28310
112659
14155

15234
14155
Rest 1079

17421
× 1327
$18748\frac{1}{10}$ pf.

oder 1874,8 pf.
div. 12)
156 gl. $2\frac{4}{5}$ pf.
div. 24)
6 thlr 12 gl. $2\frac{4}{5}$ pf.

Nach der Proportion des Conventionsfußes wäre also der Werth von 1 Pf. Sterl. Engl. Silbergeld in Pistolen 6 thlr. 12 gl. 3 pf; wenn die Pistole 5 thlr. gilt, so findet sich der Werth von 1 Pf. Sterl. Engl. Silbergeld in deutschen Conventions-Gelde, wenn man ansetzt:

5 thl. in P. - 4 thl. 21 gl. 3 pf. C. - 6 thl. 12 gl. 2 pf. in P. ?
5) (1 X 6 8|3 2|6

29 thl. 7 gl. 6 pf. 2|4
1 — 15 — 1 — 1|2
= — 9 — 9 — 1|1
= — 4 — 10 -
= — 4 — 10 -
= — = — 5 —

31 thl. 18 gl. 5 pf.
5) F. 6 thl. 8 gl. 6 pf. Cour. G. p. 1 Pf. Sterl.

Daß dies Facit das wahre Pari sei, beweiset auch der folgende Ansatz:

	? thlr. Cour. Geld	— 20 Pf. Sterl.	2
31	62 Pf. Sterl.	— 22 Unzen Engl.	
10	120 Unzen roh	— 111 Unzen fein	
	8 Unzen	— 1 Mk.	
40	1600 Mk. Engl.	— 1703 Mk. Kölln.	
3	1 Mk. Kölln. fein	— 13 1/3 thl. Cour. G.	40

120
8
160
X 31
29760

1703
1703
1703
189033

div. mit 29760)

Facit 6 thlr. 8 gl. 6 pf. wie vorhin.

Dies Beispiel wird zur Genüge beweisen, daß die erwähnte Münzvergleichungstafel beim Silbergelde gar nicht mit Sicherheit brauchbar sei. Wenn diese Tafel für 1 Pf. Sterl. 6 thlr. 1 bis 4 gl. in Pistolen angiebt, so ist das ohngefähr das Pari in Golde, nicht in Silber. Angehende Rechner können zur Uebung andere Zahlen, die in der Tafel angegeben sind eben so prüfen.

Dritte Abtheilung.

Von den Potenzen und Logarithmen, nebst ihren Anwendungen auf mehrere Rechnungsfragen.

Erster Abschnitt.

Von den Potenzen und Logarithmen überhaupt.

§. 184.

Eine Potenz oder Dignität heißt jedes Produkt mehrerer gleicher Factoren. Ist eine Potenz aus der Multiplikation zweyer solcher Factoren entstanden, so heißt sie die zweite Potenz oder eine Quadratzahl, die dritte Potenz führt den besondern Namen der Cubiczahl; die höhern Potenzen werden gewöhnlich ohne solche specielle Benennungen bezeichnet. Um eine Potenz irgend einer Ordnung durch Zeichen auszudrücken, d. i. um kenntlich zu machen, aus wie vielen gleichen Factoren ein Produkt bestehen soll, schreibt man über die Zahl die einige mahle mit sich selbst zu multipliciren ist, eine kleine Ziffer hin, die es ausdrückt, wie viele mahle die Zahl mit sich selbst multiplizirt werden soll und die der Exponent der Potenz heißt; also heißt:

5^4 so viel als: $5 \times 5 \times 5 \times 5 = 625$
und $5^2 = 5 \times 5 = 25$.

§. 185.

Die Zahl 5 hier, oder überhaupt jeder einzelne Factor, der einige mahle mit sich selbst multiplizirt worden ist, heißt die **Wurzel der Potenz**. Um also anzuzeigen, daß zu einer gegebenen Wurzel die gehörige Potenz gefunden werden soll, schreibt man den Exponenten über die Wurzel hin. Die Wurzel der Quadratzahl heißt **Quadratwurzel** und die der Cubiczahl die **Cubicwurzel**. Wenn eine Potenz gegeben ist, so muß man daraus wieder die zugehörige Wurzel finden können. Um dieß anzudeuten wird die Potenz unter diesem Zeichen hingeschrieben ($\sqrt{\ }$) und so heißt also:

$$\sqrt[2]{25} = \tfrac{25}{5} = 5;$$

$$\sqrt[4]{625} = 5;\ \sqrt[4]{4096} = 8;\ \text{denn}\ 8.8.8.8 = 4096.$$

§. 186.

Von allen 9 einfachen Zahlen ist die Quadratzahl sehr leicht zu finden, denn sie steht im Ein mahl Eins. Eben so ist auch die Quadratwurzel, deren Zahl im Ein mahl Eins vorkommt, leicht aufzusuchen. Wenn aber die Zahl mehr als 2 Ziffern hat, so ist die Wurzel nicht anders als mit Hülfe des folgenden Kunstgriffes auszuziehen.

Man kann sich nemlich jede gegebene Zahl aus zwey Theilen zusammengesetzt vorstellen, der eine heiße a, der andere b, so ist die ganze Zahl = (a + b). Diese Zahl a + b wird auf das Quadrat erhoben, wenn man das Produkt (a + b) × (a + b) sucht; also:

$$\begin{array}{l} a + b \\ \underline{a + b} \\ a^2 + ab \\ \qquad\ \underline{ab + b^2} \\ a^2 + 2ab + b^2. \end{array}$$

Dies Produkt zeigt an, daß jede gegebene Quadratzahl aus diesen drei Theilen zusammengesetzt seyn müsse, die man von einander zu unterscheiden habe, so besteht die Zahl 576 aus 500, 72 und 4.

Jede vorgelegte Zahl wie 576, aus der die Quadratwurzel gezogen werden soll und die also eine Quadratzahl ist, theile man von der Linken zur Rechten in Classen, in jeder Classe 2 Ziffern; so ist es eine Regel, daß die Wurzel aus so vielen Ziffern bestehen wird, als die Quadratzahl Classen hat. Die Quadratzahl der ersten Ziffer der Wurzel wird also in der ersten Klasse der vorgelegten Zahl vorkommen müssen. Im Exempel ist also 5 die Quadratzahl des Theils a der Wurzel. Man weiß aber daß 5 keine Quadratzahl ist, daher sucht man die Wurzel deren Quadratzahl der 5 am nächsten kommt, aber kleiner als 5 seyn muß, diese ist 2, denn $2^2 = 4$; es ist also $2 = a$ und $a^2 = 4$.

Man macht zur Seite der gegebenen Quadratzahl einen Strich wie bei der Division, und schreibt die gefundene 2 darneben, das Quadrat derselben oder 4 wird von 5 subtrahirt, zu dem Reste die beyden Ziffern der folgenden Classe 76 hinzugesetzt, dann ist in 76 noch enthalten $2ab + b^2$; 2a im Exempel $= 2 \times 2 = 4$ wird der Divisor, mit dem man 176 dividirt; der Quozient wird 4, also ist $4 = b$; daher $2ab = 2 \times 2 \times 4 = 16$ und $b^2 = 4^2 = 16$. Da die Zahl 2 in der Classe der Zehner steht, so ist a eigentlich $= 20$ und $2ab = 160$, also $2ab + b^2 = 176$; diese letzte Summe ist daher völlig der ersten gleich und 24 ist genau $= \sqrt{576}$. Die Rechnung wäre diese:

$$
\begin{array}{rcr|l}
a^2 + 2ab + b^2 & = & 5|76 & \;\; a \qquad b \\
a^2 & = & 4|00 & 20 + 4 \\
\hline
2ab + b^2 & = & 176 & \\
2a & = & 40 & \\
\hline
2ab & = & 160 & \\
b^2 & = & 16 & \\
\hline
2ab + b^2 & = & 176 &
\end{array}
$$

Man wird hiernach leicht jede größere Rechnung verstehen können:

$$\begin{array}{rcl|l}
a^2 + 2ab + b^2 & = & 99|80|01 & \overset{a}{900} + \overset{b}{90} \\
a^2 & = & 81|00|00 & \\
\hline
2ab + b^2 & = & 188001 & \overset{a}{990} + \overset{b}{9} \\
2a & = & 1800 & \\
\hline
2ab & = & 162000 & \\
b^2 & = & 8100 & \\
\hline
2ab + b^2 & = & 170100 & \\
\hline
2ab' + b'^2 & = & 17901 & \\
2a & = & 1980 & \\
\hline
2ab' & = & 17820 & \\
b'^2 & = & 81 & \\
\hline
2ab' + b'^2 & = & 17901 & \\
\end{array}$$

$$\text{also } \sqrt{998001} = 999$$

Wäre die vorgelegte Zahl von der Art, daß der Rest niemahls genau wieder $2ab + b^2$ würde, so muß man das im letzten Exempel gezeigte Verfahren so lange wiederholen, bis die Division aufgeht, oder man setzt die Rechnung überhaupt so lange fort, wie man will; indem man nemlich jedesmahl zum Reste 2 Nullen hinzusetzt. Die Wurzel findet man dann, wie sich versteht, in Dezimaltheilen ausgedrückt; z. B. $\sqrt{2}$

2 | 1,41421356
1
100
2
96
400
281
11900
281
11296
60400
2828
56564
383600
282841
10075900
282842
8485269
159063100
2828426
141421325
1754177500
28284270

es ist also $\sqrt{2}$ noch nicht genau genug = 1,41421356; in den meisten Fällen wird indeß keine größere Genauigkeit erfordert.

Exempel.

$\sqrt{226576} = 476$ $\sqrt{4443664} = 2108$
$\sqrt{770884} = 878$ $\sqrt{10} = 3{,}16227766.$

§. 186.

Kennt man die Quadratzahlen; so lassen sich die Würfel oder Kubiczahlen sehr leicht finden; daher für alle einfache Wurzeln die Würfel durch das Ein mahl Eins ebenfalls zu finden sind.

Eben so kann man auch die Wurzeln für diese Cubiczahlen leicht finden. Haben aber die Würfel mehr als drei Zahlen, so verfährt man auf eine ähnliche Art, wie im vorigen §. für die Quadrate gezeigt worden ist.

Es ist nemlich $(a + b)^3 = (a + b)\,(a + b)\,(a + b)$ und die Rechnung ist

$$\begin{array}{l} a + b \\ \underline{a + b} \\ a^2 + ab \\ \underline{\quad\;\; ab + b^2} \\ a^2 + 2ab + b^2 \\ \underline{a + b} \\ a^3 + 2a^2b + ab^2 \\ \underline{\qquad\; a^2b + 2ab^2 + b^3} \\ a^3 + 3a^2b + 3ab^2 + b^3 \end{array}$$

Jede vorgelegte Cubiczahl besteht also aus diesen 4 Theilen. Hiernach suche man nun $\sqrt[3]{2248091}$, so ist:

$$a^3 + 3a^2b + 3ab^2 + b^3 = 2|248|091 \qquad \overset{a}{100} + \overset{b}{30}$$

$$a^3 = 1|000|000$$

$$3a^2b + 3ab^2 + b^3 = 1248091 \qquad \overset{a}{130} + \overset{b}{1}$$

$$3a^2 = 30000$$

$$\begin{array}{r} 3a^2b = 90000 \\ 3ab^2 = 270000 \\ b^3 = 27000 \\ \hline 1197000 \\ \hline 51091 = 3a^2b' + 3ab'^2 + b'^3 \end{array}$$

$$\begin{array}{r} 3a^2 = 50700 \\ \hline 3a^2b' = 50700 \\ 3ab'^2 = 390 \\ b'^3 = 1 \\ \hline 51091 \end{array}$$

also $\sqrt[3]{2248091} = 131$.

Es kann auch hier kommen, daß die Wurzel nicht genau gefunden werden kann, dafür sind indeß keine neue Regeln nöthig, da man wie bey den Quadratzahlen verfährt; nur müssen dem übrig gebliebenen Reste jedesmahl drey Nullen angehängt werden.

Exempel.

$\sqrt[3]{107850176} = 476$ $\sqrt[3]{494913671} = 791$
$\sqrt[3]{997002999} = 999$ $\sqrt[3]{10} = 2,1544347.$

§. 187.

Potenzen, die gleiche Wurzeln und gleiche Exponenten haben, sind gleichartige Größen. Da nur Größen dieser Art ein arithmetisches Verhältniß bilden können, so können auch keine andere Potenzialgrößen als diese, zu einander addirt oder von einander subtrahirt werden; z. B. $4^2 + 7^2$ kann eben so wenig in eine Summe gebracht werden, als $4^3 + 4^2$ und $7^3 - 7^2$ kann eben so wenig berechnet werden als $7^2 - 4^2$. Dagegen ist $4^2 + 4^2 = 2\ (4^2)$ und $7 \times 5^3 - 3 \times 5^3 = 4 \cdot 5^3$. Hieraus kann man die Regel der Addition und Subtraction der Potenzenzählen ableiten.

Wenn hingegen Potenzen multiplicirt oder dividirt werden sollen, so kommt nur die Gleichheit der Wurzelgrößen in Betracht; die Verschiedenheit der Exponenten kann kein Hinderniß bei der wirklichen Rechnung sein; denn es ist z. B. $8^2 = 8 \cdot 8$ und $8^3 = 8 \cdot 8 \cdot 8$; soll $8^2 \times 8^3$ gefunden werden, so schreibt man die gleichen Factoren hin und man erhält dann $8 \times 8 \times 8 \times 8 \times 8 = 8^5$. Also werden Potenzialgrößen multiplizirt, wenn ihre Exponenten addirt werden. Sollte 8^3 durch 8^2 divirt werden, so hat man $\frac{8 \times 8 \times 8}{8 \times 8} =$

8′, alſo bei der Diviſion der Potenzialgrößen werden die Exponenten von einander ſubtrahirt.

§. 188.

Wenn in einer Proportion (arithmetiſchen oder geometriſchen) das mittlere Glied doppelt iſt; ſo erhält man eine ſtetige Proportion. Beiſpiele ſind:

$4 - 6 = 6 - 8$ und $4 : 16 = 16 : 64$.

Bei der arithmetiſchen Proportion iſt $4 + 8 = 6 + 6 = 2 \times 6$ und bei der geometriſchen $4 \times 64 = 16 \times 16 = 16^2$.

Wenn alſo in einer ſolchen Proportion das mittlere Glied unbekannt iſt, ſo findet man es ſehr leicht,

da bei der arithmetiſchen Prop. $2x = 4 + 8 = 12$
alſo $x = \frac{1}{2} 12 = 6$ iſt

und bei der geometriſchen $x^2 = 4 \times 64 = 266$
alſo $x = \sqrt{266} = 16$.

Auch kann das mittlere Glied gegeben ſein und man ſoll das letzte finden, wie nach der gewöhnlichen Regel Detri, z. B.

18914 thlr. K. giebt 2450 thlr. Zinſen, wie viel geben 2450 thlr. K. an Zinſen?

$$18914 : 2450 = 2450 : x$$

$$\text{alſo } x = \frac{2450^2}{18914} = \frac{6002500}{18914} = 317\tfrac{3381}{9457}.$$

§. 189.

Man kann das eine mittlere Glied weglaſſen und die Proportion dadurch abkürzen; ſodann aber immer ein neues nachfolgendes Glied hinzuſetzen, ſo erhält man eine ganze Reihe von Proportionalzahlen, von denen die, die zwiſchen 2 andern ſteht, immer die Eigenſchaft einer mittlern Proportionalzahl hat, alſo:

eine arithmetische Reihe 4, 6, 8, 10, 12, 14, 16 18, 20, 22, 24, 26, 28.
eine geometrische Reihe 4, 16, 64, 256, 1024, 4096, 16384.

Solche Reihen heißen Progressionen. Sie sind nach Verschiedenheit der Namen der arithmetischen oder der Exponenten der geometrischen Verhältnisse sehr verschieden. So viel aber erhellt schon aus dem eben Gesagten, daß der allgemeinste Ausdruck einer arithmetischen Progression dieser seyn müsse:
$a, a + d, a + 2d, a + 3d \ldots a + (n - 1) d.$
a ist was vorher 4 war, d ist der Name, und wenn die Progression eine Menge von n Gliedern enthalten soll, so ist das letzte Glied: $a + (n - 1) d$, wie man sich leicht entwickelt. Um die Summe zu erfahren die herauskommen müßte, wenn man alle Glieder der Progression addiren wollte, addire man alle a, so finden sich in den n Gliedern na, dann alle d, so erhält man $\frac{n}{2}(n - 1)d$; werden beide Grössen addirt, so kennt man die Summe der ganzen Progression; heißt diese s, so ist $s = na + \frac{1}{2} n (n - 1) d$, oder $s = \frac{n (2a + (n - 1) d)}{2}$; heißt das letzte Glied $a + (n - 1) d = u$, und ist $d = a$, so ist $u = na$ und $s = \frac{n (a + na)}{2} = \frac{na (n + 1)}{2}$, also $a = \frac{2 s}{n (n + 1)}$.

Ein Brunnen ist bis 5 Fuß Tiefe für $4\frac{1}{2}$ thlr. ausgegraben, man muß aber mit der Arbeit inne halten und die übrigen 35 Fuß werden nachher an einen andern Arbeiter verakkordirt, der für jeden Fuß Erde den er tiefer gräbt das, was der erste kostet, mehr fordert als für den vorhergehenden.

Wenn der erste Brunnengräber so wie der zweite bezahlt wird, so muß er für den ersten Fuß tief erhalten $\frac{9}{5 \cdot 6}$ = 14, 4 gl. (denn $4\frac{1}{2}$ = s und n = 5, also (n + 1) = 6) der zweite Brunnengräber erhält also die Summe des Geldes das durch eine arithmetische Progression ausgedrückt wird, deren erstes Glied 14, 4 ist und die aus 35 Gliedern besteht, also:

$$s = \frac{35 \cdot 36}{2} \cdot 14, 4 = 35 \cdot 18 \cdot 14, 4$$

oder er erhält 189 thlr. für diese 35 Fuß Tiefe.

Für einen Thurm abzutragen der 200 Fuß hoch ist, erhalten die Arbeiter für den ersten Fuß $1\frac{1}{2}$ thlr., für jeden folgend Fuß höher $\frac{1}{8}$ thlr. mehr, wie theuer wird die ganze Arbeit seyn? Antw. $2637\frac{1}{2}$ thlr.

Die geometrische Progression wird am natürlichsten ausgedrückt durch:

$$(+)\ a,\ ae,\ ae^2,\ ae^3,\ ae^4\ \text{-----}\ ae^{n-1}$$

a ist das erste Glied, e der Exponent; wenn die Reihe n Glieder haben soll, so muß das letzte ae^{n-1} werden, wie man bald einsehen wird. Um auszumachen wie viel alle diese Glieder zusammen betragen, multiplizire man die ganze Reihe (X) mit e, so ist:

$$ae,\ ae^2,\ ae^3,\ ae^4,\ ae^5\ \text{---}\ ae^n = eS$$

addirt man noch a hiezu, so ist a + ae, ae^2, ae^3, ae^4, ae^5, -- ae^n = eS + a die letzte Reihe ist der (X) völlig ähnlich, alle Glieder die in dieser vorkommen, waren auch in jener, nur fehlte der Reihe (X) das Glied ae^n, wenn dies hinzu addirt wird, so ist $S + ae^n = eS + a$ oder $eS - S = ae^n - a = S(e - 1)$ also $S = \frac{(e^n - 1)\,a}{e - 1}$

Carl v. Eckeberg kaufte 1717 in Leipzig von dem Lieutenant Beyer ein Pferd, für das

Geld was herauskommen würde, wenn E. 24. Stunden hindurch an Lt. B. die erste 1 Pfennig, die zweite 2, die dritte 4 u. s f. nach geometrischer Progression zahlen würde Das Pferd kostete hiernach 58254 thlr. 5 gr. 6, 24 pf.

§. 190.

Wenn man eine geometrische Progression mit einer arithmethischen so zusammenstellt. wie diese:

g. 1, 2, 4, 8, 16, 32, 64, 128 - - -
a. 0, 1, 2, 3, 4, 5, 6, 7 - -

daß die Glieder der untenstehenden arithmetischen Progression die Glieder der darüber stehenden geometrischen Progression zählen, so heißen die arithmetischen Progressionalglieder die Logarithmen der geometrischen. Man kann sich zwischen jedem Gliede der geometrischen Progression und 1 eine Verhältniß denken, dann ist es die Eigenschaft der Logarithmen, die Menge der Verhältnisse zu zählen aus denen eine solche Verhältniß besteht: z. B daß 1 : 64 aus 6 Verhältnissen bestehe, zeigt der Logarithme der Zahl 64 = 6 an, diese Verhältnisse sind:

1 : 2, 1 : 4; 1 : 8; 1 : 16, 1 : 32, 1 : 64.
1, 2, 3, 4, 5, 6.

Diese Eigenschaft der Logarithmen hat ihren Namen veranlaßt, da der griechische Namen Logarithmus wörtlich Verhälnißzahl übersetzt werden muß.

In der geometrischen Reihe kommen keine andere Zahlen vor, als Potenzen der Zahl 2, selbst 1 ist eine solche Potenz; die wie vielste Ordnung der Potenzen von 2 jede der aufgeführten Zahlen einnehme, das zeigt der unten stehende Logarithmus an, so ist $1 = 2^0$, und $32 = 2^5$. Die Logarithmen sind also zugleich die Exponenten ihrer zugehörigen Zahlen, die in dem gegebenen Beispiele alle Potenzen von 2 sind.

Ueberhaupt nennt man die Vereinigung zweier Reihen auf die eben beschriebene Art, ein Logarithmensystem; die Glieder der geometrischen Reihe heissen die Zahlen, und diejenige unter ihnen von welcher alle übrigen die Potenzen sind, heißt die Grundzahl. Nach der Verschiedenheit der Grundzahlen giebt es verschiedene logarithmische Systeme.

§. 191.

Da die Logarithmen die Exponenten der Potenzen sind, in welchen die Grundzahl ihres Systems vorkommen kann, und aus dem 187. §. bekannt ist, wie mit Potenzen gerechnet werden muß, so könnte man nach einem einmal berechneten Logarithmensystem statt der Zahlen sich ihrer Logarithmen bedienen. Wenn dies geschieht, so erhält man dadurch den Vortheil eine beschwerliche Multiplikation und Division ersparen zu können. Da nemlich $2^6 \times 2^7 = 2^{13}$ ist, so müßte man dem gewöhnlichen Wege 2^6 und dann 2^7 suchen und beides mit einander multipliziren. Kürzer ist es aber nur 6 und 7 zu addiren und dann in einem System das zur Basis 2 hat, die Zahl aufzusuchen, zu welcher 13 als Logarithme gehört; man wird die Zahl 8192 finden, wenn man die Reihe im vorigen §. so weit fortsetzt. Also statt $2 \times 2 \times 2 \times 2 \times 2 \times 2 \times 2 \times 2 \times 2 \times 2 \times 2 \times 2 \times 2 = 8192$, findet man $\text{l. } 64 + \text{l. } 128 = \text{l. } 8192$, weil $\text{l. } 64 = 6$, $\text{l. } 128 = 7$ und $\text{l. } 8192 = 13$ ist. Eben so, wenn man $\frac{4096}{512}$ suchen soll, nehme man $\frac{2^{12}}{2^9} = 2^3$, d. i. $12 - 9 = 3$, oder $\text{l. } 4096 - \text{l. } 512 = \text{l. } 8$ und es ist $\frac{4096}{512} = 8$ *)

*) Daher wird auch der Logarithme eines Bruches gefunden, wenn man vom Logarithmen des Zählers, den Lo-

Die Vortheile der Logarithmenrechnungen werden bei den folgenden Untersuchungen noch einleuchtender werden. Hier genügt es, nur darauf aufmerksam gemacht zu haben, daß solche Logarithmensysteme wie im vorigen §. zu den wirklichen Rechnungen keinesweges bequem seyn können, denn es fehlen sehr viele Zahlen, deren Logarithmen unbekannt bleiben, und es ist das Haupterforderniß dieser Rechnung, daß man jede Zahl durch einen Logarithmen ausdrücken könne.

§. 192.

Dieser Mangel der Logarithmensysteme wurde durch die Bemühungen des Prof. Brigg in Oxford im 17ten Jahrhunderte gehoben. Br. nahm 10 zur Basis seines Systems; daher mußte log. 10 = 1, log. 100 = 2 werden, wie man aus §. 190 leicht abnehmen kann. Nur die Potenzen von 10 erhielten also ganze Zahlen zu Logarithmen; alle Zahlen von 1 bis 10 mußten Logarithmen haben die kleiner als 1 waren; sie mußten ächte Brüche seyn; die von 0 anfingen, denn log. 1 muß auch hier = 0 seyn. *) Br. berechnete die Logarithmen aller Zahlen von 1 bis 100000 äusserst mühsam und hat uns diese Sammlung, die unter dem Namen der logarithmischen Tafeln bekannt, nachgelassen, die bis jetzt für die gewöhn-

garithmen des Nenners subtrahirt, also l. $\frac{12}{5}$ = l. 12 — l. 5. Auch bei ächten Brüchen giebt diese Regel: l. $\frac{1}{2}$ = l. 1 — l. 2.

*) Weil jede Zahl in der Potenz 0 = 1 ist; denn $2^0 = \frac{2^2}{2^2} = \frac{2}{2} = 1$. Gehen also die Zahlen so fort 1, 10, 100, 1000 u. s. f. so heißt das: 10^0, 10^1, 10^2, 10^3, u. s. f. Da die Exponenten der Potenz die Logarithmen der Zahlen sind, so ist 0 = log. 10^0, so wie 2 = log. 10^2 u. s. f.

lichen Rechnungen nur noch allein angewandt werden, und die man bei der wirklichen Rechnung durchaus zur Hand haben muß *).

Da jede Zahl mit 10, 100 u. s. f. multiplizirt völlig dieselben Ziffern behält und nur in ihrem Werth 10, 100 mal erhöhet wird; so müssen alle Dezimaltheile der Logarithmen für die Zahlen von 2 bis 9 innerhalb 10 und 100 wieder vorkommen, so auch kommen die Logarithmen aller Zahlen von 11 bis 99 zwischen 100 und 1000 wieder vor z. B. log. 8 = 0, 90309; log. 80 = 1, 90309, log. 800 = 2, 90309; denn alle Logarithmen der Zahlen von 11 bis 99 müssen grösser als 1 aber kleiner als 2 seyn, die Logarithmen der Zahlen zwischen 100 und 1000 müssen grösser als 2, kleiner als 3 seyn, u. s. f. Für jede Zahl die nicht eine Potenz der 10 ist, muß also der Logarithme aus einer ganzen Zahl und aus einer Reihe Dezimaltheilen bestehen. Diese ganze Zahl des Logarithmen heißt seine Kennziffer. Man erkennt an ihr aus wie vielen Ziffern die Zahl bestehen müsse, die dem Logarithmen zugehört; da die Kennziffer beständig um 1 kleiner ist als die Menge der Ziffern der, ihrem Logarithmus, zugehörigen Zahl. Es ist daher:

*) Da eigentlich die Logarithmen nicht zum Behufe kaufmännischer Rechnungen berechnet sind, so hat man wenig Ausgaben, die bloß die Logarithmen der eigentlichen Zahlen enthielten. Indeß sind die Nelkenbreschen und Rubenschen Tabellen zu Berechnung der Wechselarbitragen bekannt, wozu noch einige neuere kommen. Sicherer geht man aber immer wenn man die gewöhnlichen Logarithmentafeln selbst zur Hand nimmt, von welchen folgende Ausgaben:

Adriani Vlacq Tabulae emendatae a J. J. Hentschio, Francof. et Lips. 1757

Christ. Fr. v. Wolf zur Trigonometrie und Ausziehung der Wurzeln nöthige Tafeln, Halle 1755.

sehr bekannt und zu geringen Preisen zu haben sind.

Log. 2 = 0,30103; Log. 20 = 1,30103; Log. 2000 = 2,30103.

und eben daher Log. 2,68 = 04281348; Log. 26,8 = 1,42 - - - Log. 268 = 2,42. - - -

Beim Gebrauche der gewöhnlichen kleinen Tafeln, die die Logarithmen nur bis für die Zahl 10000 enthalten, trift es sich oft, daß man Zahlen erhält, für die man in den Tafeln keine Logarithmen finden kann. Dann muß man solche selbst berechnen können, indem man die Ziffern der gegebenen Zahl, die nach der vierten folgen, als Decimaltheile ansieht und nun in den Tafeln die Zahlen und ihre Logarithmen aufsucht, von denen die eine um 1 grösser und die andere um 1 kleiner ist, als die gegebene; man subtrahirt Zahlen und Logarithmen dann von einander, wie aus dieser Rechnung erhellet:

wenn man Log. 73845 suchen sollte, so ni mt man:

Log. 7385 = 3,8683505
u. Log. 7384 = 3,8682917

und subtrahirt 1 588

Die gegebene Zahl ist um 0,5 grösser als 7384, folglich, da man die Differenz aller dreier Zahlen kennt, hat man die Proportion:

Diff. d Zahlen aus d Tafeln. : Diff. der gegebnen Zahl über d. kleinste.

Diff. d. Logar. aus d. Tafeln : Diff. der Logar. d. gegeb. Zahl über die kleinsten.

Setzt man die Werthe für diese Ausdrücke, so ist:
1) Differenz der Zahlen aus den Tafeln = 1.
2) Diff der gegeb. Zahl über die kleinste = 0,5.
3) Diff. der Logarithmen aus den Tafeln = 588.
4) Diff. des Logar. der gegebenen Zahl über den Logar. der kleinsten Zahl ist die unbekannte Grösse, die gesucht werden soll, sie sei = x;

so ist: 1 : 0,5 = 588 : x
also x = 588 × 0,5 = 244

es muß daher Log. 73845 um 0,0000244 grösser sein als Log. 7384, und es ist daher Log. 73845 = 4,8683206.

Exempel.

Log. 418056 = 5,6212330
Log 98998 = 4,9956264.
Log. 59906789210 = 10,7774679.
Log. 26907809312654793856 9785 = 23,4298778.

Noch häufiger findet man bei den Rechnungen, Logarithmen, zu denen die Zahlen nicht genau in den Tafeln angegeben sind. Man verfahre auf eine ähnliche Art wie eben bei den Zahlen erwähnt worden ist. Die zu suchende Grösse ist hier nämlich die Differenz um welche die unbekannte Zahl, die Zahl übertrifft, welcher in den Tafeln der nächst kleinere Logarithme zugehört. Bekannt sind bei dieser Rechnung: 1) die Differenzen der Logarithmen aus den Tafeln von denen der eine grösser der andere kleiner ist, als der gegebene; 2) die Differenzen des gegebenen Logarithmen und des nächst kleinern; 3) die Differenz der Zahlen aus den Tafeln, die auch hier = 1 ist.

Wäre also 1,3789457 der gegebene Logarithme, so findet man in den Tafeln

Log. 2394 = 91241	gegeb. Log. = 89457
Log. 2393 = 89427	Log. 2393 = 89427
1, 1814	30

also 1814 : 30 = 1 : x
und x = 0,016,
daher, die zu 1,3789457 gehörige Zahl = 23,93016.

Exempel.

10,3578965 = L. 22797001042.
0,7895473 = L. 6,15952.
7,3859723 = L. 24320507.
15,8563527 = L. 7183737704918032.

§. 193.

Die hier vorgetragenen Lehren von den Potenzen und Logarithmen können sehr dazu dienen, die gewöhnlichen Berechnungen nach der Regel Detri und Kettenregel zu verkürzen, wenn man mit großen Zahlen zu rechnen hat. So kann man z. B. die Logarithmen bei allen Rechnungen des IX. Abschnitts vor. Abth. vortheilhaft anwenden, wie beim letzten Exempel §. 175.

	? Mk. Silb. fein — 1 Mk Gold f.	
11 440	11 Mk. Gold f. — 12 Mk. roh	
9	27 Mk. roh Engl. Tr. — 623 Lisb.	
	1 Lisb. — 4800 Rees.	10
	480 Rees — 305 $\frac{3}{5}$ Aß Holl. Tr.	1528.191
8.64	5120 Aß Holl. Tr. — 1 Mk.	
	1619 Mk. — 1600 Mk. Engl. Tr.	40.5
	12 Mk. roh — 10 $\frac{7}{8}$ Mk. fein	87.29

also log.(623 + 191 + 5 + 29) − log(11 + 9 + 8 + 1619)
= Log. x

oder 2,7944880	1,0413927
2,2810334	0,9542425
0,6989700	0,9030900
1,4623980	3,2092468
7,2368894	6,1079720
6,1079720	
1,1289174 = Log. x, u. x = 13,45604	

wie am angeführten Orte.

Das Beschwerliche dieser Methode liegt im Aufsuchen der Logarithmen, worin man aber durch Uebung eine große Fertigkeit erlangen kann. Viele der jetzt folgenden Berechnungen können dadurch allerdings erleichtert werden, wenn aber Multiplikation oder Division mit großen Zahlen nicht nothwendig ist, so ist die gewöhnliche Methode oft bequemer, z. B. bei den leichten, wenn gleich oft sehr weitläuftigen Aufgaben der Gewinnst und Verlust, auch Commissions-Rechnungen u. a. Von den letztern nehme ich ein Beispiel aus einem alten Rechenbuche:

Ein Handelsmann empfängt aus Norwegen 8½ Last Heringe und 10 ganze und 16 halbe Tonnen Rothscheer, so allhier Brutto gewogen 8438 ℔. Thara 49 ℔ für eine ganze und 28 für eine halbe Tonne, welche folgendergestalt verkauft worden, als: die Tonne Heringe für 25½ Mk. und 100 ℔ Rothscheer für 9 Mk. 4 ßl. Wenn nun an Unkosten, als für Fracht, Zoll ꝛc 142 Mk. 4 ßl. daran zu decortiren gewesen und des Factors Provision 1½ pC. beträgt, so ist die Frage: wie viel dem Factor zukomme und à Conto des Committenten zu stellen?

Thara oder Gewicht der Tonnen beträgt 490 + 448 = 938 ℔, folglich sind 8438 − 938 = 7500 ℔ Rothscheer da gewesen, die für $\frac{7500.\ 37}{400}$ Mk. = 693¾ verkauft sind.

12 Tonnen auf die Last gerechnet, und die Tonne für 25½ Mk. verkauft, muß für $\frac{17}{2}$ Last einbringen: 17.51.3 = 2601 Mk., also sind alle Waaren verkauft für 3294¾ Mk., davon $\frac{3}{2}$ pC., so erhält der Factor $\frac{13179.\ 3}{800}$ = 49 Mk. 6 ßl. 8,88 pf.

also bleiben für den Gewinst des Committenten übrig:

3294 Mk. 12 ßl. − (142 Mk. 4 ßl. + 49 Mk. 6 ßl. 8,88 pf.)
= 3294 Mk. 12 ßl. − 191 Mk. 10 ßl. 8,88 pf.
= 3103 Mk. 1 ßl. 1,112 pf.

Zweiter Abschnitt.

Von der Rabatt- oder Interusurien-Rechnung.

194.

Wenn jemand von einem andern ein baares Kapital geliehen hat, oder ihm auf andere Art eine Summe Geldes schuldig geworden ist, so ist es billig, daß derjenige, der nun sein Geld so lange entbehren muß, ohne es gebrauchen zu können, eine gewisse Belohnung bekomme. Diese Belohnung, welche der Schuldner dem andern für die Erlaubniß bezahlt, daß er das Geld eine gewisse bestimmte Zeit zu seinem Nutzen hat verwenden dürfen, nennt man die Zinse. Diese Zinse ist gewöhnlich jährlich 5 oder 6 für 100. Wer also jetzt ein Kapital von 100 thlr. leihet, der muß nach Verlauf eines Jahres 105 thlr. wieder bezahlen, wenn nämlich der Zinsenfuß 5 pC. ist, oder 106 thlr., wenn der Zinsenfuß 6 pC. ist, und dies war im 123 §. der Grund der so genannten Zinserechnung. Wie nun nach dieser Zinserechnung vermittelst der Regel Detri leicht gefunden wird, wie groß ein Kapital binnen Jahresfrist durch die hinzugekommenen Zinsen geworden sey, so läßt sich auch umgekehrt nach der Regel Detri finden, wie groß das Kapital vor einem Jahr gewesen sey, ehe die Zinsen hinzugekommen. Was jetzt 105 oder 106 thlr. sind, das waren ein Jahr vorher 100 thlr, ehe die Zinsen hinzukamen, und dies ist der Grund, der so genannten Rabatt- oder Interusurien-Rechnung.

§. 195.

Gesetzt, zwei Personen vergleichen sich bey Schließung eines Handels dahin, daß der Käufer dem Verkäufer, die festgesetzte Kaufsumme allererst nach Verlauf einer Zeit z. B. eines Jah-

res zu bezahlen, schuldig seyn solle: nach geschlossenem Handel entschließt sich der Käufer, seine Schuld gleich jetzt baar zu bezahlen. Empfinge aber der Verkäufer jetzt gleich die ganze Kauf-Summe, so müßte er nach Verlauf eines Jahres die darauf gewonnenen Zinsen dem Käufer zurück zahlen, weil dieser ja sein Geld so lange hätte behalten und selbst die Zinsen gewinnen können. Beyde wollen indessen gern jetzt gleich auseinander seyn: deswegen ist der Käufer nur schuldig, eine Summe zu bezahlen, die so groß ist, daß wenn am Ende des Jahrs die darauf gewon-
Diesemnach zahlt der Käufer weniger als die verabre-
te Kauf-Summe in des Verkäufers Händen sei-
nenen Zinsen hinzukommen, gerade die verabrede-
dete Kauf-Summe, und was er wegen der frühern Bezahlung abkürzt, heißt der **Rabatt** oder das **Interusurium**.

Es fragt sich also, wie jedesmal der Rabatt zu berechnen sey? z. B. Es soll jemand 1000 thlr. nach einem Jahr bezahlen, er bezahlt sie aber gleich, wie groß ist der Rabatt? Man suche ein neues Kapital, welches mit seinen einjährigen Zinsen wieder 1000 thlr. ausmacht, und man sezze an:

105 thlr. waren vor 1 J. 100 thlr. — 1000 thlr.?
5) 21   5) 20

1000

20000

21) F. $952\frac{8}{21}$ thlr.

Werden diese $952\frac{8}{21}$ thlr. von 1000 thlr. abgezogen, so giebt der Rest den gesuchten Rabatt.

1000

$952\frac{8}{21}$

$47\frac{13}{21}$ thlr. Rabatt.

Will man sich überzeugen, daß dies richtig sey, so kann man die Probe so ansetzen:

100 thlr. — 105 thlr. — $952\frac{8}{21}$ thlr?
2100   21) 5   20000
21) 1   × 200

Fac. 1000 thlr.

Will man den Rabatt gleich haben, so kann man auch so ansetzen:

105 thlr. — 5 thlr. — 1000
5) 21   5) 1   21) F. $47\frac{13}{21}$ thlr. Rabatt.

Diese Rechnung ergiebt also, daß man eigentlich nicht 5 von 100, sondern 5 von 105 rabattiren müsse, wenn der Zinsenfuß 5 pC. ist. Wäre er 6 pC., so müßte man 6 von 106 rabattiren.

§. 196

Ist ein Kapital zu einem festgesetzten Zinsenfuß ausgeliehen worden, so wächst es jährlich in arithmetischer Progreßion.

Sind z. B. 100 thlr. zu 5 pC. jährlicher Zinse verliehen, so beträgt dies Kapital nach Verlauf von einem Jahre 105 thlr. nach 2 Jahren 110 thlr., nach 3 Jahren 115 thlr. u. s. f. vorausgesetzt, daß die in jedem Jahr gewonnenen Zinsen am Ende desselben Jahres nicht zu dem zinstragenden Kapital geschlagen sind und im folgenden Jahr ebenfalls Zinsen tragen. Wenn also jemand nach Verlauf einer gewissen Anzahl von Jahren, ein Kapital zu zahlen schuldig ist, und er will es jetzt gleich bezahlen, so findet man das jetzt baar zu bezahlende Kapital, nach folgender Regel:

M a n s u c h e d i e Z i n s e n, w e l c h e 100 t h l r. i n d e r g e g e b e n e n A n z a h l J a h r e t r a g e n, a d d i r e h i e z u 100 t h l r., u n d s c h l i eße dann nach der Regel Detri: wie sich die um ihre Zinse vermehrten 100 thlr. verhalten, zu 100 thlr., so verhält sich das künftig zu zahlende Kapital, zu dem jetzt baar zu bezahlenden. Z. B. Es ist jemand nach 2 Jahren 1000 thlr. zu zahlen schuldig, er will mit 5 pC. Rabatt so gleich zahlen, wie viel beträgt die baare Zahlung?

Ein Kapital von 100 thlr wird nach Verlauf von 2 Jahren 110, also schließt man:

110 thlr. waren vor 2 Jahr 100 thlr. — 1000 thlr.?

100

10000

11) Antw $909\frac{1}{11}$ thlr.

Also ist der Rabatt $90\frac{10}{11}$ thlr.

Man kann sich allemal von der Richtigkeit der Rechnung durch die Probe überzeugen, wenn man umgekehrt ansetzt:

100 thlr. geben in 2 Jahr 110 thlr. — $909\frac{1}{11}$ thlr.

× 11 | 100 | 10000

1100 | 11000

11) F. 1000 thlr.

Man rabattirt also auf 2 Jahr 10 von 110, auf 3 Jahr 15 von 115, auf 4 Jahr 20 von 120, u. s. f. Nach dem 6 pC. Zinsenfuß aber auf 2 Jahr 12 von 112, 18 von 118, 24 von 124 u. s. f. Eben so rabattirt man auch auf halbe Jahre, Vierteljahre, Monate, nach dem 5 pC. Zinsenfuß, auf $\frac{1}{2}$ Jahr, $2\frac{1}{2}$ von $102\frac{1}{2}$, auf $\frac{1}{4}$ Jahr $1\frac{1}{4}$ von $101\frac{1}{4}$, auf 1 Monat $\frac{5}{12}$ von $100\frac{5}{12}$. Nach dem 6 pC. Zinsenfuß auf $\frac{1}{2}$ Jahr 3 von 103, auf $\frac{1}{4}$ Jahr $1\frac{1}{2}$ von $101\frac{1}{2}$, auf 1 Monat $\frac{1}{2}$ von $100\frac{1}{2}$. z. B.

Es kauft jemand eine Obligation von 1500 fl., so erst nach 6 Monat fällig, und soll 6 pC. p. A. rabattiren, wie viel ist die baare Zahlung?

Die jährliche Zinse ist hier 6 pC., also ist die halbjährige Zinse 3 pC., mithin setzt man an:

$$103 - 100 - 1500?$$
$$\times 100$$
$$150000$$
$$103)\overline{}$$

Antw $1456\frac{32}{103}$ fl.
und der Rabatt $43\frac{71}{103}$.

Exempel zur Uebung.

1) Es kauft jemand eine Obligation oder einen Wechselbrief von 1500 fl., so erst nach 1 Monat fällig, und bedingt sich mit $\frac{1}{2}$ pC zu rabattiren, wie groß ist also die baare Zahlung, und der Rabatt? Antw 1) $1492\frac{1}{2}$ fl. 2) $7\frac{1}{2}$ fl.

2) Es soll jemand nach 5 Jahren ein Kapital von 3000 thlr. bezahlen, er vergleicht sich aber dahin, daß er mit $6\frac{2}{3}$ pC. Rabatt gleich bezahlen will, wie groß ist also der Rabatt, und wie viel muß er baar bezahlen? Antw. die baare Zahlung ist $2264\frac{8}{37}$ thlr. und der Rabatt $735\frac{4}{7}$.

3) Es kauft jemand eine Obligation von 1600 Mk., die erst über 10 Monat fällig ist, und genießet wegen der baaren Zahlung 8 pC. p. A. Rabatt, wie viel beträgt also 1) der Rabatt, und 2) die baare Zahlung? Antw. 1) 100 Mk. 2) 1500 Mk.

4) Einer kauft einen Wechsel von 1292 Mk. 6 ßl., der nach 11 Monat zahlbar ist, und genießet wegen der baaren Zahlung 6 pC. p. A. Rabatt. Es frägt sich, wie viel 1) der Rabatt, und 2) die baare Zahlung betrage? Antw. 1) 67 Mk. 6 ßl. 2) 1225 Mk.

5) Es kauft jemand eine Schuld von 1317 Mk. 7 ßl., die über $10\frac{1}{2}$ Monat fällig ist, und genießet 8 pC. p. A. Rabatt. Wie viel beträgt 1) der Rabatt und 2) die baare Zahlung? Antw. 1) 86 Mk. 3 ßl. 2) 1231 Mk. 4 ßl.

6) Eine Obligation von 221 Mk., so über ein Jahr zu bezahlen fällig, wird mit $6\frac{1}{4}$ pC. Rabatt verkauft, wie viel beträgt 1) der Rabatt,

2) die baare Zahlung? Antw. 1) 13 Mk. 2) 208 Mk.

7) Einer verkauft eine Obligation von 2600 Mk., so über 6 Monat fällig, mit 8 pC. p. A. Rabatt. Es frägt sich also, wie viel beträgt 1) der Rabatt, 2) die baare Zahlung? Antw. 1) 100 Mk. 2) 2500 Mk.

8) Ein Schuldbrief von 1791 Mk. 6 ßl., so über 9 Monat fällig ist, wird mit $8\frac{1}{3}$ pC. p. A. Rabatt verkauft. Wie viel beträgt 1) der Rabatt, 2) die baare Zahlung? Antw. 1) 105 Mk. 6 ßl. 2) 1686 Mk.

So wie man besonders berechnete Tafeln für Wechsel- und Münzberechnungen hat; so giebt es auch eigene Rabatttafeln, aus denen man wissen kann, wie viel von einem Kapitale nach Wochen, Monaten oder Jahren zu rabattiren sei, wenn der Zinsenfuß gegeben ist. Dergleichen Tabellen kann man sich aber sehr leicht selbst besorgen, wenn man folgendes beobachtet. Es heiße das Kapital das nach n Jahren bezahlt werden soll K, jetzt gleich soll y bezahlt werden, so ist also K — y der Rabatt; wenn von 100 w bezahlt werden, so ist ein Kapital von 100 thlr. nach 1 Jahre zu:
100 + w angewachsen, also nach n Jahren zu 100 + nw. Da nun y in n Jahren = K wird, so ist

$$K : y = 100 + nw : 100$$

$$y = \frac{100K}{100 + nw}$$

$$\text{also } K - y = \frac{Knw}{100 + nw}$$

wenn also zu 8 pC. Kapitale verzinset werden, daher w = 8,

so ist der Rabatt für 1 J. | 2 J. | 3 J. | 4 J.
$\frac{2}{27}K$ | $\frac{4}{29}K$ | $\frac{6}{31}K$ | $\frac{8}{33}K$ u. s. w.

wenn K eine große Zahl z. B. = 999989 wäre, so kann man die Logarithmen von $\frac{2}{27}$, $\frac{4}{29}$, $\frac{6}{31}$, $\frac{8}{33}$ nehmen; und dann ist:

$$\begin{array}{rll}
\text{für I. log. } K & = 5{,}9999952 & \\
l\,\frac{2}{27} & = 0{,}8696662 - 2 & \\ \hline
\text{log Rab.} & = 4{,}8696614 & \text{also Rabatt} = 74073{,}2 \\
\text{für II. log. } K & = 5{,}9999952 & \\
l\,\frac{4}{29} & = 0{,}1396620 - 1 & \\ \hline
\text{log. Rab.} & = 5{,}1396572 & \text{Rabatt} = 137929 \\
\text{für III. log. } K & = 5{,}9999952 & \\
l\,\frac{6}{31} & = 0{,}2867896 - 1 & \\ \hline
\text{log. Rab.} & = 5{,}2867848 & \text{Rab.} = 193544 \\
\text{für IV. log. } K & = 5{,}9999952 & \\
l\,\frac{8}{33} & = 0{,}4845761 - 1 & \\ \hline
\text{log. Rab.} & = 5{,}4845713 & \text{Rab.} = 305290{,}12.
\end{array}$$

Zuweilen wird auch die Waare erst nach Verlauf von gewissen Monaten bezahlt, dann ist $n = \frac{1}{12}m$ und also:

$$K - y = \frac{Kmw}{1200 + mw}$$

also für m	1	2	3
ist K — y	$\frac{1}{151}K$	$\frac{1}{76}K$	$\frac{1}{51}K$ u. s. f. für w = 8,

wonach wie vorher der Rabatt gefunden werden kann.

Dritter Abschnitt.

Von der Zeitrechnung bei ausstehenden Kapitalien.

§. 197.

Wenn ein Kapital nach Verlauf einiger Zeit erst zahlbar ist und man soll ein anderes finden, das in einem Jahre so viele Zinsen tragen würde als von jenem in mehreren Jahren gewonnen werden; so erhält man dieß sogleich, wenn man das erste Kapital mit der Zeit multiplicirt, in welcher es zahlbar oder fällig wird. So kann man sich folgende Tafel nach Willkühr entwerfen:

Kapital:

300, 600, 900, 1200, 1500, 1800, 2100, 2400, 2700, 3000

in Jahren

1. 2. 3. 4. 5. 6. 7. 8. 9. 10.

Man hätte auch fragen können, wie groß das Kapital sein müsse, das in einem Jahre, mit einem Kapitale von 300 thlr. in 4 Monaten gleiche Zinsen trägt, und man erhält diese Tafel:

Kapital

25, 40, 75, 100, 125, 130, 175, 200, 225, 250, 275, 300

in Jahren

$\frac{1}{12}, \frac{2}{12}, \frac{3}{12}, \frac{4}{12}, \frac{5}{12}, \frac{6}{12}, \frac{7}{12}, \frac{8}{12}, \frac{9}{12}, \frac{10}{12}, \frac{11}{12}, \frac{12}{12}$

wo die Zahl 100 die Größe des gesuchten Kapitals anzeigt. Man sieht also daß auch hier die gegebene Regel bleibt.

Ueberhaupt folgt aus der Frage, wie groß ein Kapital sein müsse, das in 1 Jahre so viel Zinsen trägt, als solches ein Kapital a in n Jahren thut? sehr leicht die Proportion:

$$1 \text{ J.} : n \text{ J.} = a \text{ thlr. K.} : x \text{ thlr. K.}$$

$$\text{und } x \text{ thlr. K.} = na \text{ thlr. K.}$$

wenn $n = 5$ und $a = 2500$, so ist

$$1 \text{ J.} : 5 \text{ J.} = 2500 \text{ thlr.} : x \text{ thlr.}$$

$$x \text{ thlr.} = 12500 \text{ thlr.}$$

also geben 12500 thlr. in 1 Jahre so viele Zinsen als 2500 thlr. in 5 Jahren.

Um dieß nach dem gemeinen Ansatze zu berechnen, müßte man schreiben:

wie viel in 1 J.? was 2500 thlr. in 5 J.

also wäre die Rechnung nach den Regeln der verkehrten Regel Detri zu führen; n mag nun eine ganze Zahl oder einen Bruch bedeuten.

Auch a kann ein Bruch seyn, denn man hätte nach einem Kapitale fragen können das in 1 Jahre so viele Zinsen giebt als $1\frac{1}{12}$ thlr. in 10 Jahren.

$$\begin{array}{ccccc} 1 \text{ Jahr?} & — & \frac{13}{12} \text{ thlr.} & — & 10 \text{ Jahre.} \\ \hline 12\ 6 & & 13 & & 5 \\ & & 5 & & \\ \hline & & 65 & & \\ & 6) & \overline{10 \text{ thlr. } 40 \text{ ßl.}} & & \end{array}$$

§. 198.

Auch können mehrere Kapitalien gegeben sein, deren Verfallzeiten verschieden sein können und man wird leicht ein Kapital angeben können, das in einem Jahre so hoch verzinset werden müßte, als diese alle in ihren verschiedenen Verfallzeiten zusammen. Für jetzt sei bei allen noch der Zinsenfuß gleich. Wenn z. B. 200 fl nach 3 Jahren, 600 fl. nach 4 Jahren, 800 fl nach 5 Jahren, und 1000 fl. nach 6 Jahren fällig sind, so läßt sich leicht ausmachen, wie groß ein Capital sein müsse, das in einem Jahre mit allen diesen zusammen genommen gleiche Zinsen gebe:

200 x 3 =	600	fl.	in 1	J.
600 x 4 =	2400	—	— 1	—
800 x 5 =	4000	—	— 1	—
1000 x 6 =	6000	—	— 1	—

Antw. 13000 fl.

Sind die Verfallzeiten verschiedenartig bestimmt, so muß man solche Ausdrücke dafür suchen, daß die Zeiten alle einerlei Namen erhalten; z. B. wenn 1500 fl. nach 3 Mon. 1500 fl., nach 5 Mon, 1000 fl., nach 9 Mon., 2000 fl. nach 1 Jahre und 3000 fl. nach 8 Tagen fällig sind; so betragen:

1500 fl.	in 3 Mon.	so viel als	$\frac{1500}{4}$	oder	375 fl.	in	1 J.
1500	= = 5	— — —	$\frac{7500}{12}$	—	625	—	1 —
1000	= = 9	— — —	$\frac{9000}{12}$	—	750	—	1 —
2000	= = 12	— — —	2000	—	2000	—	1 —
3000	= = $\frac{8}{365}$	— — —	$\frac{24000}{365}$	—	$65\frac{55}{73}$	—	1 —
					$3815\frac{55}{73}$ fl.	—	1 J.

Von den auf solche Art gefundenen Kapitalien kann man leicht die zugehörigen Zinsen finden, wenn der Zinsenfuß bestimmt ist, für $3815\frac{55}{73}$ fl. zu 6 pC. ist die einjährige Zinse: $256\frac{25}{73}$ fl., und dies ist zugleich die sämmtliche Zinse der 5, in verschiedenen Verfallzeiten fälligen Kapitale.

Wie viel ist die sämmtliche Zinse zu 6 pC. von 2000 fl. auf 37 Tage, von 2679 fl. auf 53 Tage, von 3000 fl. auf 84 Tage, von 4800 fl. auf 113 Tage? Antw. $166\frac{2}{5}$ fl.

§. 199.

So wie bisher von der Reduction der Verfallzeiten der Kapitalien auf 1jährige Verfallzeit die Rede war; so kann mon auch mehrere Kapitale die auf verschiedene Art verzinset werden, auf ein Kapital zu 1 pC. Zinse p. A. reduziren, wenn man jedes Kapital mit seinem Zinsenfuße multiplizirt.

Fragt man z. B. : wenn 1000 thlr. zu 5 pC. stehen, wie groß muß 1 Kapital zu 1 pC. seyn, wenn es mit jenen 1000 thlr. in gleichen Verfallzeiten gleiche Zinsen geben soll? so ist die Antwort 5000 thlr. sehr leicht gefunden.

Sind also mehrere Kapitale gegeben, die verschieden verzinset werden; so kann man sie auf ähnliche Art wie im vor. §. auf ein Kapital reduziren, das mit 1 pC. verzinset in gleicher Zeit gleiche Zinse giebt, z. B.

Wie viel ist die gesammte Zinse eines Jahres von 500 fl. zu 3 pC., von 650 fl. zu 4 pC., von 800 fl. zu $4\frac{1}{2}$ pC., von 1000 fl. zu 5 pC., und von 1400 fl. zu 6 pC.?

500 fl.	zu	3 pC.	geben	1500 fl.	zu	1 pC.
650 =	—	4 pC.	—	2600 =	—	1 —
800 =	—	4½ —	—	3600 =	—	1 —
1000 =	—	5 —	—	5000 =	—	1 —
1400 =	—	6 —	—	8400 =	—	1 —
				21100 fl.	—	1 —
div. m. 100)				211 fl. d. jährl. Z. z. 1 pC.		

Die Regel in diesem und im vor. §. macht also die öfteren Wiederholungen der gewöhnlichen Ansätze nach der Regel Detri unnöthig.

§. 200.

Sind Verfallzeit und Zinsenfuß der beiden mit einander zu vergleichenden Kapitalien verschieden, z. B. wenn es hieße: wie groß muß ein Kapital sein, das auf 1 Monat zu 1 pC. steht, wenn es mit einem Kapitale auf 6 Monate zu 5 pC. gleich viele Zinsen geben soll? so sieht man leicht, daß die Regeln der umgekehrten Regel quinque ihre Anwendung finden, denn nach §. 197 ist:

$$1 \text{ J} : n \text{ J.} = a \text{ thlr. Kap.} : x \text{ thlr. K.}$$

u. nach vor. §. $1 \text{ pC} : m \text{ pC} = a \text{ thlr. Kap.} : x \text{ thlr. K.}$

$$\text{also} \left\{ \begin{matrix} 1 \text{ J.} : n \text{ J.} \\ 1 \text{ pC} : m \text{ pC} \end{matrix} \right\} = a \text{ thlr. K.} : x \text{ thlr. K.}$$

wenn a = 400, n = 6, m = 5 ist, oder wenn man frägt: 400 thlr. stehen auf 6 Jahre zu 5 pC., wie groß muß ein Kapital sein, daß auf 1 Jahr zu 1 pC. steht, und mit jenen 400 thlr. gleich viele Zinsen geben soll? so ist:

$$1 : 30 = 400 : 12000.$$

Auch hiernach kann man eine Frage, wie folgende:

wie groß ist die sämmtliche Zinse von 400 fl. auf 6 Monate à 5 pC., von 650 fl. auf 8 Monate zu 4½ pC., von 1000 fl. auf 9 Monat zu 4 pC., und von 1300 fl. auf 11 Monate zu 6 pC.?

kürzer beantworten, als wenn man für jeden Theil der Frage besonders eine Proportion suchen wollte:

400 fl. in 6 M. z. 5 pC. so viel als 12000 fl. a. 1 M. z. 1 pC.
560 — 8 — $4\frac{1}{2}$ — — 20160 — 1 — z. 1 —
1000 — 9 — 4 — — 36000 — 1 — z. 1 —
1300 — 11 — 6 — — 85800 — 1 — z. 1 —
153960 fl. a. 1 M. z. 1 pC.
oder 12830 fl. auf 1 Jahr zu 1 pC.
also die Zinse $128\frac{3}{10}$ fl.

§. 201.

Das im 160 §. angeführte Exempel, bei welchem die Regel Quinque dreimal angewendet werden mußte, kann ebenfalls durch dies Verfahren in einem einzigen Ansatz aufgelöset werden: nämlich

5680 fl. auf 8 Mon. — 45440.
4260 fl. auf 10 Mon. — 42600.
6780 fl. auf 7 Mon. — 47460.
Summe 135500.

Also geben alle diese Kapitalien zusammen so viel Zinsen, als 135500 fl. in 1 Monat; nun kann man schließen:

100 fl. in 12 Mon. — 5 fl. — 135500 fl.? in 1 Mon.?
6775
12) F. $564\frac{7}{12}$ fl.

Noch einige Exempel zur Uebung.

1) Wie viel ist die sämmtliche Zinse von 127 thlr. auf 3 Monat, von 586 thlr. auf 7 Monat, von 1728 thlr. auf 1 Monat von 500 thlr. auf 2 Jahr, und von 800 thlr. auf 3 Jahr, à 5 pC.? Antw. 152 [illegible]/240 thlr.

2) Wenn man jährlich 8 pC. giebt, wie viel ist die sämmtliche Zinse von 500 Mk. in 3 Jahr, von

800 Mk. in 2 Jahr, von 600 Mk. in 7 Monat, von 1000 Mk. in 11 Monat, und von 8000 Mk. in 3 Monat? Antw. $519\frac{1}{3}$ Mk.

3) Wie viel ist der sämmtliche Zins eines Jahres von 800 Mk. zu $3\frac{1}{2}$ pC., von 500 Mk. zu 4 pC., von 900 Mk. zu 5 pC., von 1000 Mk. zu $5\frac{1}{2}$ pC., von 80 Mk. zu 6 pC.? Antw. $152\frac{4}{5}$ Mk.

4) Wie viel ist die jährliche Zinse von 328 thlr. à 2 pC., von 560 thlr. à 3 pC., von 780 thlr. à 4 pC., von 5728 thlr. à 8 pC.? Antw. $512\frac{4}{5}$ thlr.

5) Was beträgt der sämmtliche Zins von 328 thlr. à 5 pC. in 8 Monat, von 1728 thlr. à 4 pC. in 6 Mon., von 5736 thlr. à 2 pC. in 3 Monat, von 500 thlr. à 8 pC. in 3 Jahr? Antw. $194\frac{13}{75}$ thlr.

§. 202.

Bisher ward nach der Grösse des Kapitals für eine gegebene Verfallzeit und einen bestimmten Zinsenfuß gefragt; man könnte aber auch umgekehrt die Zeit für ein gewisses Kapital suchen, in welcher dies so viele Zinsen tragen müßte als ein anderes gegebenes Kapital. Hieher würde das §. 140 n. 9 schon vorgekommene Exempel gehören:

wie lange müssen 700 thlr. stehen, damit sie so viele Zinsen tragen als 1000 thlr. in 8 Monaten:

$$7\not{0}\not{0}? - 8 - 10\not{0}\not{0}$$

$$\frac{80}{7) \quad 11\frac{3}{7}}\ \text{Monat.}$$

Man findet also immer die Verfallzeit eines gegebenen Kapitals, wenn man das Produkt eines andern Kapitals in dessen Verfallzeit mit dem gegebenen Kapitale dividirt. Hiernach reduzirt man auch sehr leicht die verschiedenen Verfallzeiten mehrerer Kapitalien auf einerlei Verfallzeit, z. B.

Es ist Jemand 100 thlr. nach 2 Jahren und 100 thlr. nach 4 Jahren mit einerlei pC. Zinse zu bezahlen schuldig, wann können beide Kapitalien zugleich bezahlt werden, damit die Zinsen so viel betrageu, als die Summe der Zinsen, wenn jedes Kapital erst nach seiner Verfallzeit bezahlt worden wäre?

100 thlr. n. 2 J. sind so viel als 200 thlr. n. 1 J.
110 — n. 4 — — 400 — — 1 —

200 600

beide Capitalien betragen so viel als 600 thlr. in 1 Jahre, also findet man nach dem vorigen die Verfallzeit für 200 thlr. $= \frac{600}{200} = 3$ J.

Es erkauft jemand eine Parthie Waaren für 10000 thlr., mit der Bedingung 2500 thlr. nach 3 Mon., 3000 thlr. n. 6 Mon., 2000 thlr. n. 8 Mon. u. den Rest nach 1 Jahre zu bezahlen. Wenn aber nachher alle 10000 thlr. auf einmahl bezahlt werden, wann muß alsdann die Zahlung geschehen:

2500 thlr. a. 3 M. so viel als 7500 thlr. a. 1 M.
3000 — — 6 — — — 18000 — — 1 —
2000 — — 8 — — — 16000 — — 1 —
2500 — — 12 — — — 30000 — — 1 —

100ØØ 7,15ØØ

oder nach $7 \frac{3}{10}$ Monathen.

Einer kauft eine Parthie Waaren um 12000 thlr. und bedingt 3000 thlr. baar, 2500 thlr. n. 4 Mon., 1500 thlr. n. 6 Mon., 1000 thlr. n. 9 Mon., 2000 thlr. n. 1 J. und die übrigen 2000 thlr. nach $1\frac{1}{2}$ J. zu bezahlen, wann muß die Zahlung des Ganzen geschehen?

3000 thlr. baar oder auf 0 Mon.	— —	0		
2500 — —	auf 4 Monathe	10000 thlr.	a. 1	M.
1500 — — —	6 — —	9000	— 1	—
1000 — — —	9 — —	9000	— 1	—
2000 — — —	12 — —	24000	— 1	—
2000 — — —	18 — —	36000	— 1	—
12000		88000		
	12)	$7\frac{1}{3}$ Mon.		

Wenn die ganze Summe nicht ausdrücklich bestimmt und nur die abzutragenden Kapitalien in Theilen der Summe ausgedrückt sind; so kann man auf ähnliche Art wie eben gezeigt worden, die verschiedenen Verfallzeiten auf die mittlere Verfallzeit der ganzen Summe reduziren; z. B. Es ist jemand eine Summe schuldig, wovon $\frac{1}{6}$ baar, $\frac{1}{3}$ über 1 Mon., $\frac{3}{8}$ über 6 Monath und der Rest über 10 Monat bezahlt werden soll; wann können alle diese Posten zusammen bezahlt werden?

$\frac{1}{6}$ baar			24
$\frac{1}{3}$ n. 4 Mon. —	$\frac{4}{3}$	8	32
$\frac{3}{8}$ n. 6 Mon. —	$\frac{18}{8}$	3	54
$\frac{1}{8}$ n. 10 M. — —	$\frac{10}{8}$	3	30
			116
		24)	$4\frac{5}{6}$ Mon.

Exempel zur Uebung.

1) Es soll jemand bezahlen 400 Mk. nach 3 Monaten, 550 Mk. nach 6 Mon., und 600 Mk. nach 8 Mon., wenn diese Posten nun auf einmal bezahlt werden sollen, so fragt es sich: wann es geschehen müsse? Antw. nach 6 Monat.

2) Es soll jemand 1200 Mk. bezahlen, nämlich 200 Mk. über 2 Mon., 350 über 5 Monat, 450 Mk. über 7 Monat, und den Rest über 8 Monat, es fragt sich: wann diese Posten können zusammen bezahlt werden? Antw. nach $5\frac{3}{4}$ Monat.

3) Es sollen 800 Mk. in folgenden Terminen bezahlt werden: nämlich 140 Mk. über $3\frac{1}{2}$ Monat, 260 Mk. über 5 Monat, 180 Mk. über $7\frac{1}{2}$ Mon, und der Rest über 9 Monat, wenn können diese Posten mit einem male bezahlt werden? Antw. nach $6\frac{2}{5}$ Monat.

4) Eine gewisse Summe Geldes soll also bezahlt werden: nämlich $\frac{1}{4}$ nach 4 Monat, $\frac{1}{6}$ nach 6 Monat, $\frac{1}{3}$ nach 9 Monat, und der Rest nach 1 Jahr: Es fragt sich, wenn diese Summe auf einmal bezahlt werden sollte, zu welcher Zeit müßte es geschehen? Antw. nach 8 Monat.

§. 203.

Nach eben diesen Gründen lassen sich auch folgende Aufgaben lösen:

Einer ist 600 Mk. über 6 Monat, und 800 Mk. über 9 Monat zu bezahlen schuldig. Er bezahlt aber sogleich 200 Mk., und nach 8 Monat 600 Mk. Wie lange kann nun der Debitor den Rest noch behalten?

Man wird leicht einsehen, daß hier die Summe der schon bezahlten Posten, von der nach 6 Monat zu bezahlenden Summe abgezogen werden muß, und mit diesen Resten verfährt man, wie im vorigen §. Dies Exempel würde also so stehen;

```
  200 Mk. baar
  600 Mk. nach 8 Mon. — 4800 Mk.
  ---                   ----
  800 Mk.               4800 Mk.
  600 Mk. nach 6 Mon. — 3600
  800 Mk. — 9 Mon.    — 7200
 ----                  -----
 1400                  10800
  800                   4800
 ----                  -----
Rest 6ØØ             Rest 60ØØ
                       6)————
              Antw. nach 10 Mon.
```

Eben so sind auch die beyden folgenden und alle ähnlichen Exempel dieser Art zu berechnen:

1) Es soll jemand nach 9 Monat 700 Mk. bezahlen, bezahlt aber nach 4 Monat 450 Mk. Wie lange kann er also den Rest noch behalten? Antw. 18 Monat.

2) Es soll jemand nach 8 Monat 800 Mk. bezahlen, er bezahlt aber 200 Mk. nach 4 Mon., und 200 Mk nach 6 Mon., wie lange kann er den Rest noch behalten? Antw. 11 Monat.

§. 204.

Man kann diese Methode auch auf verschiedene Arten von Rechnungsfragen anwenden; so läßt sich z. B das zweyte Exempel des 160 §. ebenfalls nach der Regel des 199 §. berechnen. Man kann nämlich so ansetzen:

für 24 Ct. auf 15 M.	wird so viel	360 Ct. auf 1 M.
— 20 Ct. — 8 —	bezahlt, als	160 Ct. — 1 —
— 25 Ct. — 37 —	für	925 Ct. — 1 —
	Summe	1445 Ct.

Nun war der Akkord so getroffen, daß der Kaufmann für 4 Ct auf 60 Meilen $8\frac{1}{2}$ thlr. bezahlen wollte, also hat man:

für 4 Ct. auf 60 M.	wird so viel bezahlt, als für	240 Ct. auf 1 Meile.

Nun setzt man nach der Regel Detri an;

240 Ct. — $8\frac{1}{2}$ thlr. — 1445 Ct.

```
  240          8½          1445
  ---          --          ----
  480          17           289
5)---                        17
   96                      ----
                           2023
                            289
                           ----
                           4913
                       96)-------
                          F. 51 17/96
```

Vierter Abschnitt.

Von Zins auf Zins und der zusammengesetzten Interusurien-Rechnung.

§. 205.

Der Anwachs eines fundirten Kapitals um seine jährliche Zinse, nimmt nach einer arithmetischen Progression zu, deren Name die Zinse ist, wie §. 195. gezeigt worden. Hiebei ward nur allein von dem Kapitale gesprochen. Man sieht aber wohl ein, daß die Progression von anderer Beschaffenheit seyn müsse, wenn die Zinsen zugleich zum Kapitale angewandt und wieder Zinsen tragen sollen; dann muß begreiflich das fundirte Kapital weit schneller wachsen, als es durch eine arithmetische Progression ausgedrückt werden kann.

Bei 5 pC. sind 1000 thlr. nach einem Jahre 1050, diese 50 neu hinzu gekommenen sind nach einem Jahre, wenn das fundirte Kapital 2 Jahre gestanden hat = 52, 5 thlr., also ist dann das ganze Kapital zu 1102,5 thlr angewachsen. Die 1000 thlr. Kapital wachsen mit ordentlichen Zinsen fort, aber die 50 thlr. Zinsen des ersten Jahres wachsen jährlich um ihre Zinse 2,5 thlr.; ausserdem kommen jährlich aufs neue 2,5 thlr. hinzu, die wieder nach 5 pC. fortwachsen, nebst den Zinsen von 2,5 thlr. die mit ihren Kapitalien wachsen; so wären also 1000 thlr. nach;

1 J. = 1050

2 — = 1100 + 2,5

3 — = 1150 + 2 × (2,5) + 2,5 + 0,125

4 — = 1200 + 3 × (2,5) + 2 × (2,5) + 2,5 + 3 × (0,125) + 0,125 + 0,00625.

Man sieht also, daß, wenn hier die Größe des Kapitals nach dem Ende eines Jahres durch die gewöhnlichen Rechnungen nach der Regel Detri bestimmt werden soll, man dies nicht anders erfahren könne, als daß man jedesmal durch einen neuen Ansatz untersuche, wie groß das am Ende des einen Jahres gefundene Kapital während des folgenden Jahres werden müsse, also:

1øø thlr. n. 1 J. — 105 thlr. — 10øø thlr.?
1050

10ø thlr. n. 1 J. — 105 thlr. — 105ø thlr.?
105
525
105
1102,5 thlr.

100 thlr. — 1 J. — 105 — 1102,5
20 21 21
11025
22050
23552,5
20) 1157,6

100 thlr. — 1 J. — 105 thlr. — 1157,6
20 21 21
11576
23152
24309,6
20) 1215,48

also 100 thlr. am Ende des ersten Jahres = 1050, am Ende des zweiten = 1102,5; am Ende des dritten = 1157,6; am Ende des vierten = 1215,48. Wenn man die vorher mitgetheilten Reihen vergleicht, so findet man dadurch für das dritte Jahr um 0,025 und für das vierte um 0,02625 zu viel. Die Ausdrücke sind also noch nicht ganz genau, die eben mitgetheilte Rechnung aber zu weitläuftig.

Geht man jede einzelne der eben hingeschriebenen Proportionen wieder durch, so bemerkt man, daß:

$$1050 = \frac{105 \times 1000}{100}$$

$$1102,5 = \frac{105 \times 1050}{100} = \frac{105^2 \times 1000}{100^2}$$

$$1157,6 = \frac{105 \times 1102,5}{100} = \frac{105^3 \times 1000}{100^3}$$

$$1215,48 = \frac{105 \times 1157,6}{100} = \frac{105^4 \times 1000}{100^4}$$

Auf diese Art findet man eine Regel, wornach man das mit seinen Zinsen verzinsete Kapital für jedes Jahr finden kann, ohne die Ansätze nach der Regel Detri öfter zu wiederhohlen.

Gewöhnlich werden diese Berechnungen nach Ansätzen nach der Kettenregel ausgeführt, also: wie viel Kapital und Zinse geben

1000 thlr.?

wenn 100	geben	105	— am Ende des	1sten J.
100	—	105	— — — —	2ten —
100	—	105	— — — —	3ten —
100	—	105	— — — —	4ten —

Diese Ansätze folgen nach §. 165. sehr leicht aus den Bedingungen der Aufgabe und es ist nicht zu leugnen, daß beim Mangel einer kürzern Methode, diese immer ihre Vorzüge behalten würde. Gewöhnlich sucht man sich die Rechnung dadurch noch etwas zu verkürzen, daß man den Zins auf Zins eines sehr großen Kapitals, für mehrere Jahre bei einem gegebenen Zinsenfuß berechnet und mit Hülfe einer solchen Tabelle die Größe eines kleinern Kapitals in einer gegebenen Zeit nach der Regel Detri findet.

Es sey z. B. das zum Grunde gelegte Kapital = 100000000 thlr. so ist bei einem Zinsenfuße von 5 pC. nur nöthig, daß man den zwanzigsten Theil des Kapitals addire, um für das Ende des ersten Jahres Kapital und Zinsen zu haben; das giebt nun 105000000. Hiezu addire man $\frac{1}{20}$ der eben gefundenen Zahl, so hat man Kapital und Zinse für das Ende des zweiten Jahres. Zu jedem Facit das man auf diese Art erhält, addirt man seinen zwanzigsten Theil, so hat man Kapital und Zinse für das folgende Jahr. Die Brüche läßt man weg, wenn sie weniger als $\frac{1}{2}$ betragen; behält aber dafür ein Ganzes, wenn ein Bruch kommt, der mehr als $\frac{1}{2}$ beträgt. Auf diese Art erhält man folgende Tabelle.

Ein Kapital von 100000000 thlr. zu 5 pC. jährliche Zinse wird:

nach	1	Jahr	105000000	nach	11	Jahren	171033936
—	2	—	110250000	—	12	—	179585633
—	3	—	115762500	—	13	—	188564916
—	4	—	121550625	—	14	—	197993162
—	5	—	127628156	—	15	—	207892820
—	6	—	134009564	—	16	—	218287461
—	7	—	140710042	—	17	—	229201834
—	8	—	147745544	—	18	—	240661926
—	9	—	155132822	—	19	—	252695022
—	10	—	162889463	—	20	—	265329773

Bei dem 4 pC. Zinsenfuße addirt man zu jedem Facit $\frac{1}{25}$ desselben und findet so das Facit für das Ende des nächstfolgenden Jahres, da man dann folgende Tabelle erhält:

Ein Kapital von 100000000 thlr. zu 4 pC. p. A. Zinsen wird:

nach 1 Jahr	104000000	nach 11 Jahren	153940898
— 2 —	108160000	— 12 —	160098534
— 3 —	112486400	— 13 —	166502475
— 4 —	116985856	— 14 —	173162574
— 5 —	121665290	— 15 —	180089077
— 6 —	126530863	— 16 —	187292640
— 7 —	131592098	— 17 —	194744346
— 8 —	136855782	— 18 —	202526138
— 9 —	142327013	— 19 —	210627284
— 10 —	148020094	— 20 —	219052375

Wollte man nun, das zu Anfange dieses §. angenommene Kapital hiernach berechnen um zu bestimmen, wie groß es zu 5 pC. mit Zinsen und Zinseszinsen in 4 Jahren geworden wäre; so hat man:

10000000 — 1215,50625 — 1000?

also sind 1000 thlr. nach 4 Jahren = 1215,50625, oder ungefähr = 1215½ thlr. geworden.

§. 206.

So bequem indeß diese Methode ist, wenn man nicht nöthig hat, mit sehr großen Zahlen zu multipliziren, so unbequem muß sie doch werden, wenn die Zahlen sehr groß sind, oder wenn die Tafeln nicht weit genug berechnet sind, oder wenn man gar in die Nothwendigkeit gesetzt ist, diese Tafeln für mehrere Zinsenfüße aufs neue zu berechnen.

Ungleich kürzer verfährt man, in allen diesen Fällen, wenn man die Regel befolgt, die wir ebenfalls im vorigen §. gefunden haben und wovon nun noch ausführlicher.

Bei allen vorhin gefundenen Ausdrücken war $\frac{105}{100}$ ein Factor mit dem das Kapital beständig multiplizirt ward; dieser Quozient drückt die Höhe des

des Zinsenfußes aus, oder wie wie viel jährlich von 100 bezahlt wird; also für 4 pC. hätte man $\frac{104}{100}$; für 6 pC., $\frac{106}{100}$ erhalten; meistens lassen sich diese Brüche durch kleinere Namen ausdrücken. Ueberhaupt aber nenne man jeden solchen Bruch, m. Soll man nun die Grösse eines um seine Zinseszinsen nach einigen Jahren angewachsenen Kapitals finden, so erhebe man m in die Potenz, die durch die Zahl der Jahre ausgedrückt wird und multiplizire hierinn das Kapital; so sind also: 1000 thlr. nach 100 Jahren $= m^{100} . 1000$.

Um diese Erhebungen auf höhere Potenzen zu erleichtern, wendet man die Logarithmen an. Denn da m^2 m . m ist; so ist $\log m^2 = \log m + \log m = 2 \log m$. Ueberhaupt also erhält man den Logarithmen der Potenz, wenn man den Exponenten mit dem Logarithmen der Wurzel multiplizirt. Hiernach kann man nun leicht bestimmen, wie groß ein Kapital von 378995 thlr. nach 40 Jahren durch den Anatocismus werden müsse, wenn es zu 5 pC. verzinset wird.

$$\left(\frac{21}{20}\right)^{40} \times 378995$$

oder $40 \log \frac{21}{20} + \log 378995.$

$$\frac{21}{20} = 1,05$$

$$\log 1,05 = 0,0211893$$

$$40 \log 1,05 = 0,8475720$$

$$\log 378995 = 5,5786283$$

$$6,4262003$$

also das Kapital = 2668080 thl. 9 ßl. $7\frac{1}{5}$ Pf.

Wie groß ein Kapital von 1532000 thlr. zu 4 pC. nach 100 Jahren?

$$\left(\frac{26}{25}\right)^{100} \times 1532000$$

$$100 \log \frac{26}{25} + \log 153200$$

$$\frac{26}{25} = 1,04$$

$$\log 1,04 = 0,0170333$$

$$100 \log 1,04 = 1,70333$$

$$\log 1532000 = 6,1852588$$

$$7,8885888$$

also das Kapital 77'372910 thlr. 33 ßl. $7\frac{1}{5}$ Pf.

§. 207.

Die im 2 Abschnitt vorgetragene Rabatt-Rechnung war nichts anders, als eine umgekehrte Zins-Rechnung, wobey man voraussetzte, daß der Empfänger des baaren Kapitals, das allererst nach Verlauf gewisser Jahre fällig gewesen wäre, mit demselben nur einfache Zinsen, keine Zinses-Zinsen gewinnen könne. Will und kann man aber dies letztere voraussetzen, so muß man nicht für 2 Jahr 10 von 110, für 3 Jahr 15 von 115 u. s. f. bey dem 5 pC. Zinsenfuß rabattiren, wie im 195 §. denn in 2 Jahren werden aus 100 nun nicht 110, sondern $110\frac{1}{4}$. Wäre also das Kapital 1000 thlr., so wäre der Ansatz:

$110\frac{1}{4}$ waren vor 2 Jahren 100 thlr. — 1000 thlr.

441   4000   4000

400000

441) Fac. $907\frac{13}{441}$

§. 208.

Bey Rechnungsfragen dieser Art lassen sich also die Tabellen des 205 §. eben so brauchen, wie bey der Zinses-Zinsenrechnung, nur daß die Zahlen aus der Tabelle in den beyden ersten Stellen des Ansatzes umgekehrt gesetzt werden müssen.

Gesetzt, 10000 thlr. sind nach 4 Jahren fällig, wie viel bezahlt man jetzt, mit Rabattirung der Zinsen- und Zinses-Zinsen, die auf das baar zu zahlende Kapital in 4 Jahren gewonnen werden können.

Man setzt, falls 5 pC. Zinsen gewonnen werden können, aus der ersten Tabelle an:

121550625 — 100,000,000 — 10000?

Antw. $8227\frac{4813}{194481}$

Will man diese Tabelle nicht brauchen, so kann man auf ähnliche Art, wie im 204 § für jedes Jahr rückwärts gerechnet die Rechnung besonders anstellen, und das herauskommende Facit zur Fragzahl im folgenden Ansatz für das folgende Jahr machen. Alsdann wird die Rechnung beym vorigen Exempel so geführt:

1) 105 — 100 — 10000?
5) 21   5) 20   20
200000
21)
Antw. $9523\frac{17}{21}$ thlr. baare Zahlung für 1 Jahr früher.

2) 21 — 20 — $9523\frac{17}{21}$?
21   × 21
441   200000
× 20
4000000
441)
Antw. $9070\frac{130}{441}$ baare Zahlung für 2 Jahr früher.

3) 21 — 20 — $9070\frac{130}{441}$?
441   4000000
9261   × 20
80000000
9261)
Antw. $8638\frac{3482}{9261}$ thl. baare Zahlung für 3 Jahr früher.

4) 21 — 20 — — $8638\frac{3482}{9261}$?
9261   80000000
194481   × 20
1600000000
194481)
Antw. $8227\frac{4813}{194481}$ thl. baare Zahlung für 4 Jahr früher.

Die ganze Rechnung läßt sich wiederum nach der Kettenregel in folgenden Ansatz zusammen ziehen: Wie viel Kap. baar für 10000 thl. Kap. fällig

21	wenn 105 thl.	vor 1 J.	waren	100 thl.	20	1	J.
21	105 thl.	—	—	100 thl.	20	2	J.
21	105 thl.	—	—	100 thl.	20	3	J.
21	105 thl.	—	—	100 thl	20	4	J.
194481				1600000000			

194481) 1600000000

Antw. $8227\frac{4811}{194481}$. wie vorhin.

§. 209.

Ob nun gleich die im 205 §. schon mitgetheilten Tabellen nach Anleitung des vorigen §. dienen können, die Rechnung etwas abkürzen, so kann man doch auch ähnliche Tabellen für diese zusammengesetzte Rabattrechnung besonders berechnen, bey deren Gebrauch die Mühe des Dividirens mit dem ersten Gliede erspart wird. Man nehme wiederum das Kapital von 100,000,000 zum Grunde, und ziehe $\frac{1}{21}$ desselben ab, so hat man das auf 1 Jahr früher zu zahlende baare Kapital. Wenn hievon abermal $\frac{1}{21}$, und so von jedem Facit allemal $\frac{1}{21}$ desselben abgezogen wird, so findet man folgende Tabelle:

Eine Schuld von 100,000,000 thlr. gilt baar bey früher Zahlung

auf	1	Jahr	95238095	auf	11	Jahre	58467929
—	2	—	90702948	—	12	-	55683742
—	3	—	86383760	—	13	—	53032135
—	4	—	82270247	—	14	—	50506795
—	5	—	78352617	—	15	—	48101710
—	6	—	74621540	—	16	—	45811152
—	7	—	71068133	—	17	—	43629669
—	8	—	67683936	—	18	—	41552065
—	9	—	64460892	—	19	—	39573396
—	10	—	61391325	—	20	—	37688948

Die Tabelle findet ihre Anwendung, wenn der Zinsenfuß 5 pC. ist. Für den Zinsenfuß von 4 pC. zieht man von jedem vorhergehenden Facit $\frac{1}{27}$ desselben ab, und wenn der Zinsenfuß 6 pC. ist, so wird von jedem Facit $\frac{2}{53}$ desselben abgezogen. Der gegenwärtige baare Werth eines Kapitals, welches nach Verlauf eines oder mehrerer Jahre allererst zahlbar ist, heißt auch: der auf eine oder mehrere Jahre diskontirte Werth desselben. Das Diskonto eines Kapitals von 100000000 thlr. auf 10 Jahr, beträgt also 61391325 thlr., wenn 5 pC. Zinsen gerechnet werden.

Auf diese Art werden die Regeln der Diskonto-Rechnung gewöhnlich vorgetragen. Man sieht indeß leicht, daß eine Verkürzung der wirklichen Rechnung wol möglich sein könne, wenn man die Logarithmen gebrauchen will.

Man nenne ein Kapital C; in dem Zustande, den es nach einer Reihe von n Jahren erhalten hat, heiße es y, so ist:

$$y = m^n C \quad (§. 206.)$$

also muß $C = \frac{y}{m^n}$ sein.

y ist hier das Capital, das erst nach n Jahren fällig ist, aber nun gleich bezahlt werden soll, wie viel davon nun bezahlt wird, bezeichnet C.

Der Rabatt ist immer der Rest, der übrig bleibt, wenn das baare Kapital (das jetzt bezahlt werden soll) von dem vergrößerten abgezogen wird (§. 196), heißt er R, so ist

$$R = \left(y - \frac{y}{m^n}\right) = \left(1 - \frac{1}{m^n}\right) y.$$

Man kann also sowohl den Rabatt unmittelbar gleich finden, als auch vorher das rabattirte Kapital suchen. In beiden Fällen merke man für die Rechnung mit Logarithmen, daß $\log \frac{1}{m} =$

$\log 1 - \log m$ und $\log \frac{1}{m^n} = n \log \frac{1}{m} = n (\log 1 - lm)$ sein muß. Es wird aber log m immer größer sein, als l.1, man denke sich daher l1 um eine solche Zahl vergrößert, als nöthig ist, damit lm subtrahirt werden könne; diese Zahl muß nach geendigter Rechnung von dem ganzen Facit wieder abgezogen werden. Nun ist:

$$lR = l\left(1 - \frac{1}{m^n}\right) + ly.$$

und $lC = ly - nlm$.

Hiernach findet man nun leicht, was 100000000 thlr., nach 100 Jahren zahlbar, zu 5 pC. discontirt, jetzt werth sind:

$$m = \tfrac{21}{20}$$

$$nlm = 100 \log \tfrac{21}{20} = 2,11893$$

$$ly = 8,$$

$$nlm = 2,11893$$

$$5,88107 = \log C$$

und daher $C = 760449$

und $R = 99'239,551$

Dasselbe Capital mit 4 pC. Rabatt, wo $\frac{1}{m} = \frac{25}{26}$.

$$\log 25 = 1,3979400$$

$$\log 26 = 1,4149733$$

$$0,9829667 - 1$$

$$100 \log \frac{1}{m} = 98,29667 - 100$$

$$\text{und } \frac{1}{m^n} = 0,0198008$$

$$\text{und } 1 - \frac{1}{m^n} = 0,9801992$$

also $R = 100000000 \times 0,9801992 = 98019920$

u. $C = y - R = 100000000 - 98019920 = 1980080$*).

*) So verwickelt auch algebraische Formeln dem Ungeübten scheinen mögen, so leicht lernt man sie doch ver-

§. 210.

Ein Kapital von 1000 thlr. trägt nach dem Zinsenfuß von 5 pC. jährlich 50 thlr. Zinse: be-

stehen und wir haben wirklich keine sicherere Anleitungen bei wirklichen Rechnungen' als diese so ungemein kurz und bündig ausgedrückten Regeln. Vielleicht ist es daher dem Zwecke dieses Buches nicht ganz unangemessen, eine kurze Formel für das einfache Interusurium zur Vergleichung mit dem eben berechneten zusammengesetzten, mitzutheilen. Aus §. 196 weiß man, daß die Kapitalien mit ihren gewöhnlichen Zinsen nach arithmetischer Progression wachsen. Ist also C das Kapital im Anfange des ersten Jahres, b die Zinse für 100, so ist das Capital am Ende des ersten Jahres: C + b, und es wächst so fort:

$$\underset{1.}{C+b},\ \underset{2.}{C+2b},\ \underset{3.}{C+3b} \quad \ldots \quad C+nb$$

nach n Jahren.

Das letzte Glied ist das, was in diesem § y hieß; hier ist also $y = C + nb$ und daher $C = y - nb$; nun ist nach §. 196 das rabattirte Kapital =

$$\frac{100}{100+bn}\,y = \frac{y}{1+\frac{bn}{100}}$$ und der Rabatt =

$$\left(1 - \frac{1}{1+\frac{bn}{100}}\right)y;$$ für $n = 1,\ b = 5$; ist

$$\left(1 - \frac{1}{1+\frac{5}{100}}\right) = \tfrac{1}{21},$$ also für $y = 100$, ist der Rabatt $= 4\frac{1}{3}$ thlr.; dasselbe giebt auch die Formel $R = \left(1 - \frac{1}{m^n}\right)y$ d. i. am Ende des ersten Jahres werden beide Kapitalien einander völlig gleich sein, wie natürlich, da man im ersten Jahre noch keine Zinseszinsen erhalten kann. Mit dem zweiten Jahre aber wachsen die Kapitalien durch den Anatocismus beträchtlich über die, mit gewöhnlichen Zinsen, daher der Rabatt von jenen weit größer sein muß, als von diesen. Man kann durch folgende Reihen leicht eine Vergleichung des abgenommenen Rabatts von beyden Kapitalien, anstellen, wenn 5 pC. gerechnet werden.

zahlte also der Schuldner statt dieser 50 thlr. an den Gläubiger jährlich eine größere Summe, etwa von 100 thlr., so würde dadurch ein Theil des Kapitals jedesmal mit abgetragen, und die Verbindlichkeit, jährlich eine solche Summe auszuzahlen, würde nach Verlauf einer gewissen Zahl von Jahren aufhören. Es kann zwischen Gläubiger und Schuldner gleich Anfangs bey der Anleihe ein solcher Vergleich gemacht werden, vermöge dessen der Schuldner alle Jahre außer den Zinsen einen gewissen Theil des Kapitals abzutragen sich verpflichtet, jedoch so, daß das, was der Gläubiger jedesmal an Kapital und Zinsen empfängt, beständig einerley Summe ausmache. Man nennt das einen Zeit-Renten-Akkord, und die jährlich an den Gläubiger zu zahlende Summe, heißt die **Zeitrente**, oder **Annuität**. Sie ist nur während einer gewissen Anzahl Jahre zahlbar, da in dieser Zeit das ganze Kapital völlig abgetragen wird, und unterscheidet sich dadurch von der Zinse, die als eine immerwährende Rente anzusehen ist, weil der Schuldner von der Pflicht die Zeitrente zu zahlen, nie frey wird, so lange er das Kapital selbst nicht abgetragen hat. Dies veranlaßt nun folgende Rechnungsfrage:

§. 211.

Es will jemand eine Zeitrente auf

nach Jahren

1. 2. 3. 4. 5. nach 100 Jahren

vom Kapital des Anatocismus vermehrt

$\frac{1}{21}$; 0,09296; 0,13632; 0,17727; 0,21647 — 0,99233 v. Kapit.

vom Kapital der gewachsenen Zinsen vermehrt

$\frac{1}{21}$; 0,09090; 0,1309; 0,16666; 0,20000 — 0,8333 —

von 100 thlr. werden also 99,23 thlr. auf 100 Jahre discontirt und man bezahlt baar 0,77 thlr; dagegen wenn keine Zinseszinsen gerechnet werden von 100 thlr. nur 83,33 thlr. abgezogen und also 16,66 thlr. baar bezahlt werden.

gewisse Jahre kaufen: wie viel muß er dafür an Kapital auszahlen, wenn der Zinsenfuß überdem festgesetzt ist.

Aufl. Man betrachte zuerst die Renten als gewöhnliche Zinse, und suche das dazu gehörige Kapital, welches, wenn der Zinsenfuß 5 pC. ist, die zwanzigfache Rente seyn wird. Zahlte nun der Gläubiger ein solches Kapital aus, so würde der Schuldner jährlich nichts als Zinse zahlen, vom Kapital würde nichts zugleich abgetragen, und nach Verlauf einer jeden Reihe von Jahren, sie sey so kurz oder lang verabredet, wie sie wolle, wäre der Empfänger des Kapitals noch immer schuldig, es ganz zurück zu zahlen. Von dieser Verbindlichkeit kann er sich frey machen, wenn er gleich jetzt ein Kapital zurückzahlt, das so viel werth ist, als ein nach Verlauf der verabredeten Zeit allererst fälliges Kapital. Wenn demnach ein solches Kapital nach den Regeln des 208 und 209 §. gesucht, und von demjenigen Kapital abgezogen wird, wovon die Rente als jährliche Zinse fallen würde, so ist der Rest, der jetzige Werth der Rente.

Es sey also die Frage: wie viel der jetzige Werth einer fünfjährigen Rente von 200 thlr. nach dem Zinsenfuß von 5 pC.? Das zu einer jährlichen Zinse von 200 thlr. gehörige Kapital wäre 4000 thlr. Weil dasselbe nun nach 5 Jahren wieder zahlbar wäre, so suche man den jetzigen Werth desselben, und setze nach der Tabelle des 209 §. an:

100,000000 — 78352616 — 4000 thlr.?

4

Der jetzige Werth 3134,10464
abgezogen von 4000 thlr.

Werth der fünfjährigen Rente von 200 thlr. 865,89536 thlr.

Probe.

Zum Kapital	865,89536 thlr.
kommt nach 1 Jahr Zinse	43,29476
Summe	909,19012
geht ab 1 Jahres Rente	200,
Rest des Kapitals	709,19012
2ten Jahrs Zinse	35,45950
Summe	744,64962
geht ab 2ten Jahrs Rente	200,
Rest des Kapitals	544,64962
3ten Jahrs Zinse	27,23248
Summe	571,88210
geht ab 3ten Jahrs Rente	200,
Rest des Kapitals	371,88210
4ten Jahrs Zinse	18,59410
Summe	390,47620
geht ab 4ten Jahrs Rente	200,
Rest des Kapitals	190,47620
5ten Jahrs Zinse	19,5238
Summe	200,0000
geht ab 5ten Jahrs Rente	200
Rest des Kapitals	0.

Man kann aus diesem, hier ausführlich beschriebenen Verfahren, um den Werth einer Jahresrente zu bestimmen, mit leichter Mühe die Formel:

$$M = \frac{100.\ r}{Z} \qquad \frac{100.\ r}{Z\ m^n}$$

finden. M ist hier der Werth der Rente nach n Jahren, der auch die Mise genannt wird und das Ankaufsgeld der Zeitrente ist, Z die Zinse für 100, und m, wie bisher $\frac{105}{100}$, $\frac{106}{100}$, $\frac{104}{100}$ ꝛc. Es ist also $\frac{100.\ r}{Z}$, das Capital, dessen jährliche Zinse die bedungene Rente; nennt man dies C, so ist:

$$M = C - \frac{C}{m^n} = \left(1 - \frac{1}{m^n}\right) C.$$

Hiernach ist also eine Zeitrente von 100 thlr. auf 50 Jahren zu 5 pC. werth, $1825\frac{3}{5}$ thlr., denn da $r = 100$, $z = 5$, so ist $C = 2000$ und $n = 50$, $m = \frac{21}{20}$, also $\frac{1}{m^n} = (\frac{20}{21})^{50}$; nun ist

$$\begin{array}{r} \log 20 = 1{,}3010300 \\ \log 21 = 1{,}3222193 \\ \hline 0{,}9788106 - 1 \\ 50 \\ \hline 48{,}9405300 \end{array}$$

also $(\frac{20}{21})^{50} = 0{,}08720228$ u. $1 - (\frac{20}{21})^{50} = 0{,}91279772$ daher $(1 - (\frac{20}{21})^{50}) \times 2000 = 1825{,}595544$ oder beinahe $1825\frac{3}{5}$

Umgekehrt muß man auch für ein gegebenes Capital, die auf eine gewisse Reihe von Jahren, nach bestimmtem Zinsenfuße zu erhaltende Zeitrente berechnen können. Wenn b die jährliche Zinse für 100 ist; so ist die Zinse für das Capital $C = \frac{bC}{100}$; jährlich wächst das Capital um $C + \frac{bC}{100} = \frac{100 + b}{100} C$; ist $\frac{100 + b}{100} = m$, wie sonst, so ist $(m - 1) C = \frac{bC}{100}$ = der jährlichen Zinse. Das was jährlich mehr als die Zinse bezahlt wird, heiße x, so wird jährlich an Rente bezahlt: $((m - 1) C) + x$.

Da jährlich auch Zinseszinsen bezahlt werden so kann dies x für alle Jahre nicht mehr gleich sein, sondern es wird:

in Jahren	1,	2,	3,	4,	5	und nach n Jahren
	x,	mx,	m^2x,	m^3x,	m^4x	$m^{n-1}x$

in allen diesen n Jahren ist zusammen an Abtrag außer den Zinsen bezahlt worden, die Sum=

me der in dieser Reihe ausgedrückten Zahlen und diese beträgt: $\frac{x(m^n-1)}{m-1}$ (§. 189). Also ist die Größe des Kapitals nach n Jahren:

$$C = \frac{x(m^n-1)}{m-1}$$

und daher $x = \frac{(m-1)\,C}{m^n-1}$

also mit den Zinsen wird jährlich bezahlt:

$$(m-1)\,C + \frac{(m-1)\,C}{m^n-1} = \frac{(m-1)\,m^n}{m^n-1}\,C$$

soll das Capital in n Jahren völlig zurückgezahlt sein, so muß die Jahrrente so groß sein als der eben gefundene Ausdruck und daher $r = \frac{(m-1)\,m^n}{m^n-1}\,C$.

Zu einem andern Zwecke habe ich vor einiger Zeit Tafeln für verschiedene Kapitalien berechnet, die auf Zeitrenten verliehen werden sollten. Ein Theil dieser Kapitalien sollte zu 4 pC. in 9 Jahren zurückgezahlt werden, ein anderer stand zu gleichen Prozenten auf 20 Jahre Es ist also im ersten Fall $n = 9$, $m = 1{,}04$ und C sei $= 100$,

$$\text{so ist } r = \frac{(1{,}04-1) \times 1{,}04^9 \,.\, 100}{1{,}04^9 - 1} = \frac{0{,}04 \times 100 \times 1{,}04^9}{1{,}04^9 - 1}$$

$$= \frac{4 \,.\, 1{,}04^9}{1{,}04^9 - 1}$$

$l\,1{,}04 = 0{,}017033$ $\quad$ $l\,4 = 0{,}6020600$

$9\,l\,1{,}04 = 0{,}1532997$ $\quad$ $9\,l\,1{,}04 = 0{,}1532997$

$\qquad\qquad\qquad\qquad\qquad 0{,}7553597$

also $1{,}04^9 = 1{,}4232$ $\quad$ $l\,0{,}4232 = 0{,}6265457 - 1$

und $1{,}04^9 - 1 = 0{,}4232$ $\quad$ $l\,r = 1{,}1488140$

und $r = 13{,}45$

oder die jährliche Rente beträgt $13\frac{9}{20}$ pC.

Der Anleiher bezahlt diese Rente beständig

von dem ersten Kapitale alle 9 Jahre hindurch, die Zinse ist mit eingerechnet und wird von dem Kapitale bezahlt, so wie es nach Ablauf eines jeden Jahres abgenommen hat; dadurch wird die jährliche Zinse beständig kleiner, der Abtrag an Kapital aber immer größer und man sieht, daß diese Art der Geldanleihe für den Schuldner am wenigsten drückend sein muß.

§. 212.

Auf eben diesen Regeln beruhet die Berechnung der Leibrenten, so wohl in einer gewöhnlichen Leibrentengesellschaft als auch in einer Tontine. Unter Leibrenten werden solche verstanden, welche einer Person auf zeitlebens für einen gewissen Einsatz bezahlt werden, es mag übrigens diese Person bald sterben, oder sehr alt werden. Die Zeitrente muß so viele Jahre bezahlt werden, als man anfangs verabredet hat, und wenn der Käufer der Rente vor dem Ablauf dieser Jahre stirbt, so muß die Rente an die Erben bezahlt werden: allein die Hebung der Leibrente hört mit dem Tode des Käufers auf. Aus Vergleichung vieler Sterberegister hat man gefunden, daß es sich ziemlich sicher vorher muthmaßlich annehmen lasse, wenn eine große Anzahl von Personen, die gleich alt sind, zusammen tritt, wie viele davon nach Verlauf eines jeden der hiernächst ablaufenden Jahre noch am Leben seyn werden.

Die ganze Sache gehöret aber zur politischen Rechenkunst, und kann hier nicht umständlich vorgetragen werden. Man muß die Erfahrungen, welche darüber mühsam sind gesammelt worden, bey den Schriftstellern nachlesen, die davon vollständige Nachrichten geben, und dahin gehört unter den deutschen Schriftstellern vornehmlich das bekannte Werk des Herrn Süßmilch: die göttliche Ordnung in den Veränderungen des menschlichen Geschlechts. Im zweyten Theil dieses Werks 319 Seite findet man eine Mortalitätstafel, woraus zu ersehen ist, wie viele von tausend in einem und eben demselben Jahr gebohrnen Kindern nach Ablauf eines jeden der folgenden Jahre noch am Leben sind. Vermöge dieser Tafel sind nach 51 Jahren noch 300 Personen am Leben. Wenn nun diese 300 Personen in eine Leibrenten Gesellschaft zusammen treten wollten, so kann man den Werth für jeden Thaler Leibrente auf folgende Art finden:

Nach Ablauf		noch Personen
des 52sten Jahres	—	291
— 53sten —	—	282
— 54sten —	—	273 u. s. f.

So viele Personen, als jedesmal noch leben, so viele Rententhaler hat die Kasse auszuzahlen. Die in jedem Termin zu zahlende Summe von Thalern, diskontire man dem 208 §. gemäß auf den Anfang des ersten Jahres, als den Termin, womit die Dauer der Gesellschaft anfängt und bringe alle diese diskontirten Werthe in eine Summe, so hat man den baaren Werth aller Renten zusammen. Weil nun jeder von den 300 gleich alten Personen, welche die Gesellschaft errichten, gleich viel dazu beytragen muß, so dividire man die gefundene Summe mit der Anzahl aller Personen: der Quotient ist der Werth der Rente für jeden einzelnen Käufer.

§. 213.

Die Tontine ist eine besondere Art von Leibrentengesellschaft, die sich dadurch von der gewöhnlichen unterscheidet, daß ihr die Rente von dem ganzen Kapital, welches die Gesellschaft zusammen gebracht hat, so lange ausgezahlt werden muß, bis der letzte von der Gesellschaft gestorben ist, und zwar so, daß die Portionen der Absterbenden den Lebenden zufallen. Ein Neapolitaner, Namens Tonti, soll dem König Ludwig XIV von Frankreich den ersten Plan dazu übergeben haben, und von ihm hat eine solche Einrichtung den Namen. Gesetzt, 100 Personen von gleichem Alter treten in eine solche Gesellschaft, jeder setzt ein Kapital ein, wovon er eine 20jährige Rente von 10 thlr. haben könnte, so ist die Summe aller Renten, oder die ganze, der Gesellschaft zu zahlende Annuität 1000 thlr., und das Kapital, welches mit dieser 20jährigen Rente gleichen Werth hat, beträgt 12454 thlr. Wird diese Summe auf 100 Personen vertheilt, so ist der Werth einer so genannten Actie 124,53 thlr. Ist nun die Gesellschaft schon so alt, daß man mit sehr vieler Wahrscheinlichkeit voraussetzen kann, auch derjenige, welcher am längsten von allen lebt, werde doch nicht über 20 Jahr mehr leben, so ist die Kasse, welche die Actien verkauft ziemlich sicher, daß sie keinen Schaden leiden werde. So wie nun von Jahr zu Jahr, die Anzahl der noch lebenden Actionisten, immer geringer wird, so wächst auch eines jeden Rente. So bald die halbe Anzahl gestorben ist, empfängt jeder der noch lebenden jährlich 20 thlr; wenn nur noch 10 am Leben übrig sind, so empfängt jeder schon jährlich eine Rente von 100 thlr. Wer zuletzt allein noch lebend übrig bleibt, der empfängt die ganze Summe der 1000 thlr. als eine Rente bis sein Tod ebenfalls erfolgt. Bey Errichtung einer solchen Tontine ist nur hauptsächlich zu bedenken, daß man die menschliche Lebenszeit nicht zu kurz annehmen müsse. Zwar erreichen nur wenige Menschen ein Alter von 80 bis 90 Jahren: allein es giebt doch auch Beyspiele von Personen, die 100 Jahr und drüber alt werden. Wer Leibrenten, oder Actien in Tontinen kauft, hat ohne Zweifel Gründe, sich für gesund zu halten, und ein langes Leben zu hoffen. Deswegen besteht eine solche Gesellschaft gewöhnlich, wenigstens größtentheils, aus recht gesunden Leuten, wovon wohl einer oder der andere 100 Jahr und drüber alt werden könnte. Deswegen errichtet man gern eine Tontine so, daß Personen von allerley Alter aufgenommen, und diese alsdann, nach ihrem verschiedenen Alter, in Klassen, etwa von 5 zu 5 Jahren vertheilt werden. Alsdenn kann man ohne Gefahr annehmen, daß jede Klasse bis zum 90 oder 96 Lebensjahre bestehen werde. Wenn also die erste Klasse aus Kindern bis zu 5 Jahren besteht, so nimmt man an, daß sie die Rente 90 bis 92 Jahre ziehen werden. Eine Klasse von 30jährigen wird wahrscheinlich 65 bis 66 Jahr bestehen, u. s. f. Gesetzt auch, daß eine Klasse bis zum 100sten Lebensjahr bestünde, so werden doch die meisten übrigen vor dem 96sten, auch wohl einige schon vor dem 90sten Lebensjahr verloschen seyn.

Fünfter Abschnitt.

Von der Gesellschafts- und Vermischungs-Rechnung.

§. 214.

Wenn eine Summe Geldes unter mehreren Personen gleich vertheilt werden soll, so wird der Antheil eines jeden durch die Division mit derjenigen Zahl gefunden, welche anzeigt, unter wie viel Personen die Theilung geschehen soll. Man setze, 900 thlr. sollen unter 2 Personen gleich vertheilt werden, so empfängt jeder 450 thlr. Sollte aber Petrus doppelt so viel als Paulus haben, so soll der erste allemal 2 thlr. haben, wenn der zweyte 1 thlr. empfängt; oder die Summe von

3 thlr. wird so vertheilt, daß der eine 2 der andere 1 thlr. bekömmt. Weil aber die ganze zu theilende Summe 900 thlr. beträgt, so muß der Antheil des Petrus in 900 thlr. so vielmal enthalten seyn, als 2 in 3 enthalten ist, und eben so der Antheil des Paulus in 900 thlr. so vielmal, als 1 in 3 enthalten ist, und man kann beyde Theile nach der Regel Detri finden, wenn man den Ansatz so macht:

Gegen 2 Theile des Petrus
kommt 1 Theil des Paulus.
Summe 3 Theile.

3 Theile — 2 Theile — 900 thlr.?
2) 1 des Petrus 3) 300
2
Facit 600 thlr. dem Petrus.

3 Theile — 1 Theil — 900 thlr.?
3) 1 des Paulus 3) 300 thlr. dem Paulus.

§. 215.

Es sey nun folgende Rechnungsfrage vorgelegt:

4 Personen, A, B, C und D machen eine Handlungsgesellschaft, A trägt 9600 thlr., B 6000 thlr., C 4800 thlr. und D 3600 thlr. zu einer gewissen Unternehmung bei, und mit der ganzen Summe werden 1000 thlr. gewonnen. Die Frage ist: wie viel jedem nach Proportion seiner Einlage gebühre?

Hätte jeder von diesen Personen gleich viel zugelegt, so würde es von selbst klar seyn, daß auch jeder gleichviel von dem Gewinn haben müßte, und so dürfte man nur in diesem Fall die gewonnenen 1000 thlr. durch 4 dividiren, um den Antheil eines jeden zu erhalten. Jetzt, da sie ungleich zugelegt haben, so werden sie auch ungleiche Theile des Gewinnstes erhalten. Man addire nämlich die eingelegten Summen

des	A	9600	thlr.
des	B	6000	—
des	C	4800	—
des	D	3600	—
Summe		24000	thlr.

Nun muß der Antheil des A im Gewinnst der 1000 thlr. so vielmal enthalten seyn, als der von ihm angelegte Posten 9600 thlr. in der ganzen Summe der 24000 thlr., also wäre der Ansatz:

Zur Summe	giebt A	? vom Gewinnst
24000 thlr. —	9600 thlr.	der 1000 thlr.
24) 1	24) 4	× 4
		Facit 400 thlr. dem A.

Eben so würde man den Antheil eines jeden der übrigen finden. Wenn man aber die eingelegten Posten mit ihrem größten gemeinen Maaße gegen einander aufhebt, und die Quotienten addirt, auf diese Art:

		(12
A	9600	8
B	6000	5
C	4800	4
D	3600	3
Summe	24000	20

so ist 8 in der Summe 20 so vielmal enthalten, als der ganze Posten 9600 in der Summe 24000, und eben die Bewandniß hat es mit den Quotienten, welche die übrigen Posten geben, deswegen kann man mit den kleinern, gegen einander schon aufgehobenen Zahlen bequemer so rechnen:

```
    2ø thlr. — 8 thlr. — 10cø thlr.
2) ‾‾1     2) ‾‾4        4
                      ―――――
                      400 thlr. dem A.

    20 thlr. — 5 thlr. — 1000 thlr.?
5) ‾‾4        ‾‾1    4) ‾‾250 thlr. dem B.

    2ø thlr. — 4 thlr. — 10cø thlr.?
2) 1      2) ‾‾2      × 2
                      ―――――
                      200 thlr. dem C.

    2ø thlr. — 3 thlr. — 10cø thlr.?
                      × 3
                      ―――――
                      300
                   2) ‾‾150 thlr. dem D.
```

Probe.

dem	A	400	thlr.
dem	B	250	—
dem	C	200	—
dem	D	150	—
Summe		1000	

Weil die Kaufleute gern nach Procenten rechnen, so kann die ganze Rechnung auch so geführt werden, daß man zuerst sucht, wie viel pC. der Gewinnst beträgt. Das giebt den Ansatz:

```
24øøø thlr. gewinnen 1øøø — wie viel 100?
                            24) ‾‾‾‾‾‾
                            Fac. 4 1/6 pC.
```

Mit dieser Zahl der Procente wird demnach nur die Zahl der Hundert, die jeder beigetragen hat, multiplizirt, so findet man:

für A 96 × 4⅙ = 400
für B 60 × 4⅙ = 250
für C 48 × 4⅙ = 200
für C 36 × 4⅙ = 150

Summe 1000

Exempel zur Uebung.

1) 3 Kaufleute handeln in Kompagnie, wozu A 850 Mk., B 640 Mk., und C 710 Mk. beiträgt. Bei Endigung det Handlung findet sich, daß sie 440 Mk. gewonnen, es fragt sich, wie viel jedem davon zukomme? Antw. A 170 Mk., B 128 Mk., C 142.

2) 4 Personen handeln in Kompagnie, dazu hat A 1500 Mk., B 1450 Mk., C 1000 Mk. und D 2100 Mk. vorgeschossen, am Ende findet sich aber, daß sie 975 Mk. 9 ßl. verlohren, wie groß ist der Verlust eines jeden? Antw. A 241 Mk. 14 ßl., B 233 Mk. 13 ßl., C 161 Mk. 4 ßl., D 338 Mk. 10 ßl.

3) 3 Personen haben eine Zeitlang zusammen gehandelt. A empfängt also für sein eingelegtes Kapital, den Gewinnst mitgerechnet 1300 Mk., B 1450 Mk., C 1750 Mk., es fragt sich also 1) wie viel jeder vom Gewinnst erhalte? 2) wie viel jeder Anfangs zur Handlung beigetragen? Antw. 1) A hat gewonnen 216⅔ Mk., B 241⅔ Mk., C 291⅔ Mk., 2) A hat zugelegt 1083⅓, B 1208⅓, C 1458⅓ Mk.

4) Drei Personen bringen 24000 Mk. zusammen, dazu giebt A 9000, B 10000, C den Rest. Nachdem sie eine Zeitlang gehandelt haben, finden sie sich in allen 28500 Mk. reich, wie viel erhält also jeder? Antw. A 10687½, B 11875, C 5937½.

5) Drei Personen haben eine Zeitlang mit ihrem zusammengeschossenen Kapital von 7000 thl. gehandelt. Bei der Theilung empfängt A für sein zugelegtes Kapital und Gewinn, 2886 thlr. B

3246¾ thlr., C 2284¼ thlr. Es fragt sich: 1) wie viel jeder Anfangs beigetragen, 2) wie viel pC. gewonnen? Antw. 1) A 2400, B 2700, und C 1900 thlr., 2) 20. pC.

6) Vier Kompagnons hatten eine Zeitlang gehandelt, aber wegen entstandener Streitigkeiten heben sie die Handlung auf, und finden, daß nur noch 28800 Mk. vorräthig sind. Wenn nun zu Anfange A 8400, B 8800, C 9600 und D 9200 Mk. zugelegt hat, so fragt es sich: 1) wie viel jedem noch zukomme, und 2) wie viel pC. verlohren sind? Antw. 1) A erhält 6720, B 7040, C 7680 und D 7360 Mk. 2) 20 pC.

§. 216.

Weil diese Rechnungsregeln allemal ihre Anwendung finden, wenn eine Summe Geldes, oder sonst etwas, dessen Werth sich schätzen läßt, so vertheilt werden soll, daß die Theile sich so gegen einander verhalten, wie andre gegebene Zahlen, so hat der Inbegriff dieser Regeln den Namen der Gesellschafts-Rechnung erhalten. Sie heißt auch die Gewinnst- und Verlust-Rechnung, weil sowohl Gewinnst als auch Verlust, nach Beschaffenheit der Umstände, nach einerley Regeln vertheilt werden muß.

Wenn verschiedene Personen ein Schiff mit Waaren befrachtet haben, und man ist genöthiget gewesen, wegen Sturm und Ungewitter einen Theil der Waaren über Bord zu werfen, um das Schiff zu lichten, so müssen diejenigen, deren Waaren erhalten worden, den übrigen, deren Waaren verunglückt sind, nach Proportion der Fracht eine Vergütung geben. Dies nennt man Haverey, oder Werpgeld, und das sind die Fälle, wobei die Gesellschaftsrechnung als Verlustrechnung ihre Anwendung findet. Z. B.

Einige Kaufleute haben in einem Schiff an Werth so viel Waaren, als hier zur Seite be-

A für 2000 thlr.
B — 4000 —
C — 6400 —
D — 4600 —
E — 3000 —
Summe 20000 thlr.

merkt ist: aber die Waaren der Kaufleute D und E sind verlohren gegangen, es fragt sich also, wie viel jeder von A, B und C, zum Ersatz des Schadens beitragen müsse, und wie viel D und E für sich empfangen müssen?

Von dieser ganzen Summe der 20000 thlr. sind nur 12400 thlr. geborgen, also 7600 thlr. verlohren, und dieser Verlust muß auf alle 5 Interessenten proportionirlich auf folgende Art vertheilt werden:

(2

A	20ØØ	10
B	40ØØ	20
C	64ØØ	32
D	46ØØ	23
E	30ØØ	15
		100

1ØØ — 10 — 76ØØ?
A verliert 760 thlr.

1ØØ — 20 — 76ØØ?
B verliert 1520 thlr.

1ØØ — 32 — 76ØØ?
C verliert 2432 thlr.

Summe 4712

1ØØ — 23 — 76ØØ
D verliert 1748 thlr.

1ØØ — 15 — 76ØØ
E verliert 1140 thlr.

Gesammter Verlust 7600 thlr.

D hat eingelegt 4600
verliert 1748

erhält wieder 2852

E hat eingelegt 3000
verliert 1140

erhält wieder 1860

Summe 4712.

Man kann in Fällen dieser Art ebenfalls nach Procenten rechnen, und es ist gleichviel, ob man berechnen will, wie viel pC. verlohren sind, oder wie viel pC. jeder geborgen hat. Will man das letzte, so ist der Ansatz:

Von 2ØØØØ sind 124ØØ — von 1ØØ?
verlohren 2
Facit 62 pC.

Diesemnach multiplicire man die Zahl der Hunderte, die jeder einerlei hat, mit 62, so weiß man, wie viel jeder zurück empfängt, mithin auch, wie viel jeder verliert, da dann der Verlust, den A, B, C leiden, so viel ausmachen muß, als D und E zurück empfangen. Es erhält also:

A 20 × 62 = 1240 verliert also 760
B 40 × 62 = 2480 — 1520
C 60 × 62 = 3968 — 2432

Summe 7688 Summe 4712

D 46 × 62 = 2852
E. 30 × 62 = 1860

Summe 4712

Summe beyder Sum. 12400

Also müssen A, B und C, 4712 thlr. zur Ersetzung des Schadens an D und E beitragen.

Exempel zur Uebung.

1) Ein Schiff hat bei einer unglücklichen Reise, sowohl an der Ladung, als am Schiff für 4050 Mk. Schaden gelitten. Die Ladung aber, sammt der Fracht und dem Schiff beträgt 72000 Mk., darin hat A für 3360 Mk., B 4150 Mk., C 6480, D 6090, E 5715, F 12085, G 16125 und H den Rest, was muß jeder Interessent zu dieser Haverey bezahlen? Antw. A 189 Mk., B 233 Mk. 7 ßl., C 364 Mk. 8 ßl., D 342 Mk. 9 ßl., E 321 Mk. 7 ßl. 6 pf., F 679 Mk. 12 ßl. 6 pf., G 907 Mk. 6 pf., H 1012 Mk. 3 ßl. 6 pf.

2) Ein Schiff hat in großen Sturm an Ankern, Tauen, Masten, u. s. f. auf 2450 Mk. Schaden gelitten. An Kaufmannswaaren sind ebenfalls ausgeworfen uud verdorben für 3550 Mk. Nun kostet das Schiff 31500 Mk., und die auf dieser Reise gemachte Fracht thut 8450 Mk., und die darin enthaltenen Waaren belaufen sich auf 160050 Mk. Nun fragt sichs wie viel a) die Rheder wegen des Schiffs, b) wegen der Fracht, c) wie viel die Kaufmannswaaren bezahlen müssen? Antw. a) 945 Mk., b) 253½ Mk., c) 4801½ Mk.

3) In einem Schiff, welches unterwegens viel Gefahr und Sturm erlitten, war folgendes an Kaufmannswaaren geladen: A hatte für 2100 Mk., B 1500 Mk., C 1850, D 2160, E 3060, F 4200, G 12500, H 3960, I 11200, K 18540, L 9210 und M für 9720 Mk. Nun war das Schiff mit der Fracht auf 20000 Mk. taxirt, der erlittene Schade aber, sowohl an Kaufmannswaaren, als am Schiff, nebst allen Unkosten belief sich auf 4218 Mk. 12 ßl. Es fragt sich also: a) wie viel pC. die Haverey betrage, b) wie viel jeder von obgedachten 12 dazu beigetragen, und c) wie viel das Schiff und die Fracht erlegen müssen? Antw. a) 4$\frac{7}{32}$ pC., b) A 88 Mk. 9 ßl. 6 pf., B 63 Mk. 4 ßl. 6 pf., C 78 Mk. 9 pf., D 91 Mk. 2 ßl,

E 129 Mk. 1 ßl. 6 pf., F 177 Mk. 3 ßl., G 527 Mk. 5 ßl. 6 pf., H 167 Mk. 1 ßl., I 472 Mk. 8 ßl., K 782 Mk. 2 ßl. 6 pf., L 388 Mk. 8 ßl. 9 pf., M 410 Mk. 1 ßl., c) 843 Mk. 12 ßl.

§. 217.

Wenn das Verhältniß der Theile durch Brüche ausgedrückt ist, und die Summe der Brüche beträgt grade ein Ganzes, so darf man nur die gegebene Summe, die getheilt werden soll, mit jedem Bruch multipliziren, um die verlangten Theile zu finden. Z. B. Es hat jemand im Testament dem A $\frac{5}{8}$, dem B $\frac{2}{8}$ dem C $\frac{1}{8}$, seiner Kapitalien vermacht, und die ganze Verlassenschaft beträgt 8000 thlr., so bekommt

A	$\frac{5}{8}$	aus 8000,	d. i.	5000	thlr.
B	$\frac{2}{8}$	— 8000	—	2000	—
C	$\frac{1}{8}$	— 8000	—	1000	—
			Summe	8000	

Bei manchen Geschäften kommt der Fall oft vor, daß Gewinnst oder Verlust unter gleich viel Personen in einerley Verhältniß vertheilt werden muß, und alsdann ist es bequem, wenn ein für allemal die Brüche gesucht werden, welche anzeigen, wie viel auf den Antheil eines jeden an Gewinnst oder Verlust jedesmal zu repartiren sey, da dann diese Brüche **Parten** heißen. Z. B.

6 Rheder haben ein Schiff; dazu gab:

(4

A	48ØØ Mk.	12
B	64ØØ Mk.	16
C	100ØØ Mk.	25
D	64ØØ Mk.	16
E	24ØØ Mk.	6
F	20ØØ Mk.	5
	Summe	80

Fragt man nun, wie viel Part ein jeder haben? so ist die Antwort:

A	hat $\frac{12}{80}$	=	$\frac{3}{20}$	Part
B	— $\frac{16}{80}$	=	$\frac{1}{5}$	—
C	— $\frac{35}{80}$	=	$\frac{5}{16}$	—
D	— $\frac{16}{80}$	=	$\frac{1}{5}$	—
E	— $\frac{6}{80}$	=	$\frac{3}{40}$	—
F	— $\frac{5}{80}$	=	$\frac{1}{16}$	—

Nun ist jeder Gewinnst oder Verlust leicht vertheilt, wenn man ihn mit dem Bruch, der den Part eines jeden ausdrückt, multiplizirt.

§. 218.

Wofern die Summe der gegebenen Brüche, nach deren Verhältniß die Vertheilung geschehen soll, nicht grade ein Ganzes ausmacht, so muß man die Vertheilung so machen, daß der Antheil eines jeden in der ganzen zu vertheilenden Summe so vielmal enthalten sey, als der für den Antheil eines jeden gegebene Bruch in der Summe der Brüche.

Gesetzt, ein Erblasser hätte im Testament gesagt: Ich vermache dem A die Hälfte, dem B ein Drittel, dem C ein Viertel meines Vermögens; so soll haben

		(12	
A	$\frac{1}{2}$	6	6
B	$\frac{1}{3}$	4	4
C	$\frac{1}{4}$	3	3
Summe	$\frac{13}{12}$		13

Demnach muß man annehmen, daß nach dem Willen des Erblassers bestimmt sey, $\frac{6}{13}$ für A, $\frac{4}{13}$ für B, $\frac{3}{13}$ für C. Wäre also die Verlassenschaft 10000 thlr., so erhielte

A $4615\frac{5}{13}$
B $3076\frac{12}{13}$
C $2307\frac{9}{13}$

Summe 10000 thlr.

§. 219.

Die Regeln, welche in den gewöhnlichen Anweisungen zur Rechenkunst unter dem Namen Vermischungs-Rechnung (regula mixtionis) vorgetragen werden, sind der Sache nach von den Regeln der Gesellschaftsrechnung nicht verschieden. Der Name ist nur daher entstanden, weil man eben die Regeln auch in solchen Fällen, anwendet, wenn eine Masse aus Vermischung mehrerer Massen von verschiedener Art entstanden ist, und man will wiederum eine gewisse Menge einer vermischten Masse von eben der Art zuwege bringen, und zwar so, daß die unter einander gemischten Theile, sich der Menge oder dem Gewicht nach gegen einander eben so, wie in jener Masse verhalten. Schießpulver wird aus Salpeter, Schwefel und Kohlen verfertigt. Wenn nun auf ein Pfund Salpeter, 3 Unzen Kohlen und 2 Unzen Schwefel genommen werden müssen, so fragt sichs: wie viel von jeden dieser Ingredienzien erfordert werde, um 1000 Pf. Schießpulver zu erhalten.

Man setzt eben so an, wie im 215 §.

16 Unzen Salpeter
3 Unzen Kohlen
2 Unzen Schwefel

Summe 21.

21 — 16 — 1000?
1000
16000
21) F. $761\frac{19}{21}$ Pf. Salpeter

$$\begin{array}{cccc} 21 & — & 3 & — 1000? \\ 3)\overline{\;7\;} & & 3)\overline{\;1\;} & \underline{\;7\;} \end{array}$$

Fac. $142\frac{6}{7}$ Pf. Kohlen.

$$\begin{array}{ccc} 21 & — \; 2 \; — & 1000? \\ & & \underline{\;2\;} \\ & & 2000 \end{array}$$

21) F. $95\frac{5}{21}$ Pf. Schwefel.

§. 220.

Man weiß schon aus der oben umständlich vorgetragenen Münzrechnung, daß die Mk. Silber in 16 Loth eingetheilt wird, und daß fein Silber dasjenige sey, was gar keinen fremden Zusatz hat. Silber mit Kupfer legiren, heißt Silber mit Kupfer zusammen schmelzen, und alsdann bekömmt das Silber den Namen von der Quantität des Zusatzes. Schmelzt man 15 Loth Silber und 1 Loth Kupfer zusammen, so erhält man 15löthig Silber. Werden 14 Loth mit 2 Loth Kupfer legirt, so wird dies 14löthig Silber; 12 Loth Silber mit 4 Loth Kupfer legirt giebt 12löthig Silber, u. s. f. Man vergleiche hiemit den 144 §.

Gold mit Silber oder Kupfer legiren, heißt, Gold mit Silber oder Kupfer zusammen schmelzen. Werden 23 Karat fein Gold mit 1 Karat Zusatz legirt, so wird es 23karatiges Gold; 22 Karat fein Gold mit 2 Karat Zusatz legirt, giebt 22karatiges Gold, u. s. f.

Der Grad der Feine einer rohen Masse Gold oder Silber läßt sich bequem durch einen Bruch ausdrücken, wenn man weiß, wie viel Karat oder Loth fein Silber eine Mark derselben rohen Masse halte, und die erwähnten Namen zeigen solches unmittelbar an. Das 15löthige Silber hält $\frac{15}{16}$ fein, das 14löthige $\frac{14}{16}$ oder $\frac{7}{8}$ fein. Silber, das 14 Loth 7 Gran fein, oder 259 Gran fein ist, hält $\frac{216}{288}$ fein, weil die rohe Mk. 288 Gran wiegt. Eben so kann man sagen, 23karatiges Gold halte $\frac{23}{24}$ fein, 22karatiges hält $\frac{22}{24}$ oder $\frac{11}{12}$ fein. Wenn also das Gewicht einer rohen Masse Gold oder Silber bekannt ist, und man multiplicirt mit dem Bruch, welcher den Grad der Feine ausdrückt, so findet sich, wie viel fein Silber in der ganzen Masse am Gewicht stecke. Wäre die Frage:

Wie viel Mk. fein Silber stecken in 30 Mk. 13löthigem Silber?

so ist die Antwort $\frac{13}{16}$. $30 = 24\frac{6}{16}$ Mk. fein.

Eine Masse $14\frac{1}{2}$löthig Silber, 27 Mk. schwer hält also $\frac{14\frac{1}{2}}{16}27$, oder $\frac{29}{32}$. 27, d. i. $\frac{29}{32}$ Mk. fein.

Eine Masse 21 karatiges Gold, 18 Mk. schwer, hält $\frac{21}{24}$. 18 oder $\frac{7}{8}$. 18, d. i. $15\frac{3}{4}$ Mk. fein.

§. 221.

Reines oder feines Zinn ist ebenfalls dasjenige, was von allem fremden Zusatz frey ist: es wird aber auch mit Bley vermischt verarbeitet, und alsdann wird der Grad der Güte desselben so bestimmt, daß man angiebt: wie viel Pf. rein Zinn mit einem Pfunde Bley zusammengeschmolzen ist. So viele Pfunde nun die ganze zusammengeschmolzene Masse hält, so viel pfündig heißt das Zinn. Das schlechtste ist das 2pfündige, was zu 1 Pfund rein Zinn 1 Pf. Bley Zusatz hat, 6pfündiges ist, was auf 5 Pf. Zinn 1 Pf. Bley Zusatz hat. Das Englische oder Leipziger Zinn ist 10pfündig, es hält au 9 Pf. Zinn 1 Pf. Bley. Man kann also den Grad der Güte des Zinns auch durch einen Bruch ausdrücken: Das 6pfündige hält $\frac{5}{6}$ rein Zinn, das 10pfündige $\frac{9}{10}$ rein Zinn. Der Nenner zeigt allemal an, wie schwer das ganze Stück Zinn ist, und der Zähler drückt aus, wie viel reines Zinn in dem ganzen

Stück enthalten ist. Beyde sind allemal nur um 1 verschieden.

Eine Masse englisch Zinn also, die 27 Pf. schwer ist, hält $\frac{9}{10}$. 27 Pf., d. i. 24, 3 Pf rein Zinn; eine Masse 7 pfündig Zinn, 58 Pf. schwer, hält $\frac{6}{7}$. 58 Pf. d. i. $49\frac{5}{7}$ Pf. rein Zinn.

§. 222.

Es ist einerley, ob man weiß, wie viel Loth fein in einer Mk. roh, wie viel Karat fein in einer Mk. rc.) stecken, oder ob man weiß, wie viele Mk. fein in jeder andern Masse von bekanntem Gewicht enthalten sind. Denn man findet allemal durch eine leichte Regel Detri: wie viele Loth oder Karat fein eine Mark roh halte Gesetzt, eine Masse Silber, 53 Mk. schwer, hält $46\frac{1}{2}$ Mk. fein: Die Frage ist, wie viel löthig das Silber sey?

53 Mk. roh — $46\frac{1}{2}$ Mk. fein — 1 Mk. roh?

$$\begin{array}{r} 16 \\ \hline 276 \\ 468 \\ \hline 744 \\ \hline 53)\ \text{F. } 14\frac{2}{53} \end{array}$$ löthig.

Man muß die mittlere Zahl zu Loth machen, weil man das Facit in Lothen sucht.

Eben so: Eine Masse Gold, 35 Mk. schwer, hält 29 Mk. fein, wie viel Karat hält 1 Mk.?

35 Mk. roh — 29 Mk. fein — 1 Mk.?

$$\begin{array}{r} 24 \\ \hline 116 \\ 58 \\ \hline 696 \\ \hline 34)\ \text{F. } 19\frac{31}{35} \end{array}$$ Karat.

Würde aber gefragt: Ein Stück Zinn 100 Pf. schwer, hält 83 Pf. rein Zinn: wie viel pfündig ist es? so müßte die Rechnung so geführt werden. Man ziehe 83 von 100 Pf. ab, so weiß man, daß die Masse 17 Pf. Bley halte. Alsdann setze man an:

17 Pf Bley — 83 Pf. Zinn — 1 Pf. Bley?

$$\begin{array}{r} 100 \\ 83 \\ \hline \text{Rest } 17 \end{array} \qquad 17)\overline{83}\ \text{F. } 4\tfrac{15}{17} \text{ Pf. rein Zinn.}$$

Demnach ist das Zinn $5\frac{15}{17}$ pfündig.

§. 223.

Werden zwey oder mehr Stücke Gold, Silber, Zinn, von verschiedner Form oder Güte zusammengeschmolzen, so wird der Gehalt der vermischten Masse nach eben der Regel gefunden. Einer schmelzt 5 Mk 12 löthig und 7 Mk. 15 löthig Silber zusammen: Die Frage ist? wie viel löthig das Mixtum sey?

Ansatz.

in 5 Mk. 12löthig Silber stecken $\frac{3}{4}$. 5 Mk. fein
d. i. $3\frac{3}{4}$ Mk. fein.
in 7 Mk. 15löthig Silber stecken $\frac{15}{16}$. 7 Mk. fein.
d. i. $6\frac{9}{16}$ Mk. fein.

in 12 Mk. des Mixti also $10\frac{5}{16}$ Mk. fein?

12 Mk. roh — $10\frac{5}{16}$ Mk. fein — 1 Mk.?

$$\begin{array}{r} \times\ 16 \\ \hline 165 \end{array}$$

$$12)\overline{165}\ \text{F. } 13\tfrac{3}{4} \text{ löthig.}$$

Einer schmelzt 2 Mk. 19karatiges und 3 Mk. 23karatiges Gold zusammen: wie viel Karat fein ist das Mixtum?

Ansatz.

in 2 Mk. 19karatig Gold stecken $\frac{19}{24}$. 2 Mk. fein
d. i. $1\frac{14}{24}$ Mk. fein.
in 3 Mk. 23karatig Gold stecken $\frac{23}{24}$. 3 Mk. fein
d. i. $2\frac{21}{24}$ Mk. fein.

in 5 Mk. des Mixti also $4\frac{11}{24}$ Mk. fein,

5 Mk. roh — $4\frac{11}{24}$ Mk. fein — 1 Mk. roh?

$$\begin{array}{r} 24 \\ \hline 107 \\ \hline 5)\ \text{F. } 21\frac{2}{5} \end{array}$$ Karat fein.

Einer schmelzt 17 Pf. 6pfündiges und 23 Pf. 10pfündiges Zinn zusammen: wie viel pfündig ist das Mixtum?

Ansatz.

in 17 Pf. 6pfündig Zinn stecken $\frac{5}{6}$. 17 Pf. rein Zinn
d. i. $14\frac{1}{6}$ Pf. rein Zinn
in 23 Pf. 10pfündig Zinn — $\frac{9}{10}$. 23 Pf. rein Zinn
d. i. $20\frac{7}{10}$ Pf. rein Zinn.

in 40 Pf. des Mixti also $34\frac{13}{15}$ Pf. rein Zinn.

$5\frac{2}{15}$ Pf. Bley — $34\frac{13}{15}$ Pf. Zinn — 1 Pf. Bley?

77 183
34
523
77) F. $6\frac{61}{77}$ Pf.

40 Pf.
$34\frac{13}{15}$
Rest $5\frac{2}{15}$

Das Mixtum ist $7\frac{61}{77}$pfündig.

Aus diesen Beispielen ersiehet man, daß das Mixtum allemal einen bessern Gehalt habe, als die schlechtere, und einen geringern Gehalt, als die bessere von den vermischten Massen: auch ist für sich klar, daß es mit dem Mixto allemal diese Bewandniß haben müsse.

224.

Statt dessen, daß in den bisherigen Beispielen der Gehalt, oder der Werth des Goldes, Silbers, Zinns, von verschiedener Güte, durch einen Bruch ausgedrückt ist, dessen Zähler anzeigt, wie viel fein in so viel roh enthalten ist, als der Nenner angiebt, läßt sich der Werth jeder andern Waare, wenn

wenn sie nach dem Gewicht verkauft wird, durch die Summe Geldes ausdrücken, die man für 1 Pfund oder 1 Ct. dieser Waare zahlt. Wäre es eine Waare, deren Menge man nach einem andern Maaß schätzt, so wäre ihr Werth die Summe Geldes, welche man für eine solche Menge davon zahlt, die man als Eins annimmt. Flüßige Sachen, werden nach Kannen, Ankern, Oxthöften, Tonnen Maaß verkauft, und man kennet den Werth des Weins, wenn man weiß, wie viel 1 Kanne, oder 1 Anker davon kostet. Vermischt man Weine von verschiedener Güte, so erhält man einen Mittelwein, der besser, als der schlechtere, aber schlechter, als der bessere ausfällt. Wenn nun jemand

3 Anker Wein, das Anker zu 10 thlr.

mit 2 Anker Wein, das Anker zu 7 thlr. vermischt so fragt sich, wie viel 1 Anker des vermischten Weins koste?

Ansatz.

3 Anker Wein zu 10 thlr. p. Anker kosten 30 thlr.
2 Anker Wein zu 7 thlr. p. Anker — 14 —

5 Anker des vermischten Weins kosten 44 thlr.
Was also 1 Anker des vermischten Weins?
Antwort $\frac{44}{5} = 8\frac{4}{5}$ thlr.

Eben so:

6 Anker Wein zu $12\frac{1}{2}$ thlr. p. Ank. kosten 75 thlr.
8 Anker Wein zu $10\frac{3}{4}$ thlr. p. Ank. — 86 —
11 Anker Wein zu 9 thlr. p. Ank. — 99 —

25 Anker des vermischten Weins kosten 260 thlr.
Was also 1 Anker des verm. Weins?
Antwort $\frac{260}{25} = 10\frac{2}{5}$ thlr.

§. 225.

Rechnungsfragen dieser Art können umgekehrt vorkommen. Man hat im 221 §. gefunden, daß 5 Mk. 12löthig und 7 Mk. 15löthig Silber zusammen geschmolzen 12 Mk. 13¾ löthig Silber geben: man will nun 47 Mk. 13¾ löthig haben, wie viel von dem 13löthigen und wie viel von dem 15löthigen muß dazu genommen werden? Man sieht wohl, daß folgender Ansatz nach der Vermischungsregel die Antwort giebt:

5 Mk. 12 löth.
7 Mk. 15 löth.
―――――――――――
12 Mk. 13¾ löth. — 5 Mk. 12 löth. — 47 Mk. 13¾ löth.

                                5
                              ―――
                              235
                        12) ―――――
                        F. $19\frac{7}{12}$ Mk.
                           12 löthig.

12 Mk. 13¾ löth. — 7 Mk. 15 löth. — 47 Mk. 13¾ löth.

              47
            ―――――
              329
        12) ―――――
        F. $27\frac{5}{12}$ Mk. 15 löthig.

Probe.

$19\frac{7}{12}$ Mk. 12 löth. halten $\frac{3}{4}$. $19\frac{7}{12} = 14\frac{11}{16}$ Mk. fein.
$27\frac{5}{12}$ Mk. 15 löth. — $\frac{15}{16}$. $27\frac{5}{12} = 25\frac{45}{64}$ „ fein.
―――――――――――――――――――――――――――
also 47 Mk. des Mixti halten $40\frac{25}{64}$ Mk. fein

47 Mk. roh — $40\frac{25}{64}$ Mk. fein — 1 Mk. roh?

              16
          ―――――――
          $646\frac{1}{4}$
    47) ―――――――
    F. $14\frac{3}{4}$

Sechster Abschnitt.

Von der Alligations-Rechnung, nebst einer kurzen Erläuterung der Regel Coeci.

§. 226.

Wäre die Rechnungsfrage des vorigen §. so vorgekommen: es braucht jemand $13\frac{3}{4}$ löthiges Silber, hat aber kein anderes, als 12löthiges und 15löthiges vorräthig: wie viel muß er von jeder der beyden letzten Arten zusammen schmelzen, damit das Mixtum $13\frac{3}{4}$löthig werde: so hätte es keines weitern Rechnens bedurft, weil die Rechnung des 223 §. schon zeigte, daß 5 Mk. 12löthiges und 7 Mk. 15löthiges zusammen geschmolzen, $13\frac{3}{4}$löthiges Silber geben. Wäre dagegen die Rechnung des 223 §. nicht vorangegangen; so wüßte man noch nicht, wie viel von dem 12löthigen und 15löthigen Silber genommen werden müsse, damit die Masse $13\frac{3}{4}$löthig werde? Eben deswegen würde man auch die Rechnungsfrage des 225 §. noch nicht haben auflösen können. Die Sache kommt zwar noch, wie bey der Vermischungsrechnung darauf an, daß man die Summe der 47 Mk. in zwey Zahlen zertheilen soll: allein man weiß noch nicht, ob diese beyden Theile gleich oder ungleich groß sind, und wie sie sich, falls sie nicht gleich groß verlangt werden, gegen einander verhalten sollen. Demnach sind noch besondere Regeln nöthig, Rechnungsfragen dieser Art aufzulösen, die insgesammt unter der folgenden allgemeinen Frage begriffen sind: zweyerley Massen, als Metalle, Weine, oder andre Arten, die eine Vermischung leiden, sind von verschiedenem Werth, man verlangt eine Masse von einem mittlern Werth, und will wissen: wie viel von jeder der beyden vorigen in die Vermischung gebracht werden muß, damit eine Masse heraus komme, die den verlangten mittlern Werth habe.

Die Regeln, nach welchen man sucht, auf wie viele Pfunde, Mark, Kannen, u. s. w. der einen Art, so und so viele Pfunde, Mark, Kannen, u. s. w. der andern Art genommen werden müssen, unterscheidet man von der bisherigen Vermischungs-Rechnung durch der Namen der Alligations- oder Verbindungsrechnung.

§ 227.

Es sei also folgende Frage vorgelegt: Einer hat 10löthiges und 15löthiges Silber vorräthig, will aber 13löthiges haben: wie viel Mk. des 10 und 15löthigen muß er zusammen schmelzen, um 13löthiges zu erhalten?

Vorräthig ist 10löthiges	Man verlangt 13löthiges	Vorräthig ist 15löthiges.
— 3		+ 2

Nachdem das Exempel, so wie hier niedergeschrieben ist, ziehe man 10 von 13 ab, und notire, wie hier den Rest 3 mit dem Zeichen (—), so weiß man:

Wenn kein andres als 10löthiges Silber in den Tiegel geworfen würde, daß man auf jede Mk. 3 Loth zu wenig fein Silber hätte, weil man auf jede Mk. 13 Loth fein haben will.

Wenn kein anders als 15löthiges in den Tiegel geworfen würde, so hätte man auf jede Mk. 2 Loth fein zu viel, und das kann man, wie hier bemerken, wenn man 13 von 15 abzieht und den Rest mit dem Zeichen (+) hinsegt

Was dem 10löthigen fehlt muß das 15löthige ersetzen, aber so, daß auf jede Mk. 13 Loth fein kommen. Was also durch Zusetzung des 15löthigen zu viel beygelegt wird, muß grade so viel seyn, als man durch Zusetzung des 10löthigen zu wenig beyfügt. Man kann also in diesem Exempel nicht von beyden gleichviel nehmen, weil man 1 Loth fein zu wenig hätte, wenn man 1 Mk. des 10 und 15löthigen zusammen schmelzte. Man hätte nämlich 2 Loth zu viel und 3 Loth zu wenig, also 1 Loth zu wenig.

Gesetzt nun, man hat m Mk. 15löthig und n Mk. 10löthig genommen, so hat man m mal 2 Loth zu viel und n mal 3 Loth zu wenig. Was man zu viel genommen hat, muß grade eben so viel ausmachen, als man zu wenig genommen hatte, also muß man die Zahlen m und n so groß annehmen, daß $m \times 2$ Loth $= n \times 3$ Loth werde, mithin muß $m : n = 3 : 2$ seyn, (225 §.) das heißt, auf 3 Mk. des 15löthigen müssen 2 Mk. des 10löthigen genommen werden. Diesemnach läßt sich auch das Exempel bequem so ansetzen:

	Vorräthig	auf
Man verlangt 13 löthig	15löthig	3 Mk. 15löthig
		kommen
	10löthig	2 Mk. 10löthig.

Probe.

3 Mk. 15löthig thun 45 Mk. fein
2 Mk. 10löthig — 20 Mk. fein

5 Mk. des Mixti — 65 Mk. fein.
Also 1 Mk. thut $\frac{65}{5} = 13$ Mk. fein.

§. 206.

Hieraus fließen die gewöhnlichen Regeln der Alligationsrechnung:

1) Man schreibe den schlechtern Werth unter den bessern, zur Seite aber den mittlern Werth, zwischen beyden zur Linken. Rechter Hand ziehe man von oben herunter einen Strich, um die

gesuchten Zahlen auf die andere Seite desselben zu bringen.

2) Den Ueberschuß des mittlern Werths über den schlechtern Werth setze man oben bei dem bessern Werth: den Ueberschuß des bessern Werths über den mittlern aber, setze man unten bei den schlechtern Werth.

3) Diese beiden rechter Hand des Strichs stehenden Zahlen zeigen nun, wie viel man von jeder der beiden Sorten nehmen muß, die ihnen linker Hand des Strichs gegenüber stehen.

Das im 226. §. erwehnte Exempel würde demnach so stehen:

			auf
	15löth.	$1\frac{3}{4}$	7 Mk. 15löthig
$13\frac{3}{4}$löth.			kommen
	12löth.	$1\frac{1}{4}$	5 Mk. 12 löthig.

Die Brüche, welche in der ersten Kolumne rechter Hand des Strichs kommen, sind durch die Multiplikation mit 4 weggeschafft, und man sieht wohl, daß dies allemal erlaubt sey, weil es nur darauf ankommt, zu wissen, wie sich die Quantitäten, die man von jeder Sorte nehmen muß, gegen einander verhalten müssen. Man könnte eben so gut die Brüche behalten, sie werden aber, eben so, wie bei der Regel Detri nur um deswillen weggeschafft, damit man hiernächst desto bequemer mit ganzen Zahlen rechnen kann.

Probe zu diesem Exempel.

7	Mk. 15löthig thun	105	Mk. fein.
5	Mk. 12löthig —	60	Mk. fein.
12	Mk. des Mixti —	165	Mk. fein.
1	Mk. des Mixti —	$13\frac{9}{12}\vert\frac{3}{4}$	Mk. fein.

§. 229.

Die Brüche, welche den Gehalt des Goldes

und Silbers ausdrücken, sind Brüche von gleicher Benennung, nicht aber die Brüche, welche den Gehalt des Zinnes ausdrücken. Sollen also auch bei der Zinnrechnung die Zähler der Brüche ausdrücken, wie sich der Gehalt einer Art Zinn zum Gehalt der andern Art verhält, so muß man die Brüche auf gleiche Nenner bringen, da dann übrigens die Alligationsregel eben so, wie vorhin ihre Anwendung findet.

Es hat jemand 9pfündiges und 5pfündiges Zinn, will aber 6pfündiges zuwege bringen, wie viel muß er von den beiden vorräthigen Arten zusammen schmelzen?

Ansatz.

	(90			
	$\frac{8}{9}$	10	80	auf 3 Pf. 9pfündig
$\frac{5}{6}$)	15)		75)	kommen
	$\frac{4}{5}$	18	72	5 Pf. 5 pfündig.

$$3)\frac{9,\quad 6,\quad 5}{3,\quad 2,\quad 5}$$

Probe.

3 Pf. 9pfündig thun $\frac{8}{9}$ 3 = $2\frac{2}{3}$ Pf. rein Zinn.
5 Pf. 5pfündig — $\frac{4}{5}$ 5 = 4 Pf. rein Zinn.

8 Pf. des Mixti thun $6\frac{2}{3}$ Pf. rein Zinn.
mithin $1\frac{1}{3}$ Pf. Blei.

$1\frac{1}{3}$ Pf. Blei — $6\frac{2}{3}$ Pf. Zinn — 1 Pf. Blei?
× 3   × 3
4   20

Antw. $\frac{20}{4}$ = 5 Pf. Zinn.

Also ist das Zinn 6pfündig.

Durch eine leichte Formel, deren wir im vorhergehenden schon mehrere kennen gelernt haben, kann man sich die hier nöthigen Berechnungen sehr erleichtern. Der Gehalt des bessern Theils in einer Masse heiße a, der des schlechtern b; heißt der Gehalt des Gemenges c, so sey von dem bessern die Portion x genommen, da beide Bestandtheile der Masse = 1, oder so groß als die ganze Masse seyn müssen, so muß der Vorrath des schlechtern Theils b in der Masse = 1 — x seyn. Nun ist:

$$ax + (1 - x)\,b = c$$

$$\text{oder } ax + b - bx = c$$

$$\text{oder auch } (a - b)\,x + b = c$$

$$\text{und also } x = \frac{c - b}{a - b}$$

$$\text{also die Menge vom Gehalte b;} = 1 - x = \frac{a - c}{a - b}$$

Das 9pfündige Zinn heißt a, das 5 pfündige b, und das 6pfündige, das daraus bereitet werden soll, c, folglich muß man vom 9pfündigen haben:

$$\frac{\frac{5}{6} - \frac{4}{5}}{\frac{8}{9} - \frac{4}{5}} = \frac{\frac{1}{30}}{\frac{4}{45}} = \frac{3}{8}$$

und vom 5pfündigen erhält man:

$$\frac{\frac{8}{9} - \frac{5}{6}}{\frac{8}{9} - \frac{4}{5}} = \frac{\frac{3}{54}}{\frac{4}{45}} = \frac{135}{216} = \frac{5}{8}$$

Soll die ganze Masse 10 Ct. wiegen, so erhält man vom 9pfündigen Zinn $10 \times \frac{3}{8} = 3\frac{3}{4}$ und also vom 5 pfündigen $6\frac{1}{4}$ Ct.

Dieselbe Rechnung ist auch für Silber und alle übrige Körper zu führen, wenn man aus mehreren derselben von verschiedener Güte, eine vermischte Masse einer bestimmten Qualität hervorbringen soll.

§. 206.

Wofern ganz bestimmt eine gewisse Quantität

des Mixti vom mittlerm Gehalt verlangt wird: wie wenn man im vor. §. grade 10 Ct. 6pfündig: Zinn haben wollte, so muß nach Anwendung der Alligationsregel die Vermischungsregel so wie im 224 §. gerechnet ist, damit verbunden werden, und der ganze Ansatz stehet so:

(90
$\frac{8}{9}$ | 10 | 80 | 3 Pf. 9pf.
$\frac{5}{6}$) | 15) | 75) | $3\ \frac{9,\ 6,\ 5}{3,\ 2,\ 5}$
$\frac{4}{5}$ | 18 | 72 | 5 Pf. 5pf.
Sum. 8

8 Pf. des Mixti — 3 Pf. 9pfünd. — 10 Ct.?
2) 4 ... 2) 5

Antw. $\frac{15}{4} = 3\frac{3}{4}$ Ct.

8 Pf. des Mixti — 5 Pf. 5pfünd. — 10 Ct.?
4) ... 2) 5

Antw. $\frac{25}{4} = 6\frac{1}{4}$ Ct.
Summe 10 Ct.

Probe.

$\frac{15}{4}$ Ct. 9pf. Zinn thun $\frac{8}{9}$. $\frac{15}{4}$ Ct. rein Zinn.
$= 3\frac{1}{3}$ Ct. rein Zinn.
$\frac{25}{4}$ Ct. 5pf. Zinn thun $\frac{4}{5}$. $\frac{25}{4}$ Ct. rein Zinn.
$=$ 5 Ct. rein Zinn.

10 Ct. des Mixti thun $8\frac{1}{3}$ Ct. rein Zinn.
Also $1\frac{2}{3}$ Ct. Bley.

$1\frac{2}{3}$ Ct. Bley — $8\frac{1}{3}$ Ct. Zinn — 1 Ct. Bley?
5 ... 5) 25

Antw. 5 Ct. Zinn.

also auch auf 1 Pf. Bley 5 Pf. Zinn, und das Zinn ist 6pfündig.

Es sey noch folgendes Exempel gegeben: Jemand will 50 Mk 14löthig Silber haben, er hat aber nur $15\frac{1}{2}$ und $8\frac{3}{4}$löthiges, wie viel muß er von jeder Sorte zusammen schmelzen, um das verlangte Mixtum in der Quantität von 50 Mk. zu bekommen?

$$14)\ \begin{array}{c|c|c} 15\frac{1}{2} & 5\frac{1}{4} & 21 \\ 8\frac{3}{4} & 1\frac{1}{2} & 6 \\ \hline & \text{Summe} & 27 \end{array}$$

$3)\frac{27}{9}$ Mk. des Mixti — $3)\frac{21}{7}$ Mk. $15\frac{1}{2}$ Lt. — 50 Mk.?

$$\begin{array}{r} \times\ 7 \\ \hline 350 \\ 9)\overline{\text{F. } 38\frac{8}{9}} \text{ Mk.} \end{array}$$

vom $15\frac{1}{2}$löthigen.

$3)\frac{27}{9}$ Mk. des Mixti — $3)\frac{6}{2}$ Mk. $8\frac{3}{4}$löth. — 50 Mk.?

$$\begin{array}{r} \times\ 2 \\ \hline 100 \\ 9)\overline{\text{F. } 11\frac{1}{9}} \text{ Mk.} \end{array}$$

vom $8\frac{3}{4}$ löthigen.

Probe.

$38\frac{8}{9}$ Mk. $15\frac{1}{2}$löth. Silb. thut $\frac{15\frac{1}{2}}{16}$. $38\frac{8}{9}$ Mk. fein.

$= 37\frac{97}{144}$ Mk. fein.

$11\frac{1}{9}$ Mk. $8\frac{3}{4}$löth. Silb. thut $\frac{8\frac{3}{4}}{16}$. $11\frac{1}{9}$ Mk. fein.

$= 6\frac{11}{144}$ Mk. fein.

50 Mk. des Mixti — $42\frac{108}{144}|\frac{3}{4}$ Mk. fein.

1 Mk. des Mixti — $43\frac{3}{4} \times 16 : 50$, d. i. $\frac{700}{50} = 14$ Loth fein.

Es hat jemand zweyerley Sorten Wein, von einem Anker des bessern Weins ist der Preis 15 thlr., von einem Anker des schlechtern Weins aber 10 thlr.; es werden aber 12 Anker eines Weins von mittlerer Güte verlangt, wovon das Anker 13 thlr. kostet, wie viel Anker des bessern und schlechtern müssen mit einander vermischt werden, um 12 Anker des mittlern Weins zuwege zu bringen?

$$13)\begin{array}{r|l} 15 & 3 \\ 10 & 2 \\ \hline \text{Summe} & 5 \end{array}$$

$5 - 3 - 12?$ $\quad$ $5 - 2 - 12?$

$$\begin{array}{r} 12 \\ \hline 36 \\ \hline 5)\text{F. } 7\tfrac{1}{5} \end{array} \quad \begin{array}{r} 2 \\ \hline 24 \\ \hline 5)\text{F. } 4\tfrac{4}{5} \end{array}$$

des bessern Weins. — des schlechtern Weins.

Probe.

$7\frac{1}{5}$ Anker Wein	à 15 thlr.	thun	108 thlr.
$4\frac{4}{5}$ Anker	à 10 thlr.	—	48 thlr.
12 Anker des verm. Weins		thun	156 thlr.
1 Anker des verm. Weins		thut	13 thlr.

§. 231.

Soll man mehr als zweyerley Metalle, oder andre Waaren, von verschiedenem Gehalt in die Vermischung bringen, damit eine Masse von verlangtem Mittelgehalt zuwege gebracht werde; so läßt sich auf die Frage: wie viel von jeder Art genommen werden müsse, allemal mehr als eine Antwort finden. Die Frage sey folgende:

Jemand hat 14löthiges, 10löthiges und 8löthiges Silber, alle drey Arten sollen vermischt werden, um 12löthiges Silber zu erhalten, wie viel muß er von jeder Sorte nehmen?

Weil zweyerley Art Silber von schlechterm Gehalt vorräthig sind, als der verlangte Mittelgehalt, so nehme man von beyden schlechtern Sorten eine willkührliche Quantität an, und suche den Mittelgehalt, welchen die Vermischung geben würde. Weil es die leichtste Rechnung giebt, so kann man von beyden Sorten gleich viel nehmen, falls man nicht anderer Gründe halber von dem einen mehr, als von dem andern zu nehmen Ursache hat Demnach setze man zuerst an:

1 Mk. 10löthiges thut 10 Loth fein.
1 Mk. 8löthiges — 8 Loth fein.

2 Mk. des Mixti — 18 Loth fein.
1 Mk. des Mixti thut 9 Loth fein.

Nun ist es eben so viel, als wenn man 14löthig⸗s Silber mit 9löthigem legiren sollte, um 12löthiges zu erhalten, und der fernere Ansatz ist:

	14	auf 3 Mk vom 14löthigen
12)		kommen
	9	2 Mk. vom 9löthigen Mixto.

Man hat aber vom 10⸗ und 8löthigen gleich viel genommen, um 9löthig Silber zu erhalten, folglich nimmt man

3 Mk. 14löthig, thut 42 Loth fein.
1 Mk. 10löthig, — 10 Loth fein.
1 Mk. 8löthig, — 8 Loth fein.

5 Mk. des Mixti thun 60 Loth fein.
1 Mk. des Mixti thut 12 Loth fein.

Wäre etwa nicht eben so viel vom 10löthigen Silber vorräthig, als man 8löthiges vorräthig hat, oder man wollte aus andern Ursachen mehr 8löthiges, als 10löthiges nehmen, so könnte man ansetzen:

3 Mk. 10löthiges Silber thut 30 Loth fein.
7 Mk. 8löthiges Silber — 56 Loth fein.

10 Mk. des Mixti thun - - 86 Loth fein.
1 Mk. des Mixti thut $8\frac{3}{5}$ Loth fein.

Demnach muß nunmehro das 14löthige Silber mit $8\frac{3}{5}$löthigem legirt werden, und man hat den fernern Ansatz:

	14	$3\frac{2}{5}$	auf 17 Mk. 15löthigem
12)		2	kommen
	$8\frac{3}{5}$		10 Mk. des $8\frac{3}{5}$ löthigen Mixti.

Aber auf 10 Mk. des $8\frac{4}{5}$löthigen Mixti hat man 3 Mk. 10löthiges und 7 Mk 8löthiges Silber genommen. Um also das 12löthige zu erhalten, vermischt man

17	Mk. des 14löthigen,	thun	238 Loth fein.
3	Mk. des 10löthigen,	—	30 Loth fein.
7	Mk. des 8löthigen,	—	56 Loth fein.
27	Mk. des Mixti	—	324 Loth fein.
1	Mk. des Mixti	thut	12 Loth fein.

§. 232.

Noch ein Exempel dieser Art.

Man soll Wein, das Maaß zu 18 gl., 16 gl., 7 gl., 5 gl., 2 gl mit einander vermischen, und einem Wein, das Maaß zu 8 gr. zuwege bringen: wie viel Maaß nimmt man jeder Art?

Weil man zweierlei Weine vom bessern Werth hat, als der verlangte Mittelwein haben soll, und dreierlei Weine von niederm Werth, so nehme man von jeder Art der bessern, und von jeder Art der schlechtern Weine gleichviel, und suche den Mittelgehalt, sowohl der schlechtern als auch der bessern Weine:

1 Maaß zu 18 gl.	1 Maaß zu 7 gl.
1 Maaß zu 16 gl.	1 Maaß zu 5 gl.
	1 Maaß zu 2 gl.
2 Maaß thun 34 gl	3 Maaß thun 14 gl.
1 Maaß — 17 gl.	1 Maaß — $4\frac{2}{3}$ gl.

Man suche ferner, wie viel Maaß zu 17 gl. man nimmt, und mit so und so viel Maaß zu $4\frac{2}{3}$ gl. vermischen muß, um Wein, das Maaß zu 8 gl. zu erhalten.

	17 gl.	$3\frac{1}{3}$	10
8 gl			
	$4\frac{2}{3}$ gl.	9	27

Also nehme man

5	Maaß zu	18 gl.	thut	90 gl.
5	—	16 gl.	—	80 =
9	—	7 gl.	—	63 =
9	—	5 gl.	—	45 =
9	—	2 gl.	—	18 =
37	Maaß des verm. W.			296 gl.
1	Maaß des verm. W.		—	8 gl.

Auf diese Frage aber lassen sich unzählig viele verschiedene andere Antworten finden, wovon nur noch eine zur Probe hergesetzt ist.

Man nehme

3 Maaß zu 18 gl. thun 54 gl.
auf 5 Maaß zu 16 gl. thun 80 gl.

8 Maaß d. verm. Weins thun 134 gl.
1 Maaß des verm. Weins thut $16\frac{3}{4}$ gl.

Man nehme ferner

12	Maaß zu 7 gl.	thun	84 gl.
8	Maaß zu 5 gl.	—	40 gl.
1	Maaß zu 2 gl.	—	2 gl.
21	Maaß des verm. W.	—	126 gl.
1	Maaß des verm. W.	—	6 gl.

Demnach wird ferner gesucht: wie viel Maaß zu $16\frac{3}{4}$ gl., und wie viel Maaß zu 6 gl. vermischt werden müssen, um Wein, das Maaß zu 8 gl. zu bekommen.

			auf
	$16\frac{3}{4}$	2	8 Maaß des Weins zu $16\frac{3}{4}$ gl.
8)			kommen
	6	$8\frac{3}{4}$	35 Maaß des Weins zu 6 gl.

Um den Wein der bessern Art zu $16\frac{3}{4}$ gl. zu erhalten, ward vorhin

3 Maaß zu 18 gl.
auf 5 Maaß zu 16 gl. genommen

das gab 8 Maaß zu $16\frac{3}{4}$ gl.

Um dagegen den Wein der schlechtern Art zu 6 gl. zu erhalten, wurden

12 Maaß zu 7 gl.
und 8 Maaß zu 5 gl.
mit 1 Maaß zu 6 gl. vermischt.

Dies gab 21 Maaß zu 6 gl. Weil aber 35 Maaß dieses Weins auf 8 Maaß des bessern zu $16\frac{3}{4}$ gl. erfordert werden, so setzt man nach der Vermischungsregel

21 M. zu 6 gl. — 12 M. zu 7 gl. — 35 M. zu 6 gl.?
3) 7   3) 4   4
140

Antwort 20 Maaß zu 7 gl.

21 M. zu 6 gl. — 8 M. zu 5 gl. — 35 M. zu 6 gl.?
8
280

Antw. $13\frac{1}{3}$ Maaß zu 5 gl.

21 Maaß zu 6 gl. — 1 M. zu 2 gl. — 35 M. zu 6 gl.?
Antw. $1\frac{2}{3}$ zu 2 gl.

Summe 35 Maaß.

Demnach ist die völlige Antwort auf die vorgelegte Frage folgende: Man nimmt

(3				
9	3 Maaß	zu 18 gl.	thut	54 gl.
15	5 Maaß	zu 16 gl.	—	80 gl.
60	20 Maaß	zu 7 gl.	—	140 gl.
40	$13\frac{1}{3}$ Maaß	zu 5 gl.	—	$66\frac{2}{3}$ gl.
5	$1\frac{2}{3}$ Maaß	zu 2 gl.	—	$3\frac{1}{3}$ gl.
	43 Maaß	des verm. W.		344 gl.

1 Maaß des verm. W. thut 8 gl.

Weil grade 8 Maaß des Weins zu $16\frac{3}{4}$ gl gefunden wurden, so war es nicht nöthig, diese Zahl eben so, wie die andre Zahl 35 Maaß des Weins zu 6 gl. nach der Vermischungsregel zu vertheilen: denn man wuste schon, daß 3 Maaß des Weins zu 18 gl. auf 5 Maaß des Weins zu 16 gl. erfordert wurden. Weil man aber seine völlige Freyheit hat, die drey schlechtern Arten, wie man will, zu vermischen, so könnte man auch annehmen

11 Maaß	zu 7 gl.	thun	77 gl.
3 Maaß	— 5 gl.	—	15 gl.
18 Maaß	— 2 gl.	—	36 gl.
32 Maaß d. verm W		thut	128 gl.
1 Maaß d. verm. W.		—	4 gl.

Nun giebt die Alligationsregel

	$16\frac{3}{4}$	4	auf 16 des Weins zu $16\frac{3}{4}$ gl.
8)			kommen
	4	$8\frac{3}{4}$	35 des Weins zu 4 gl.

Ferner die Vermischungsregel.

Für den bessern Mittelwein

8 M. zu $16\frac{3}{4}$ gl. — 3 M. zu 18 gl. — 16 M. zu $16\frac{3}{4}$ gl.?
8) 1 — 8) 2

Antwort 6 Maaß zu 18 gl.

8 M. zu $16\frac{3}{4}$ gl. — 5 M. zu 16 gl — 16 M zu $16\frac{3}{4}$ gl.?
8) 1 — 8) 2

Antw. 10 Maaß zu 16 gl.

Summe 16 Maaß.

Für den schlechtern Mittelwein

32 M. zu 4 gl. — 11 M. zu 7 gl. — 35 M. zu 4 gl.?
× 11
32) 385

Antwort $12\frac{1}{32}$ Maaß zu 7 gl.

32 M. zu 4 gl. — 3 M. zu 5 gl. — 35 M. zu 4 gl.?
3
32) 105

Antw. $3\frac{9}{32}$ Maaß zu 5 gl.

32 M.

32 M. zu 4 gl. — 18 M. zu 2 gl. — 35 M. zu 4 gl.?
2) 16   2) 9   9

16) 315

Antw. $19\frac{11}{16}$ Maaß
zu 2 gl.

Summe 35 Maaß.

Also giebt sich auf die vorgelegte Frage auch folgende Antwort: Man nimmt

192	6 Maaß zu 18 gl.	thun	108 gl.
320	10 Maaß zu 16 gl.	—	160 gl.
385	$12\frac{1}{32}$ Maaß zu 7 gl.	—	$84\frac{7}{32}$ gl.
105	$3\frac{9}{32}$ Maaß zu 5 gl.	—	$16\frac{13}{32}$ gl.
630	$9\frac{11}{16}$ Maaß zu 2 gl.	—	$39\frac{3}{8}$ gl.
	51 M. des verm. W.	thut	408 gl.
	1 M. des verm. W.	—	8 gl.

§. 233.

Wofern Rechnungsfragen dieser Art nicht dergleichen Nebenumstände enthalten, weswegen unter allen möglichen Antworten, die an sich gefunden werden könnten, nur eine oder einige allen diesen Nebenumständen ein Genüge leisten, so kann der Rechner nicht wissen, was für eine Antwort der Fragende eigentlich haben will. Es kann seyn, daß man zufällig die rechte Antwort trift: und in dieser Rücksicht mag wohl der Name Regel Coeci oder Blindrechnung zuerst entstanden seyn, weil man bey Fragen dieser Art nur rathen muß, was der Fragende haben will. Indessen versteht man jetzt gewöhnlich durch Regel Coeci den Inbegriff derjenigen Maximen, nach welchen man bey Rechnungsfragen dieser Art die Antwort suchen muß, wenn sie in ganzen Zahlen verlangt wird. Dieser Nebenumstand macht, daß unter den unzählig vielen Antworten, die an sich die Frage richtig auflösen, nur eine, oder einige wenige, die man alle übersehen kann, übrig bleiben, unter denen also auch gewiß die Antwort seyn muß, die der Fragende haben will.

Man soll durch Zusammenschmelzung eines 10 löthigen, 12löthigen und 15löthigen Silbers 30 Mk. 13löthiges zuwege bringen: wie viele Mk. von jeder drey zuerst genannten Arten werden erfordert? doch wird keine Antwort für richtig angenommen, als eine solche, welche die Frage in ganzen Zahlen auflöset.

Rechnungsschlüsse.

Man nehme an, daß x Mk des 10löthigen, y Mk. des 12löthigen und z Mk. des 15löthigen Silbers erfordert werden; und erwäge, daß diese 3 Zahlen zusammen 30 Mk. ausmachen sollen, so läßt sich das kurz so ausdrücken: Es soll

$$x + y + z = 30 \text{ seyn.}$$

Noch mehr:

x Mk. 10löthig Silber thun $10.\,x$ Loth fein
y Mk. 12löthig Silber — $12.\,y$ Loth fein
z Mk. 15löthig Silber — $15.\,z$ Loth fein

$(x+y+z)$ Mk des Mixti thun $(10x+12y+15z)$ Lt. f.
D i. 30 Mk. des Mixti — $(10x+12y+15z)$ Lt. f.

Weil nun diese 30 Mk. 13löthig seyn sollen, so müssen sie 13×30 oder 390 Loth fein halten, oder es muß $10x + 12.y + 15.z = 390$ seyn.

$$\text{aber } x + y + z = 30,$$
$$\text{also } 10.x + 10\,y + 10.z = 300.$$
$$\text{dies subtr. giebt } 2\,y + 5\,z = 90.$$
$$\text{hiervon subtr. man } 5\,z = 5z.$$
$$\text{giebt } 2\,y = 90 - 5\,z.$$
$$2) \quad 2)$$
$$\text{also } y = 45 - \frac{5.\,z}{2}$$
$$\text{oder } y = 45 - 5 \times \frac{z}{2}$$

Wenn nun z eine grade Zahl ist, so ist $\frac{z}{2}$ oder $\frac{1}{2}z$ eine ganze Zahl, mithin auch y Alsdenn aber ist auch $x = 30 - (y + z)$ eine ganze Zahl. Mithin wird erfordert:

1) Daß z eine grade Zahl sey, und man kann nur $z = 2$, $z = 4$. u. s. w. annehmen

2) Daß $5 \times \frac{1}{2}z$ kleiner sey, als 45. denn sonst würde man nicht abziehen können

3) Aus eben der Ursache muß auch $y + z$ kleiner als 30 seyn, wie ohnedem daher klar ist, weil alle drey Zahlen $x + y + z = 30$ seyn sollen.

Man versuche also

$z = 2$, das giebt $y = 40$, viel zu groß.
$z = 4$, das giebt $y = 35$, noch zu groß.
$z = 6$, das giebt $y = 30$, noch zu groß.
weil $y + z = 36$ würde.
$z = 8$, das giebt $y = 25$, noch zu groß.
weil $y + z = 33$ würde
$z = 10$, das giebt $y = 20$ noch zu groß.
weil $y + z = 30$ würde, und für
$x = 30 - (y + z)$ nichts übrig bliebe.
$z = 12$, das giebt $y = 15$
$y + z = 27$
also $x = 3$.

Demnach ist die erste Auflösung

3 Mk. 10löthig Silber	thun	30 Loth fein
15 Mk. 12löthig Silber	—	180 Loth fein
12 Mk. 15löthig Silber	—	180 Loth fein
30 Mk. des Mixti	thun ...	390 Mk. fein.
also 1 Mk. des Mixti	—	13 Mk. fein.

Ferner setze man:

$z = 14$, das giebt $y = 10$.
$y + z = 24$.
$x = 6$.

Mithin ist die zweyte Auflösung

6 Mk. 10löth. Silber thun	60 Loth fein.
10 Mk. 12löth. Silber thun	120 Loth fein.
14 Mk. 15löth. Silber thun	210 Loth fein.
30 Mk. des Mixti thun	390 Loth fein.
1 Mk. — thut	13 Loth fein.

Weiter versuche man:

$z = 16$, das giebt $y = 5$

$y + z = 21$

$x = 9$

Also ist die dritte Auflösung

9 Mk. 10löthig Silber thun	90 Loth fein
5 Mk. 12löthig Silber thun	60 Loth fein
16 Mk. 15löthig Silber thun	240 Loth fein
30 Mk. des Mixti —	390 Loth fein
und 1 Mk. des Mixti —	13 Loth fein

Versucht man weiter

$z = 18$, so giebt das $y = 45 - 45 = 0$, und das will man nicht haben, weil von allen dreyen Arten des Silbers in die Vermischung kommen soll. Sonst wäre die Antwort noch richtig, wenn man nun, wie die Rechnung weiter giebt $x = 12$ nähme

denn 12 Mk. 10löth. Silber thun	120 Loth fein.
18 Mk. 15löth. Silber thun	270 Loth fein.
30 Mk. des Mixti thun	390 Loth fein.
und 1 Mk. des Mixti thut	13 Loth fein.

Weil aber das 12löthige Silber hier wegfällt, so beantwortet diese Auflösung die Frage nicht mehr, wie sie soll. Wollte man $z = 20$, oder noch grösser nehmen, so könnte man 5 mal $\frac{1}{2}$ z nicht mehr von 45 abziehen: also kann man dreist behaupten, daß nicht mehr, als dreyerley Antworten in ganzen Zahlen möglich sind, ob man gleich in Brüchen unzählig viel verschiedene finden könnte.

Eine vollständige Erörterung aller hieher gehörigen Regeln gehört nicht mehr zur gemeinen, sondern schon zur höhern Rechenkunst. Wer sich indessen beym Rechnen auch zum Nachdenken gewöhnt hat, wird leicht auf ähnliche Art die Auflösung folgender Aufgabe finden.

§. 234.

Einer kauft 100 Stück Vieh, Ochsen, Kühe und Schaafe, bezahlt den Ochsen mit 10 thlr., die Kuh mit 5 thlr., das Schaaf mit $\frac{1}{2}$ thlr., und giebt zusammen 100 thlr. aus: die Frage ist, wie viel Stück er von jeder Art bekommen habe?

Weil 100 Stück Vieh insgesammt 100 thlr. kosten, so kostet 1 Stück im Durchschnitt gerechnet 1 thlr., und dieser Preis kann als ein Mittelpreis angesehen werden, da dann nach der Alligationsrechnung so gerechnet werden könnte. Zweyerley Arten des gekauften Viehes haben einen bessern Preis, der Ochse 10 thlr., Man rechne also willkührlich

3 Ochsen thun 30 thlr.
gegen 2 Kühe thun 10 thlr.

5 Stück thun 40 thlr.
1 Stück im Mittelpreis 8 thlr.

Man setze nach der Alligationsregel:

1)	8	$\frac{1}{2}$	auf 1 Stück zu 8 thlr.
	$\frac{1}{2}$	7	kommen 14 Stück zu $\frac{1}{2}$ thlr.
			15

Man setze weiter nach der Vermischungsregel:
15 Stück — 14 Stück zu $\frac{1}{2}$ thlr. — 100 Stück?

× 100
1400
15) F. $93\frac{1}{3}$ Stück.

15 Stück — 1 Stück zu 8 thlr. — 100 Stück?

100

Fac. $6\frac{2}{3}$ Stück.

5 St. zu 8 thlr. — 3 St. zu 10 thlr. — $6\frac{2}{3}$ St.?

3 | 1 | 20

15 | × 20

3) 5 | Fac. 4 Stück zu 10 thlr.

5 St. zu 8 thlr. — 2 St. zu 5 thlr. — $6\frac{2}{3}$ St.?

× 3 | 4 | 20

15 | 8 | 5) 4

5) 3 | 3) F. $2\frac{2}{3}$ St. zu 5 thlr.

das gäbe folgende Antwort:

4 Ochsen zu 10 thlr thun 40 thlr.
$2\frac{2}{3}$ Kühe zu 5 thlr. — $13\frac{1}{3}$ —
$93\frac{1}{3}$ Schaafe zu $\frac{1}{2}$ thlr — $46\frac{2}{3}$ —

100 Stück thun 100 thlr.

Ob nun gleich diese Antwort richtig ist, und unzählig viele andre, eben so richtige Antworten gefunden werden können, so siehet man doch wohl, weil von lebendigem Viehe die Rede ist, daß keine Brüche von Kühen und Schaafen kommen müssen: kurz: daß die Antwort in ganzen Zahlen verlangt werde. Man setze also, daß

x Schaafe
y Kühe
z Ochsen gekauft sind,

so ist $x + y + z = 100$ Stück.

Ferner x Schaafe thun $\frac{1}{2}\,x$ thlr.
y Kühe — $5\,y$ thlr.
z Ochsen — $10\,z$ thlr.

Alle 100 Stück kosten $(\frac{1}{2}\,x + 5\,y + 10\,z)$ thlr.

Weil das nun 100 thlr. seyn sollen,

$$\text{so ist } \tfrac{1}{2}x + 5y + 10z = 100.$$
$$\text{oder } x + 10z + 20z = 200.$$
$$\text{aber } x + y + z = 100.$$

$$\text{die Subtr. giebt } 9y + 19z = 100$$
$$\text{div. mit } 9 \;. = 9.$$

$$\text{folglich } y + 2\tfrac{1}{9}z = 11\tfrac{1}{9}$$
$$\text{oder } y + 2z + \tfrac{1}{9}z = 11 + \tfrac{1}{9}.$$

Man subtr. $\frac{1}{9} = \frac{1}{9}$.

so ist $y + 2z + \frac{z - 1}{9} = 11$.

und $2z + \frac{z - 1}{9}$ auf beyden Seiten subtrahirt, giebt $y = 11 - (2z + \frac{z - 1}{9})$.

Mithin wird erfordert:

1) Daß 9 in $z - 1$ aufgehe, also kann z nicht kleiner als 10 seyn, und für z kann man nur die Zahlen 10, 19, 28, u. s. f. nehmen. Weil indessen jede Zahl in 0 aufgeht, so könnte auch wohl $z = 1$ seyn. Dann wäre $\frac{z - 1}{9} = 0$, und $y = 11 - 2z = 9$, also $x = 100 - (y + z) = 90$. Es wird ferner erfordert:

2) daß $(2z + \frac{z - 1}{9})$ kleiner als 11 sey, damit sich dies von 11 abziehen lasse: also kann für z weder die Zahl 10, noch auch eine größere genommen werden. Denn wäre $z = 10$, so hätte man schon $2z = 20$, und es muß $2z + \frac{z - 1}{9}$ kleiner als 11 seyn: Also kann keine andere als folgende Auflösung in ganzen Zahlen gefunden werden:

90 Schaafe das Stück $\frac{1}{2}$ thlr. thun			45 thlr.
9 Kühe zu 5 thlr.	—	—	45 thlr.
1 Ochse zu 10 thlr.	—	—	10 thlr.
Summe 100 Stück thun	—	—	100 thlr.

§. 235.

Wenn Silber mit einer oder mehrern andern Arten Silber legirt werden soll, und bey allen diesen Silberarten von besserm und schlechterm Gehalt findet sich kein anderer Zusatz, als allein von Kupfer, oder doch nur einerley Art schlechtern Metalls, so sind die bisherigen Regeln allemal hinlänglich, die Rechnung zu führen, wenn ein gewisses Gewicht an Silber vom verlangten Gehalt aus mehrern andern Arten vom bessern und schlechtern Gehalt zuwege gebracht werden soll. In der Sprache der Münzmeister, auch andrer Gold- und Silberarbeiter heißt dies, den Tiegel beschicken. Beym Golde läßt sich die Rechnung eben so führen, wenn man Gold von gegebenem Gehalt mit einer oder mehrern andern Goldarten von besserm oder schlechtern Gehalt beschicken will: nur muß der Zusatz entweder allein Silber, oder allein Kupfer seyn. Weil man aber Gold wohl mit Silber und Kupfer zugleich legirt, so werden die Rechnungsfragen verwickelter, wenn dergleichen Gold mit einem andern Golde beschickt werden soll, damit ein verlangter Gehalt an Gold, Silber und Kupfer zuwege gebracht werde. Methoden zu finden, wie man in Fällen dieser Art die Rechnung führen müßte, um das gesuchte Resultat, nicht allein genau, sondern auch auf dem kürzesten und bequemsten Wege zu finden, würde schon ein Geschäft der höhern Rechenkunst seyn: indessen kann man sich in manchen Fällen auch einer Näherungsmethode bedienen, wovon die Auflösung der folgenden Rechnungsfrage eine Probe geben wird.

§. 236.

Man hat 75 Mark Gold, und hält die Mk.

fein Gold 15 Karat 8 Grän
Silber 7 — 2 —
Kupfer 1 — 2 —

Diese Masse soll mit Dukaten und Kupfer zu Goldgülden beschickt werden, welche halten auf 1 Mk.

fein Gold 18 Karat 8 Grän
Silber 3 — 0 —
Kupfer 2 — 4 —

Die Dukaten halten auf 1 Mk.

fein Gold 23 Karat 6 Grän,
Silber 0 — 6 Grän.

Rechnungsschlüsse.

Die Masse Gold hält fein $15\frac{2}{3}$ Karat	$4\frac{5}{6}$	29
Die Goldgülden $18\frac{2}{3}$)		
Die Dukaten $23\frac{1}{2}$ —	3	18

Wenn also der Zusatz nicht gerechnet werden dürfte, so müßte man 29 Mk. der gegebenen Masse Gold mit 18 Mk. Dukaten beschicken, und man könnte ansetzen

$$
\begin{array}{r}
29 \;—\; 18 \;—\; 75? \\
18 \\
\hline
600 \\
75 \\
\hline
1350 \\
\hline
29)\text{F. } 46\tfrac{16}{29} \text{ Mk. Duk.}
\end{array}
$$

Man mache die Probe, was für ein Gehalt an Gold, Silber und Kupfer herauskomme, wenn man die gegebenen 75 Mk. Gold mit $46\frac{16}{29}$ Mk. Dukaten beschickte. Um jedoch die Weitläuftigkeit der Brüche zu vermeiden, versuche man es zuerst mit 47 Mk, weil der Unterschied in Silbergehalt sehr gering ist, wenn der Bruch für ein Ganzes gerechnet wird.

75 Mk. Gold	halten f. Gold $48\frac{23}{24}$ Mk.	Silber $22\frac{19}{48}$ Mk.	Kupfer $3\frac{31}{48}$ Mk.
47 Mk. Duk	halten f. Gold $46\frac{1}{48}$ Mk.	Silber $\frac{47}{48}$ Mk.	Kupfer o Mk.
122 Mk. halten	$94\frac{47}{48}$ M. f. G.	$23\frac{18}{48}$ | $\frac{3}{8}$ M. S.	$3\frac{31}{48}$ M. K.

Demnach frägt es sich, ob dies schon der Gehalt des Goldgülden Goldes sey? Allein nach demselben müßte das Silber noch nicht den sechsten Theil des Goldes ausmachen, welches hier fast den vierten Theil des Goldes beträgt.

Man nehme also den Silbergehalt $23\frac{3}{8}$ Mk. und suche mit wie viel Gold er nach dem Goldgülden-Gehalt beschickt werden müßte.

Ansatz.

$$3 \;—\; 18\tfrac{2}{7} \;—\; 23\tfrac{3}{8}$$

$$\begin{array}{ccc} 9 & 56 & 187 \\ 3)\frac{72}{9} & 8)\frac{\ }{7} & 7 \\ & & 1309 \\ & & 9)\text{F. } 145\tfrac{4}{9} \text{ Mk. Gold.} \end{array}$$

Den Bruch im Facit nehme man abermal für ein Ganzes an, und suche mit wie viel Silber und Kupfer nach dem Goldgülden-Gehalt 146 Mk. Gold beschickt werden müssen, so giebt die Rechnung

146 Mk. f. Gold, $23\frac{13}{28}$ Mk. Silb., $18\frac{3}{4}$ Mk Kupf.

Die vorhin gefundenen 122 Mk. halten

$94\frac{47}{48}$ Mk. f. Gold, $23\frac{3}{8}$ Mk. S., $3\frac{31}{48}$ Mk. K.

fehlt also $51\frac{1}{48}$ Mk. f. Gold, $\frac{5}{56}$ Mk. S., $14\frac{29}{48}$ Mk. K.

(Herr Schmidt hat in seiner Rechenkunst, Hannov. 1774. 236 u. f. S. diese Rechnungsfrage vorgelegt, findet aber nach der Goldgülden-Legirung auf 146 Mk. fein Gold, an Silber $24\frac{3}{4}$ Mk., daher weicht sein Resultat von dem meinigen ab.)

Setzte man also zur Masse der 122 Mk. des schon gefundenen Mixti, so viel fein Gold, Silber und Kupfer hinzu, so würde der verlangte Gehalt zuwege gebracht. Es soll aber der Zusatz Dukatengold seyn, wovon die Mk. 6 Grän Silber hält. Man suche also, wie viel Mk. Dukatengold $51\frac{1}{48}$ Mk. fein halten?

Ansatz.

$23\frac{1}{2}$ fein — 24 Duk. Gold — $51\frac{1}{8}$ fein?

47   2   2449

48   42) Fac. $52\frac{5}{47}$ Mk.

Man suche wie viel Silber in diesem Facit stecket?

Ansatz.

24 — $\frac{1}{2}$ Silber — $52\frac{5}{47}$?

2   1   369

48   208

47   2449 } Fac. $1\frac{193}{2256}$ Mk. Silber.

336   2256

192   193

2256

Die Resultate dieser bisherigen Rechnung zusammen genommen, geben folgendes:

In den Tiegel setzt man

	Gold	Silber	Kupfer
75 Mk. Gold	$48\frac{23}{24}$ Mk.	$22\frac{19}{48}$ Mk.	$3\frac{14}{48}$ Mk.
47 Mk. Dukaten nach	$46\frac{1}{48}$ —	$\frac{47}{48}$ —	0
$52\frac{5}{47}$ Mk. Duk.	$51\frac{1}{48}$ —	$2\frac{193}{2256}$ —	0
$14\frac{29}{48}$ Mk Duk.	⸗ —	⸗ —	$14\frac{29}{48}$ Mk.
$188\frac{1603}{2256}$ Mk.	146 —	$24\frac{1039}{2256}$ —	$18\frac{1}{4}$ —
Die Masse soll halten	146 —	$23\frac{13}{28}$ —	$18\frac{1}{4}$ —
hält zu viel	⸗ —	$\frac{15732}{15792}$ —	⸗

Dieser Ueberschuß macht noch beynahe 1 Mk. Silber aus, deswegen muß man noch mehr Gold und Kupfer hinzusetzen: Um indessen in keine so gar weitläuftige Bruchrechnung zu verfallen, verwandle man den Bruch $\frac{15733}{15792}$ in Decimaltheile, so erhält man 0,9963. Man suche, mit wie viel Gold und Kupfer so viele Mk Silber nach der Goldgülden Legirung beschickt werden müssen, so giebt die Rechnung:

3 — $18\frac{2}{3}$ — 0,9963
3   56   56
9   59778
49815
55,7928
9) F. 6,1992 Mk. Gold

3 — $2\frac{1}{3}$ — 0,9963
3   7   7
9   6,9741
9) F. 0,7749 Mk. Kupfer.

Die Beschickung aber soll in Dukatengold geschehen, also sucht man, wie viel Mk. Dukatengold 6,1992 Mk. fein halten?

Ansatz.

47 fein — 48 Duk. — 6,1992 fein?
48
495936
247968
297,5616
47) F. 6,3311 Mk. Duk. G.

Man suche, wie viel Silber in diesem Facit steckt?

Ansatz.

24 — $\frac{1}{2}$ — 6,3311 Mk. Duk. Gold?
48   1   48) F. 0,1319 Mk. Silber.

Setzt man also zur vorigen in den Tiegel schon gebrachten Masse noch 6,3311 Mk. Duk. Gold und 0,7749 Mk. Kupfer, so bringt man noch 0,1319 Mk. Silber zu viel hinein; demnach suche man aufs neue, mit wie viel Mk. Gold und Kupfer diese nach der Goldgülden-Legirung beschickt werden müssen, so giebt die Rechnung

9 — 56 — 0,1319
56
7914
6595
7,3864
9) F. 0,8207 Mk. Gold.

9 — 7 — 0,1319
7
0,9233
9) F. 0,1026 Mk. Kupfer.

Aber die Beschickung soll in Dukatengold geschehen, also setzt man

47 Mk. fein — 48 Mk. Duk. — 0,8207?
48
65656
32828
39,3936
47) F. 0,8382 Mk. Duk. Gold.

Dies Facit hält 0,0175 Mk. Silber, welche zu viel in die Masse kommt, wenn man noch 0,8382 Mk. Dukatengold und 0,1026 Mk. Kupfer zusetzt. Man kann aber die Näherung noch weiter treiben, wenn man weiter sucht, mit wie viel Gold und Kupfer dies Silber nach der Legirung der Goldgülden beschickt werden müsse.

Diese Goldgülden-Legirung giebt

3 — $18\frac{2}{3}$ — 0,0175 Mk. Silber?
Antw. 0,1089 Mk. Gold.

3 — $2\frac{1}{3}$ — 0.0175 Mk. Silber?
Antw. 0,0136 Mk. Kupfer.

So viel fein Gold und so viel Kupfer könnte

man also zusetzen, damit die Masse richtig die Goldgülden-Legirung erhielte.

Man setze also weiter an:

$\underline{23\frac{1}{2}}$ fein Gold — $\underline{24}$ in Duk. — 0,1089 f. Gold?

47 — 48

$$
\begin{array}{r}
48 \\
\hline
8712 \\
4356 \\
\hline
5,2272
\end{array}
$$

47) 5,2272 (0,1111 Mk. in Duk.

$\underline{24}$ in Duk. — $\underline{\frac{1}{2}}$ Silber — 0,1111 in Duk.?

48 — 1 — 48) 0,1111 (0,0023 in Silber.

Wenn demnach zur vorigen Masse noch 0,1111 Mk. in Duk und 0,0136 Mk. Kupfer gesetzt werden, so setzt man noch 0,0023 Mk Silber zu viel hinzu. Hiezu gehören nach der Goldgülden-Legirung

$\frac{56}{9}$. 0,0023 = 0,0143 Mk. fein Gold und

$\frac{7}{9}$. 0,0023 = 0,0018 Mk. Kupfer.

0,0143 Mk. fein Gold thun 0,0146 Mk. Duk. G. und darin 0,0003 Mk. fein Silber.

Zu diesem Silber gehört nach der Goldgülden-Legirung $\frac{56}{9}$. 0,0003 = 0,0018 Mk. fein Gold und $\frac{7}{9}$ 0,0003 = 0,0002 Mk. Kupfer.

Nimmt man statt der zuletzt gefundenen 0,0018 Mk. fein Gold so viel Dukatengold, so steckt darin $\frac{1}{48}$. 0,0018 Mk. Silber, also noch nicht $\frac{1}{10000}$ Mk. und dieser Fehler ist auf die ganze Masse für nichts zu achten, er beträgt auf die ganze Masse nicht 3 Richtpfennigstheilchen. Demnach kann man es dabei bewenden lassen, und die Resultate der gesammten Rechnung geben folgende Auflösung:

In den Tiegel gesetzt folgende Massen			thut		
schlecht Gold.	Duk. Gold.	Kupfer.	fein Gold.	Silber.	Kupfer.
75 Mk.	—	—	48,9583 Mk.	22,3956 Mk.	3,6458 Mk.
—	47,0000 Mk.	— —	46,0208 —	0,9791 —	— —
—	52,1064 —	14,6041 Mk.	51,0208 —	1,0855 —	14,6041 —
—	6,3311 —	0,7749 —	6,1992 —	0,1319 —	0,7749 —
—	0,8382 —	0,1026 —	0,8207 —	0,0175 —	0,1026 —
—	0,1111 —	0,0136 —	0,1089 —	0,0023 —	0,0136 —
—	0,0146 —	0,0018 —	0,0143 —	0,0003 —	0,0018 —
—	0,0018 —	0,0002	0,0019 —	0,0000 —	0,0002 —
75 Mk.	106,4032 —	15,4972 —	153,1449 —	24,6122 —	19,1430.

Zu 75,0000 Mk. schlecht Gold
setzt man 106,4032 Mk. Duk Gold.
15,4972 Mk. Kupfer.

Die Masse wird stark 196,9004 Mk.

Die Probe folgt im 238. §.

§. 237.

Wer oft ähnliche Rechnungsfragen, wie die im vorigen §. vorgelegte war, oder wohl noch mehr verwickelte Aufgaben aufzulösen genöthigt ist, wird ohne Zweifel wünschen, daß es kürzere Wege geben möchte, die gesuchten Zahlen zu finden, damit man der öftern vergeblichen Proben, und noch immer wieder nöthigen Verbesserungen überhoben bleiben könnte. Wie man sich in solchen Fällen selbst helfen, und die kürzesten Wege finden könne, zur verlangten Auflösung zu gelangen, lehrt die höhere Rechenkunst. Wer sich bis hieher nicht bloß im Rechnen, sondern zugleich im Nachdenken geübt hat, dem wird folgende Auflösung eben derselben Rechnungsfrage zum Beweise dienen, daß selbst die interessantesten Geschäfte des gemeinen Lebens, wobei es auf Zahlen, Maaß und Gewicht ankommt, oft einer höhern Rechenkunst bedürfen, die den Rechner in den Stand setzt, die bequemsten Methoden selbst aufzusuchen, wie man mit den gegebenen und bekannten Zahlen einer Rechnuugsfrage umgehen muß, um die unbekannten Zahlen zu finden.

Es waren 75 Mk. Gold gegeben, davon hielt eine Mk.

an feinem Golde 15 Karat 8 Grän oder $\frac{47}{72}$ Mk.
an Silber 7 — 2 — — $\frac{43}{144}$ —
an Kupfer 1 — 2 — — $\frac{7}{144}$ —

Die Dukaten halten, jede Mk.

an feinem Golde 23 Karat 6 Grän, oder $\frac{47}{48}$ Mk.
an Silber 0 — 6 — — $\frac{1}{48}$ —

Die Legirung der Goldgülden erfordert auf jede Mk.

an feinem Golde 18 Karat 8 Grän oder $\frac{7}{9}$ Mk.
an Silber 3 — 0 — — $\frac{1}{8}$ —
an Kupfer 2 — 4 — — $\frac{7}{72}$ —

Um die Sache desto allgemeiner zu betrachten, nehme man an, es sind m Mk. des schlechtern Goldes gegeben, so bedeutet in der Frage des vor. §. der Buchstabe m die Zahl 75. Man suche, mit wie viel Mk. Dukaten, und wie viel Mk. Kupfer jene m Mk. beschickt werden müssen, damit sie die Legirung der Goldgülden bekommen. Diesemnach nehme man an, daß x Mk. Dukaten, und y Mk. Kupfer erfordert werden, so ist nach der Beschickung das Gewicht der ganzen Masse $(m + x + y)$ M. Diese Masse muß nach der Legirung der Goldgülden halten:

fein Gold $\frac{7}{9}(m + x + y)$ Mk.
Silber $\frac{1}{8}(m + x + y)$ Mk.
Kupfer $\frac{7}{72}(m + x + y)$ Mk.

Die m Mk. schlecht Gold halten fein Gold $\frac{47}{72}m$ Mk., Silber $\frac{43}{144}m$ Mk., Kupfer $\frac{7}{144}m$ Mk. Durch die Beschickung kommt hinzu x Mk. Dukaten, und diese halten:

fein Gold $\frac{47}{48}x$ Mk, Silber $\frac{1}{48}x$ Mk., an Kupfer nichts Ausser den Dukaten kommt aber noch hinzu an Kupfer, y Mk.

Demnach hält die beschickte Masse:

fein Gold $\frac{47}{72}m$ Mk. $+$ $\frac{47}{48}x$ Mk.
Silber $\frac{43}{144}m$ Mk. $+$ $\frac{1}{48}x$ Mk.
Kupfer $\frac{7}{144}m$ Mk. $+$ y Mk.

Weil nun diese Menge des Goldes, Silbers und Kupfers in der beschickten Masse so groß seyn muß, als die Legierung der Goldgülden erfordert, so erhält man folgende 3 Sätze:

$$\frac{7}{9}(m + x + y)\text{ Mk.} = \frac{47}{72}m\text{ Mk.} + \frac{47}{48}x\text{ Mk.}$$
$$\frac{1}{8}(m + x + y)\text{ Mk.} = \frac{43}{144}m\text{ Mk.} + \frac{1}{48}x\text{ Mk.}$$
$$\frac{7}{72}(m + x + y)\text{ Mk.} = \frac{7}{144}m\text{ Mk.} + y\text{ Mk.}$$

welche in der höhern Rechenkunst Gleichungen heissen. Zwei davon hat man hier nur nöthig, um die vorgelegte Aufgabe aufzulösen, weil die dritte allemal von selbst folgt, wenn die beiden ersten richtig sind. Weil übrigens alles in Mk. ausgedrückt ist, so kann man diesen Namen der Zahlen auch weglassen, und die beiden ersten Gleichungen so schreiben:

$$\text{I.)}\ \tfrac{7}{9}(m + x + y) = \tfrac{47}{72}m + \tfrac{47}{48}x$$
$$\text{II.)}\ \tfrac{1}{8}(m + x + y) = \tfrac{43}{144}m + \tfrac{1}{48}x.$$

Die fernern Kunstgriffe bestehen darinn, daß man in jeder Gleichung einen Buchstaben von den darinn enthaltenen Zahlen und übrigen Buchstaben so abzusondern sucht, daß er auf einer Seite des Gleichheitszeichens allein zu stehen komme. Weil es gleichviel ist, welchen Buchstaben man hiezu zuerst wählt, so sey es hier zuerst der Buchstab m, und man mache mit der ersten Gleichung folgende Veränderungen.

Was m enthält, und vor dem Gleichheitszeichen steht, lasse man vor demselben, was aber hinter demselben steht, und m enthält, setze man vor dasselbe, jedoch mit dem Zeichen ($-$) wenn es hinter dem Gleichheitszeichen ($+$) hatte. Was vor dem Gleichheitszeichen steht, und kein m enthält, setze man eben so mit dem entgegen gesetzten Zeichen hinter dasselbe, dies ist alsdann eben so viel, als wenn man auf beiden Seiten gleichviel subtrahirt. Nun war

$$\text{I.)}\ \tfrac{7}{9}m + \tfrac{7}{9}x + \tfrac{7}{9}y = \tfrac{47}{72}m + \tfrac{47}{48}x.$$

Daraus wird $(\tfrac{7}{9} - \tfrac{47}{72})\,m = (\tfrac{47}{48} - \tfrac{7}{9})\,x - \tfrac{7}{9}y.$

oder $\tfrac{1}{8}m = \tfrac{29}{144}x - \tfrac{7}{9}y.$

und $m = \tfrac{29}{18}x - \tfrac{56}{9}y.$

Ferner war

$$\text{II)}\ \tfrac{43}{144}m + \tfrac{1}{48}x = \tfrac{1}{8}m + \tfrac{1}{8}x + \tfrac{1}{8}y.$$

Daraus folgt $(\tfrac{43}{144} - \tfrac{1}{8})\,m = (\tfrac{1}{8} - \tfrac{1}{48})\,x + \tfrac{1}{8}y.$

oder $\tfrac{25}{144}m = \tfrac{5}{48}x + \tfrac{1}{8}y.$

folglich $m = \tfrac{3}{5}x + \tfrac{18}{25}y.$

Diese beiden Werthe von m müssen gleich groß seyn, also ist auch

$$\tfrac{29}{18}x - \tfrac{56}{9}y = \tfrac{3}{5}x + \tfrac{18}{25}y.$$

Diese Gleichung multiplizire man auf beiden Seiten mit 25, so hat man

$$\frac{25 \cdot 29}{18} x - \frac{25 \cdot 26}{9} y = 15\, x + 18\, y.$$

Dies weiter mit 18. multiplicirt, giebt

$$25 \cdot 29 \cdot x - 50 \cdot 56 \cdot y = 18 \cdot 15\, x + 18 \cdot 18 \cdot y.$$
oder $725 \cdot x - 2800 \cdot y = 270 \cdot x + 324 \cdot y.$

Um nun vor dem Gleichheitszeichen allein x zu bekommen, setze man $2800 \cdot y$ mit dem Zeichen + hinter dasselbe, das ist so viel, als wenn man das Produkt auf beiden Seiten addirt, und wenn man die schon vorhin angeführte Regel hiemit verbindet, so erhält man:

$$(725 - 270)\, x = (2800 + 324)\, y.$$
oder $455\, x = 3124 \cdot y.$
mithin $x = \frac{3124}{455} y.$ oder
$y = \frac{455}{3124} x.$

Vorhin war $m = \frac{3}{5} x + \frac{18}{25} y$; wird hier der gefundene Werth von x gebraucht, so ist

$$m = \frac{9372}{91 \cdot 25} y + \frac{18}{25} y = \frac{9372 + 8 \cdot 91}{91 \cdot 25} y,$$

und die Rechnung giebt

$m = \frac{11010}{2275} y.$
oder $m = \frac{2202}{455} y.$
also $y = \frac{455}{2202} m.$
Ferner war $y = \frac{455}{3124} x$, also auch
$m = \frac{2202}{3124} x,$
und $x = \frac{3124}{2202} m,$
oder $x = \frac{1562}{1101} m.$

Nun erinnere man sich an die Bedeutung der Buchstaben: es war nämlich m die Anzahl der Mk. des schlechtern mit Dukaten und Kupfer zu beschickenden Goldes, x die gesuchte Anzahl Mk. Dukatengold, y die gesuchte Zahl Mk. des Kupfers. Bei der Frage des vor. §. war $m = 75$, also geben die beiden Gleichungen, $x = \frac{1562}{1101} m$ $y = \frac{455}{2202} m$, eine sehr leichte Auflösung der vorgelegten Aufgabe.

§. 238

Man nehme nämlich $m = 75$ an, so giebt die Rechnung

1562	455
75	75
7810	2275
10934	3185
117150 } 106,40326 Mk.	34125 } 16,4972 Mk.
1101 Duk.	2202 Kupfer.
7.05.0	121.05
1101	2202
6606	11010
4440	1095.0
1101	2202
4404	8808
360.0	2.1.42.0
1101	2202
3303	19818
297.0	16.02.0
1101	2202
2202	15414
7680	6060
1101	2202

Probe.

Die gefundenen 106,40326 Mk. Duk. halten $\frac{1}{48}$ Silber und $\frac{47}{48}$ fein Gold.

```
106,40326 ⟩ 2,21673. Mk. Silber.
 48
 96
 ---
 104
  48
  96
 ---
   80
   48
  ---
  3.2.3
    48
  ---
   288
  ---
  35.2
    48
   336
  ---
    166
     48
```

Von 106,4.0.3.2.6 Mk. Dukaten
subtr. 2,2 1 6 7 3 Mk. Silber

104,1 8 6 5.3 Mk. fein Gold.

Also halten 106,40326 Mk. Duk.
fein Gold 104,18653 Mk.
Silber 2,21673 Mk.

In den Tiegel setzt man folgende Massen			thut		
schlecht Gold.	Duk. Gold.	Kupfer.	fein Gold.	Silber.	Kupfer
75 Mk.	— —	— —	48,9583 Mk.	22,3958 Mk.	3,6459 Mk.
—	106,4032 Mk.	— —	104,1865 —	2,2167 —	— —
—	— —	15,4972 Mk.	— —	— —	15,4972 Mk.
75 Mk.	106,4032 Mk.	15,4972 Mk.	153,1448 Mk.	24,6125 Mk.	19,1431 Mk.

Nach der Goldgülden-Legirung setzt man an

$\frac{18\frac{2}{7}}{56}$ f. G. — $\frac{3}{9}$ Silber — 153,1448 f. G.

```
                    9
              ─────────
              1378,3032 > 24,6125 Mk.
               56          Silber, wie
              112          vorhin ge-
              ───          funden
               258
                56
               224
              ─────
               34.3
                56
               336
              ─────
                7.0
                56
              ─────
               14.3
                56
               112
              ─────
                382
                 56
```

$\frac{18\frac{2}{7}}{56}$ f. G. — $\frac{2\frac{1}{7}}{7}$ Kupf. — 153,1448 f. Gold ?

7) $\frac{56}{8}$ 7) $\frac{7}{1}$ 8) Fac. 19,1431 Mk. Kupfer, ebenfalls wie vorhin.

Die ganze Masse wird also stark:

an feinem Golde	153,1448	Mk.
an Silber	24,6125	—
an Kupfer	19,1431	—
Summe	196,9004	Mk.

Die Proberechnung in diesem §. kann durch die Anwendung der Logarithmen sehr erleichtert werden.

wenn $m = 75$, so ist $l.\ x = l.\ 1562 + l.\ 75 - l.\ 1101$

l. 1562 = 3,1936810
log 75 = 1,8750613
─────────
5,0687423

und log 1101 = 3,0417873

2,0269550

also x = 106,40326 Mk. Duk.

$l.\ y = l.\ 455 + l.\ 75 - l.\ 2202$

l 455 = 2,6580114

log 75 = 1,8750613

4,5330727

log 2202 = 3,3428173

1,1902554

und y = 15,49721 Mk. Kupfer.

Probe.

Die gefundenen 106,40326 Mk. Duk. halten $\frac{1}{48}$ Silber und $\frac{4}{48}$ f. G. $\frac{1}{48} \times 106{,}40326 = 2{,}216731$.

l. 106,40326 = 2,0269550

log 48 = 1,6812412

0,3457138

also 2,216731 Mk. Silber u. s. f.

Ferner nach der Goldgülden Legirung hat man:

$\frac{18\frac{2}{3}}{56}$ f. G. — $\frac{3}{9}$ Silb. — 153,1448 f. G.?

l. 153,1448 = 2,1850899

l. q = 0,9542425

3,1393324

log 56 = 1,7481880

1,3911444

also 24,6125 Mk. S. w. d.

Um den Kupfergehalt zu bestimmen setze man:

$18\frac{2}{3}$ f. G. — $2\frac{1}{3}$ K. — 153,1448 f. G.

$$
\begin{array}{rl}
\log 153{,}1448 = & 2{,}1850899 \\
\log 7 = & \underline{0{,}8450980} \\
 & 3{,}0301879 \\
\log 56 = & \underline{1{,}7481880} \\
 & 1{,}2819999
\end{array}
$$

also 19,143 Mk. Kupfer w. v.

Zusatz.

Bey der ersten Uebung im Rechnen mit genannten Zahlen muß man folgende Namen und Eintheilungen einiger Münzen, Maaße und Gewichte kennen.

Eintheilung der Münzen.

1 Louisd'or gilt 5 thlr.
1 thlr. hält 3 Mk. oder 24 gl. oder 48 ßl.
1 Mk. 16 ßl. oder 8 gl.
1 gl. 2 ßl.
1 ßl. 6 pf.

Eintheilung der Gewichte.

1 Schpf. hält 280 Pf.
1 Ct. — 110 Pf.
1 Lpf. — 16 Pf.
1 Pf. — 16 Unzen.
1 Unze — 2 Loth.
1 Loth — 4 Quentchen.

Eintheilung des Längen-Maaßes.

1 Ruthe hält 8 Ellen.
1 Elle — 2 Fuß.
1 Fuß — 12 Zoll.
1 Zoll — 12 Linien.

Getreide-Maaß.

1 Last hält 8 Drbt.
1 Drbt. 12 Schfl.
1 Schfl. 12 Metzen.

Bey Waaren, die stück- oder ellenweise verkauft werden, zählt man

auf 1 Zimmer 4 Decher.
— 1 Decher 10 Stück.
— 1 Schock 3 Stiege.
— 1 Stiege 20 Ellen.
— 1 Elle 4 Quartier.

Maaße der flüssigen Sachen.

1 Last hält 2 Faß.
1 Faß — 4 Oxhoft.
1 Oxhoft — 6 Anker.
1 Ohm — 4 Anker.
1 Anker — 40 Pott.

Beym Papier zählt man

auf 1 Ballen 10 Rieß.
— 1 Rieß 20 Buch.
— 1 Buch 24 Bogen.

Erklärungen

der gebrauchten Zeichen.

Ld. Louisd'or.
thlr. Reichsthaler oder Thaler.
Mk. oder mk. Mark.
gl. Groschen.
ßl. Schilling.
pf. Pfennig.
vls. Vlämisch.
ßvls. Schilling Vlämisch.
pf. vls. Pfenning Vlämisch.
Schpf. Schiffpfund.
Ct. Centner.
Lpf. Liespfund.
Pf. Pfund.
Qu. Quentchen.
Zl. Zimmer.
Drbt. Drömt.
Schfl. Scheffel.
p. für.
pC. pro Cent.
pC. p. A. pro Cent pro Anno.
B°. Banco.
l. und log. Logarithmen.

Zeitfracht Medien GmbH
Ferdinand-Jühlke-Straße 7
99095 Erfurt, Deutschland
produktsicherheit@kolibri360.de